控梦师

梦隐者 ——

著

华龄出版社

HUALING PRESS

图书在版编目（CIP）数据

控梦师 / 梦隐者著 . -- 北京：华龄出版社，
2024.1

ISBN 978-7-5169-2676-5

Ⅰ.①控⋯　Ⅱ.①梦⋯　Ⅲ.①梦—精神分析—通俗读
物　Ⅳ.① B845.1

中国国家版本馆 CIP 数据核字（2024）第 015197 号

策划编辑	舒　心	责任印制	李末圻
责任编辑	郑　雍	装帧设计	华彩瑞视

书　　名	控梦师	作　者	梦隐者	
出　　版 发　　行	华龄出版社 HUALING PRESS			
社　　址	北京市东城区安定门外大街甲 57 号	邮　编	100011	
发　　行	（010）58122255	传　真	（010）84049572	
承　　印	运河（唐山）印务有限公司			
版　　次	2024 年 5 月第 1 版	印　次	2024 年 5 月第 1 次印刷	
规　　格	710mm×1000mm	开　本	1/16	
印　　张	26.5	字　数	389 千字	
书　　号	ISBN 978-7-5169-2676-5			
定　　价	98.00 元			

人生有歧·释然入梦

欢迎打开神奇的传送之门，进入奇妙的梦境世界！

前　言

　　《控梦师》系列是歧梦谷官方自主研发的一套控梦课程，被誉为引领梦境探索新时代的里程碑。而本书则是该系列的启蒙部分，旨在为梦友们开启一扇探索梦境奥秘的大门。本书的内容循序渐进、由简入繁，深入分析梦境的本质和控梦的基础，并为梦友们提供一个全面而系统的探索方向。

　　· 什么是清明梦

　　清明梦，又称清醒梦、明晰梦，是一种在梦中清楚明白地知道自己正在做梦的特殊现象。

　　· 什么是控梦

　　简单来说，我们每个人的身体就像一部最精密的智能手机，而做梦这个能力就像手机出厂时，就被生产厂商强行捆绑的一款内置的游戏软件。它可以在我们休眠时自动运行，却没有卸载功能；它可以自动在我们意识里，调取各种有用或者无用的信息，以及碎片化的记忆等内容，随机编排与整合起来后，生成一个个独特而又奇妙的梦境，这些梦境就像一部部特效大片或者小成本的垃圾电影，不受控制地在梦主睡眠过程中肆意播放。

　　而我们需要学习的控制梦境，就是怎样去发现、怎样去适应、怎样去掌控，或是怎样去主动运用这款软件、这个能力，让它展现出我们所期望和喜欢的内容。

　　这也是"控梦师"三个字的由来。

　　控梦师的含义很简单，即指那些能够控制梦境、改变梦境的人。

我们聚在一起学习控梦的目的，就是希望可以深入了解梦境、认识清明梦，并尝试掌握自己的梦境，使自己从一个被动无力的角色中觉醒，真正成为自身梦境的主人，这样的学习过程既充满挑战又奇妙无比。

当我们能够真正掌控梦境，并成为一名合格的控梦师时，我们将获得一种前所未有的自我长成和探索未知的体验，而这些经验将会彻底改变我们的整个人生。

·清明梦的特殊性

"无论多么精彩的清明梦，归根结底依旧是梦。"

清明梦具有很强烈的个体属性，它像是专门为我们量身定制的一个绝对安全的私密空间。

在清明梦里，我们可以自由地释放现实中的压力和情绪，也可以尽情享受现实中的欲望和需求。

在清明梦中，我们可以真正地做自己，丝毫不用担心隐私秘密被泄露而带来不必要的麻烦；也可以肆意放纵自己，而不必担心对现实中的身体造成不良影响。

在这个独属于我们的梦境空间，我们可以自由地探索、挖掘自己不为人知的另一面，从而更深层次地了解自己，让自己无论是在心理层面还是身体层面，都能得到舒缓和满足。

·为什么要学习控梦

人生短短数十载，以每天都能睡满八小时为例，那么在我们的一生中，就会有三分之一的时间是在睡梦中度过的。

然而，很少有人会去思考，该如何有效地利用生命中这神奇的三分之一。

如果，我只是说如果……

如果我们真的可以控制自己的梦境，重新拥有掌控生命中这三分之一的权利。

那么相对于那些浑浑噩噩的人们而言，我们是否比他们多活了三分之一的时间呢？

从古至今，人类一直在追求和试图了解梦境的诸多奥秘，但往往只能茫然探索，一切犹如门外求索、雾里看花，可谓是千古遗憾。

如果，我只是说如果……

如果我们真的能够走进梦境，并探索其中各种神秘景象，积累宝贵经验，对于那些尝试了但苦寻无果的人们而言，我们是否比他们的人生更加丰富多彩呢？

在梦里，我们可以尽情欣赏世间美景，可以畅游宇宙星河，可以成为一国之主，也可以化身浮生蝼蚁；

在梦里，我们可以与心爱之人长相厮守，共度浪漫而甜蜜的时光，也可以体验那些引人落泪，使人肝肠寸断的生离死别；

在梦里，我们可以成为备受瞩目的音乐大师，演奏出触及心灵的美妙音乐，也可以追寻宇宙真理，穿越时间与空间，亲眼见证历史中的重要转折；

在梦里，我们可以创造奇妙的科幻世界，设计出前所未有的未来科技，也可以重返少年时代，弥补曾经的各种遗憾。

梦境给了我们无限的时间和机会，去改变我们有限的人生；梦境也给了我们无限的空间和机遇，去体验我们心之所愿的一切。

因此，学会如何控制梦境，我们就能从无谓的消耗和无意义的浪费中，找回那些消逝在我们人生中原本就属于我们的时间。在探索和深入的过程中，那种独特的体验和满足感，不仅能使我们身心得到平衡和健康，还能让我们的人生变得更加丰富多彩。

· 梦里可以做什么？

许多梦友会问，学习清明梦、学习控梦究竟有什么好处呢？

说实话，梦中可以做什么，为什么要学习清明梦、学习控梦究竟有什么好处，这一类问题其实是最难回答的。

因为，答案实在太多、太多……

通过学习清明梦和控梦，可以缓解压力，释放我们心灵的包袱；可以提高创造力，让我们在梦境中体验更多奇思妙想；可以提升见知力，扩展我们的知识储备；可以改变想象力，扩展我们思维的边界；甚至可以增加工作力，利用梦境中的启示和灵感来改变我们的现实生活。

在梦境中，我们可以成为任何我们想成为的人，做任何我们想做的事，去任何我们想去的地方，逛任何我们想逛的场景，使用任何我们想使用的东西。

可以说，梦境是我们了解这个世界最初的途径，也是我们探索未知事物最好的试炼场。

无论是关于学习、娱乐，还是生活的点子，在我们的梦中都可以轻松实现；无论是现实中的人、事、物，还是其他情景，也都可以在梦中呈现。从学习新技能到尝试新想法，从构思创意到观赏美景，梦境为我们提供了一个无限可能的平台和一个享受迷你假期的场所。

梦境是我们拥有无限想象力和实际操作力的空间，可以让我们从梦中学习、探索、成长，并拥有更加精彩的人生。梦境给我们带来绵延不绝的好处，不断开拓着我们心灵的新天地。

更直白地说，梦境能够呈现我们所能想象到的或是完全想象不到的任何事物，并且能够让我们从中学会想要学习的一切。

· 适用对象

0-120 岁的所有人。

· 关于歧梦谷

歧梦谷创建于 2012 年 6 月，从最初一个简单的网页，到现在拥有线上无数梦友聚集，线下数百亩实体产业支撑的梦友基地。

回首过去的岁月，不禁让人感慨万分，这一切至今想来仍如梦如幻。

让所有被困于噩梦与压床状态中，深陷恐惧的梦友，学会如何改变梦境、控制梦境、享受梦境；

让所有喜欢做梦，渴望在梦中探寻未知、寻找灵感和采集素材的梦友，学会如何观察梦境、游历梦境、创造梦境、一直是歧梦谷前行的动力和初衷。

改变人们对梦的误解和敬畏，通过记梦、聊梦、分享梦境的形式推广和宣传清明梦，让所有人都能享受梦境给我们带来的愉悦和改变，体会梦境存在的意义和价值，一直是歧梦谷的责任和义务。

也正因此，在学习清明梦和控梦的过程中，如果梦友们遇到任何疑问和疑惑，都可以随时到"歧梦谷"的官方网站或是"控梦师"的相关贴吧，留下你的疑惑，将会有梦友为您提供帮助和答疑解惑。

好了，本书内容或与现实有观念、伦理上的不同，这不仅仅是对现有观念的挑战，更是对我们认知的扩展与深化。

那么，准备好打破自己原有的三观，进入充满未知和可能性的歧梦宇宙，去了解一个有趣的控梦领域了吗？

让我们一起踏入传送阵，进入奇妙的梦境世界吧！

目 录
Contents

第三部·观梦篇

第四部·筑梦篇

楔　子

这幕画面如同一幅神秘的画卷，展现着一场奇异而引人入胜的景象。

一个小巧的透明气泡在虚无的海洋中快速穿梭，仿佛是一个不可捉摸的幻影。紧随其后的是一片由混沌雾气组成的浪花，不断翻滚升腾，宛如汪洋中的巨浪一次又一次地拍打、驱赶着这个看似脆弱的气泡。

或许，这个气泡更像一个不认命的孩子，虽然每次都被吞噬和迫害，但它总是奋力冲出，顽强地与雾气抗争，像是要放手一搏，努力去挣脱即将破灭的命运。

穿过气泡的壁障，伴随而来的是一个荒芜的世界。

整个世界寒冷而荒凉，视野中一望无际的原野，没有一丝植被或动物的踪迹，有的只是巨大的岩石和黄褐色的沙砾铺满了大地，映衬出一片凄凉和寂寥。

此刻，在这个世界的中心，一座嶙峋的怪石山峰上，两个正在山顶上对话的人，给这个荒芜的世界增添了一抹不同的气息。

其中的年轻人大约十七八岁，嘴里叼着一根狗尾巴草，双手抱头，跷着腿斜靠在一块光滑的石头上，他目光灼灼地遥望着气泡外的世界，满怀好奇地问道："老头儿，你说人为什么会做梦呢？"

长者看上去仙风道骨，头戴一顶由星辰编织而成的头巾，身穿一件流苏垂地的长袍，听完年轻人的话，面带微笑地说："现代社会，总有一些人患有各种奇特的精神疾病，如孤独症、自闭症、焦虑症、躁郁症，还有各种复杂的抑郁综合征。"

稍作停顿，他继续说道："白天的生活让很多人感到狼狈不堪，人们都渴望在夜晚能做个好梦，能将白天的烦恼遗忘，为自己的心灵寻找片刻的安宁和轻松。"

年轻人猛地坐直身子，眼中闪烁着好奇的光芒，满怀兴趣地追问："没错，现代社会的竞争和压力给人们带来很多困扰。白天的辛劳让人们渴望拥有一个美好、温馨、完美的梦境。毕竟，谁不希望自己的梦中有一片净土呢？"

老人微笑着说道："这正是我们控梦师存在的意义。我们帮助人们修补那些被现实撕碎的梦境，疗愈受伤的心灵。通过梦境，他们可以找回迷失已久的自己，在其中体验温馨和美好，重新获得对生活的希望。"

年轻人站起身，轻轻拍了拍本不存在的灰尘，走到老人面前说："既然如此，为什么不让人们自己学习控梦技巧，自己成为梦境自身的主宰呢？"

老人抬起头，凝望着蔚蓝的天空，目光深邃，仿佛可以看穿虚空，窥见无尽深处。他略带沉思地说道："让我给你讲个故事吧，一个关于普通人如何通过学习控梦技巧，发现自己内心深处无尽潜能的故事。"

……

第一部·入梦篇

原来最初的我们，一直都是无所不能的。

第一章　什么是梦

睡觉做梦！

这对于任何一个人来说，都是一件再寻常不过的事物，以至于让我们习以为常到虽然每天都在经历，却很少有人会真正去关注这个现象。

无论是谁，每个人每天都在经历各种各样不同的梦境，而想要了解清明梦、学习控制梦境，我们需要从梦境的本质入手。

那么，你知道什么是梦吗？

• 什么是梦

梦，也有梦想的意思。

古人相信，做梦总是要有原因的。

做梦的原因，已知的有心理和生理两个方面，但即使是在已知的这两个方面，人类依旧无法解释梦境形成的机制和原理。

梦境中所发生的事件和场景，大多来自人们已有的认知和记忆，其中记忆所包含的有视觉、听觉、嗅觉、味觉、触觉和感觉等。

人类梦境中所出现的几乎所有元素，都是基于记忆的基础而出现的。（内容来自百度百科）

坊间流传着这样一种说法，我们的眼睛就像一部高速运转的自动摄影机，不管是有意的、还是无意的，它都可以把我们听到的、看到的，或者惊鸿一瞥扫到的场景，事无巨细地拍摄下来，并保存在脑海深处。

或者换个说法，梦友们可能会更容易理解：我们每个人，无论是你是我，是大人还是小孩儿，在最初的时候，我们所有人都拥有着过目不忘的能力。

我们会把日常生活中看到的、听到的、闻到的、吃到的、摸到的，所有经历过的内容，事无巨细地保留下来，并分成短时记忆或是长期记忆储存在脑海里面，从来不会遗忘。

只不过，在我们的脑海深处，还存在着一个或是一群神奇的角色，他们有点像现实世界中图书馆的管理员，或是超级的智能管家，他或是他们，会在我们休眠时自动把我们所经历的场景、看到的内容，整理、拆分、筛选、重组、再细分之后，放置在合适的位置储存。

而梦境的形成，就是这样一群图书管理员和智能管家的角色，在整理梦主记忆碎片时，附带产生的一种特殊现象。

• 清明梦的新定义

清明梦，即一种在梦中清楚明白地知道自己正在做梦的特殊现象。

不过，在这本书中，它还有另外一个含义，那就是由歧梦谷所研发的一款思维游戏——《清明梦》。

游戏介绍：

《清明梦》是一款由歧梦谷从 2012 年初开始，以清明梦基础内容为核心，以梦隐多年来在实践中总结出来的一套训练教程为骨架，所组成的一款超越现实的思维游戏。

可以说，它是市面上已知的所有游戏中，唯一一个真正能够达到或是超越虚拟现实的角色扮演类游戏。

虽然到目前为止，游戏还只是处于单机阶段，联机模式还有待深入开发，不过它却胜在无剧本、无限制、可以使玩家随心所欲地在睡眠中尽情参与，真正意义上的上阵扮演最真实的自己。

在梦中，每天的游戏副本都不一样，或都市或言情或仙侠或武侠或玄幻或科幻……

玩家每天所遇剧情各不相同，这种沉浸式的体验反而更能让他们享受到在梦中觉醒、操控梦境、改变梦境所带来的前所未有的乐趣。

或许，只有《清明梦》这样的游戏，才能称得上是真正的无限流。

• 控梦的定义

研究梦境的学者喜欢把梦归于梦学和心理学，其实梦境更是眼睛科学和哲学。（后文"现实覆盖和眼睛科学"一文中会有详细介绍。）

在大多数梦友的认知中，清明梦和控梦是可以被画上等号的。然而，事实却并非如此！

真正的控梦，是由两个完全相反的部分组合而成的，他们分别是：潜控和显控。

潜控：是指在梦主不知梦的情况下，由潜意识帮忙去创造和控制的梦境。

显控：是指在梦主知梦后，由清醒过来的意识主动去创造和控制的梦境。

从以上词条不难看出，梦友们认知中的清明梦和控梦，大多时候指的都是自己在梦里知梦后，主动去控制的显控状态。

日常生活中，很少有人会注意到，其实我们的普通梦也是可以被控制和改变的，只不过这个时候作为主导的并非清醒后的显意识，而是平时看上去无所作为，却总在我们背后默默付出的潜意识。

• 清明梦的分类

经过长期的实践和观察，我们按照知梦的表现形式和特点，把显控状态下的清明梦划分为清醒入梦和梦中知梦两个大类。

简单来说，清醒入梦是一种由醒入梦的技巧，梦中知梦则是一种由梦入醒的技术。

而清明梦本身就是由梦到醒或由醒到梦，在"醒、梦"两者之间相互转换、交界时，产生的一种特殊状态。

·注释·

①梦主：梦境的主人，泛指梦境发生时，正在做梦的人。

②无限流：起源于起点中文网的小说《无限恐怖》，意义应该是"包罗万象"，即：包含了无限的元素。无限流包括但不限于科学、宗教、神话、传说、历史、现实、电影、动漫、游戏等，并且高于它们，有这样包含一切的世界观才是无限流的精华。

第二章　我们是从什么时候开始做梦的

经过长期的调查和研究，人类的睡眠结构被大体分为两个部分，非快速眼动睡眠期（NREM）和快速眼动睡眠期（REM）。

其中，非快速眼动睡眠期又被分为浅层睡眠和深层睡眠，而与梦境息息相关的，就是快速眼动睡眠期。

在一整晚的睡眠中，随着时间的推移，我们都会经历 4~6 个快速眼动睡眠期，也就是做梦时期。

也正因此，做梦是我们短暂又漫长的生命中，最正常不过的一个组成部分，却占据了我们全部生命的三分之一时间。

常言道："日有所思，夜有所梦。"

网络上有人整理过各种版本的十大常见梦境，大体包括：梦到飞行、梦到被人追赶、梦到高空坠落、梦到生老病死、梦到赤身裸体、梦到蛇、梦到鱼、梦到掉牙、梦到回到过去和春梦。

当然，除此之外，还有类似梦到捡钱、梦到考试、梦到赶时间、梦到上班、梦到鬼神，等等。

既然做梦是我们每个人天生就会，并且每天都在经历的一件事情。那么，我们究竟是从什么时候开始会做梦的？相信绝大多数的人，应该都答不出来。

借用前文的一句话：

"我们每个人的身体就像一部最精密的智能手机，而做梦这个能力就像手机出厂时，就被生产厂商强行捆绑的一款内置的游戏软件。它可以在我们休眠时自动运行，却没有卸载功能。"

既然是出厂时就自带的功能，那么我们就需要往更深的源头上去追溯了。

事实上，很多人可能无法想象，我们其实早在还未出生之前、还住在母亲肚子里的时候，就已经开始会做梦了。

研究发现，在母亲妊娠 8 个月左右的时候，胎儿就已经开始形成了完整的睡眠周期。胎儿的睡眠同样可以分为两个阶段，分别是快速眼动阶段和缓慢眼动阶段。

如果用超声设备检查腹中胎儿，我们就会发现胎儿的眼球也有高速转动时期，而眼球的高速转动，就代表着一个快速眼动的睡眠状态，也就是做梦的状态。

大部分的研究表明，做梦是对白天记忆以及发生事情回顾的过程，我们人类通过做梦来复习日间的经验和认识新的事物，利用不断重复出现的经历，让它们在记忆中更加稳固。

同时，做梦这件事情，对于开发智力、增强记忆力会有很大的帮助。

与之相反，如果快速眼动睡眠期不足，也就是做梦太少的话，会对我们的记忆力和智力产生一定的影响。

也正因此，做梦是胎儿自然成长、婴儿脑部发育和成年人神经修复很重要的一个过程。

那么现在，一个很有意思的问题就随之出现。

研究梦境的人都知道，人之所以会做梦，是因为大脑白天接受了很多信息，这些信息都是很杂乱的片段。到了晚上，我们脑海中的图书管理员和超级智能管家，便会把这些碎片化的信息进行整理，在整理的过程中，记忆会被拼接成一组组画面，从而形成了光怪陆离的梦境世界，这也是日有所思、夜有所梦的原理。

梦境中形成的画面及场景，都是我们已有的记忆，所有人的梦境都是视觉、听觉、嗅觉、味觉、触觉、感觉等信息组合后，再通过大脑加工生产而形成的。

如果，这些理论都是正确的；

如果，梦境真是我们经历事物的重现；

如果，我们真的还未降生，在娘胎时就已经开始在做梦了。

那么，除了母亲肚皮外杂乱无序的声音，身处腹中的胎儿几乎没有任何素材来源，那他们在做梦时，究竟梦到了什么呢？他们的梦境又是如何形成的呢？

这不仅仅是一个科学层面的疑问，更可能是哲学层面的思考。

第三章　梦境的分类

在《周礼·春官》中梦境被分为六大类：正梦、噩梦、思梦、寤梦、喜梦、惧梦。

① 正梦：是指人在心平气和状态下，不受心理、生理、外界等各种因素的影响而产生的正常的梦境。

例如，在参加一场充满欢乐的活动之后，躺在床上做梦，梦到自己参加一场盛大的庆典，还和很多朋友愉快交谈，等等。

② 噩梦：是指人因为惊愕而产生的梦境，这里主要指压床或是噩梦。

例如，在晚上睡觉时，突然梦到自己被僵尸追赶，无处可逃，心慌意乱，醒来后全身大汗淋漓，等等。

③ 思梦：就是日有所思，夜有所梦，是比较常见的一种梦境。

例如，在白天参加一场学术讲座，晚上梦到讲座的内容，甚至还有一些相关的讨论和争辩，等等。

④ 寤梦：字面意思是醒时的梦，可以理解为白日梦。

例如，在坐公交车或地铁的路上，想象着自己中了彩票、获得重大成就、当上首席执政官（CEO）、成为世界知名的艺术家或是获得诺贝尔奖，等等。

⑤ 喜梦：人逢喜事精神爽，指的是因喜好或欢悦而产生的梦境。

例如，非常喜欢音乐，晚上梦到自己在音乐会上与自己喜欢的音乐家合作演奏，获得了观众的热烈掌声和赞扬，等等。

⑥ 惧梦：通常理解为因恐惧而引起的梦境。

例如，在白天看了一部恐怖电影，晚上梦到电影中的场景和情节，心中充满恐惧和紧张，等等。

不过，随着时代的变迁，人们对梦的研究越来越深入，梦境文化越来越丰富，我们根据梦境的各种演化和存在方式，简单地把梦境分为：美梦、噩梦、白日梦、预知梦、清明梦和春梦等几个类别。

①美梦：指令人感到心情愉悦的梦。

例如，梦到无忧无虑地飞行、梦到彩票中奖、梦到喜欢的明星、梦到喜欢的人跟自己告白，等等。

这一类的梦境不但让人们在梦中感到极大的满足和幸福，甚至在清醒后的一段时间内，仍能感受到心情的悸动和愉悦。

②噩梦：指容易引起极度不安或惊恐不已的梦。

例如，梦到被怪物追赶、梦到高空坠落、梦到鬼压床、梦到在大庭广众之下赤身裸体，等等。

这一类的梦境会给人们带来极大的恐惧和焦虑，甚至可能会影响到苏醒后的心情和日常生活。

③白日梦：指人在清醒时脑内所产生的幻想及影像，一般都是开心的念头、希望或野心。

例如，坐在办公室内计划休年假时去旅游的情景，躺在床上回忆小时候和玩伴跳皮筋的场景，等等。

这一类的梦境通常都会给人们带来愉快和满足感的幻想。

④预知梦：指通过做梦来预知未来发生的事情。

例如，从来没有去过的饭店，刚进门却感到非常熟悉；身边同事偶尔间对话的场景，却好像在哪里经历过、听到过似的，或头一天晚上梦到第二天会发生的事情，结果第二天真的遇到类似的情景，等等。

这一类的梦境一般给人一种超自然的感觉，就好像自己突然拥有了预知未来的能力一样。

⑤清明梦：即指在梦里清楚明白地知道自己正在做梦的一种特殊现象。

例如，躺在床上在保持清醒的状态下进入梦境和在梦里突然知道自己在做梦，等等。

这一类梦境可以让人们在梦中获得一部分清醒意识，甚至能够控制和改变梦境中剧情的发展走向。

⑥春梦：也称性梦，是指具有部分性内容的梦境，通常发生在荷尔蒙飞快上升的懵懂时期，是青少年进入青春期后出现的一种正常现象。

例如，梦到跟女神约会、梦到跟男神接吻、梦到跟异性发生性行为，等等。

这一类的梦境一般会随着年龄的增长而逐渐减少，却永远不会消失，是人的一生中必然会经历的一种梦境之一。

当然，如果想更简洁点，我们也可以简单地把梦境划分成普通梦和清明梦两个大类。

在一般情况下，绝大多数美梦、噩梦、预知梦、白日梦和春梦都属于普通梦的范畴，而少部分白日梦、春梦和清明梦则属于清明梦的范畴。

无论哪一个类型的梦境，它们都是我们精神世界的一种表达形式，有时候会给我们带来快乐和启示，有时候则会让我们感到恐惧和焦虑，只有正视梦境的存在，了解梦境的本质，我们才能真正和梦境交朋友，并做到和平共处。

·注释·

①普通梦：普通梦是最常见的梦境类型，大多数人夜里做的梦都是普通梦。与清明梦截然相反，一切不知道自己在做梦的梦境状态，皆是普通梦。

第四章　无所不能的我们

在了解梦境的几种类型后，现在回过头来，我们继续去探索一下婴儿的梦境。

目前，我们虽然知道胎儿在母体内就有快速眼动睡眠，并且应该也会做梦，而出生后的婴儿在睡觉时也会无意识地出现梦哭、梦笑等行为。

以上种种现象均在向我们展示，或许当时的他们正在梦中经历着某些事情。

然而，可惜的是他们不懂如何表达，我们也不懂得如何与他们沟通。

等到宝宝长大，学会走路说话，那些曾经的记忆被新出现的事物所代替，慢慢淡化、直到最后彻底消失在他们的日常生活中。

他们曾经的那些经历，就成了无法破解的未解之谜。

试想一下，有没有这样一种可能，胎儿和婴儿时期的梦境，跟他们成年后是一样的，也是由普通梦和清明梦两个类别组成的。

如果他们也会做美梦、噩梦、预知梦和清明梦呢？

他们做了美梦会笑、做了噩梦会哭，做了预知梦就像我们躺在娘胎里，就已经提前观看了自己人生这场大戏的预告片，目睹了未来种种的高光时刻。

那么，如果他们做了清明梦呢？

常常听老人讲，三岁以下的宝宝，有诸多神奇的地方，他们或许能看到很多成年人看不到的东西。

例如，在一个普通的阳光明媚的下午，孩子们能够看到彩虹中隐藏的仙女，能够在花丛中发现精灵的足迹，能够跟各种小动物进行跨越物种的对话，等等，而成年人却完全做不到这些。

佛家和道家也都曾有言，提到要寻找赤子之心、练习胎息、回归先天状态，等等。

这一切无不在说明，世界上还存在这样一种可能，婴儿时期的我们或许真的是无所不能的。

当然，以上这些只是一种猜想，不过我们却可以通过婴儿时期另外一种类似的状态，从侧面来简单分析和验证一下。

"游泳反射"又叫潜水反射，是新生儿无条件反射的一种。

例如，当我们把刚出生没多久的宝宝放在泳池里面，他们就会自然地划动双臂和双腿，仿佛正在游泳，他们不但不会呛水，还能自由自在地玩耍。

然而，这种反射在婴儿出生时出现，又在出生后 4~6 个月时逐渐消失。

现在，请允许我们来做一个大胆的假设。

有没有这样一种可能，在胎儿时期，从形成意识的那一刻开始，我们就已经会做清明梦了。

我们对这个世界的认知，并非是出生后通过父母、老师和周围环境的调教慢慢形成的，而是我们自己在娘胎时，就已经在通过做梦的形式，游历和开始了解这个世界了。

例如，我们可以在梦中以自由的方式飞翔在天际，可以在梦中通过出体①的形式了解未知的世界，可以在梦中以预言的方式提前探索还未出现的事物，可以在梦中以锻炼的方式修复和调理自己的身体，等等，而这些做梦的方式、形式和能力，成年以后的我们能够做到，胎儿时期的我们是否也同样可以做到呢？

人类很多先天就存在的本能和喜好，是不是也是在我们还未出生之前，在以梦体②游历这个世界的时候，早就已经养成和定下了呢？

可惜的是，这种通过做梦来认知世界的能力，就像是游泳反射一样，在我们出生后的某个阶段，突然就被遗忘了。

当然，在梦友圈里，还是存在着一些先天会做清明梦的人，可能正是因为某些特殊的原因，致使他们没有遗忘这种能力吧。

也正因此，梦隐常说，清明梦其实一点都不难，那是你天生就会的一项本领，就像学习游泳一样，只要你愿意，任何人在后天都能重新学会。

毕竟，现在的学习，并不是在点亮新的技能树，而是在重温和拿回你原本就有的能力。

对绝大多数的人来说，梦境其实都只分为两个部分，一部分是记不住的梦境，另一部分则是能够记住的梦境。

无论曾经的真相如何，现在的你仍要坚信，在梦里我们依然是无所不能的。

毕竟，当睡着以后，梦中的你依旧能像神话传说中的人物一样，会飞、会跳、会魔法、会变身、会穿墙，甚至还会透视……

在数十年的人生中，我们每天都在无知觉中经历从清醒到梦境，又从梦境到清醒的状态。就像每天都在经历从普通人到超凡神灵，又从神灵回归普通人的转变一样。

· 注释 ·

①出体：出体的全称为出体梦，是清明梦的一种表现形式，可以按照出体后出现的地方，划分为本地出体梦和异地出体梦两种类别。这种现象常见于清醒入梦时，与梦中知梦相比，出体只是多了一个主动从身体里出来的动作。

②梦体：梦境中做梦者的身体。

第五章　入梦期的第一道关卡

吃得饱，睡得好，就是最好的福报。

做梦是这个世界上最公平的一件事情，无论你是谁、身份如何、在什么地方、只要你还活着，还具备思维能力，就一定会做梦，无非就是各自梦境的内容有些许不同而已。

如果，真的人人皆有佛性，每个人都与生俱来、本自具足的话，那么除了呼吸和进食以外，你唯一先天就会的事物，就一定是做梦。

睡眠周期简介：

经过长期的调查和研究，人类的睡眠结构被大体分为两个部分：非快速眼动睡眠期（NREM）和快速眼动睡眠期（REM）。

其中，非快速眼动睡眠期又被分为浅层睡眠和深层睡眠，而与梦境息息相关的，就是快速眼动睡眠期。

在一整晚的睡眠中，随着时间的推移，我们会经历 4~6 个睡眠周期。

这个过程中，NREM 与 REM 交替出现，交替一次便是一个周期。

每个睡眠周期都包括最开始的浅睡、紧接着是深睡、再来又是浅睡，最后则进入快速眼动期。

整个睡眠周期平均持续的时间，大概是 90~120 分钟，当一个睡眠周期结束，紧接着会进入另一个睡眠周期，如此循环往复。

其中快速眼动睡眠的比例，也就是我们做梦的时间，会随着睡眠周期数量的增加而增加。

在前半段的睡眠周期中，快速眼动期所占据的时间比例较少，只有几分钟时间。但是在后半段的睡眠周期中，快速眼动期睡眠出现的时间，则会越来越长，有时可以达到半个小时，甚至更久。

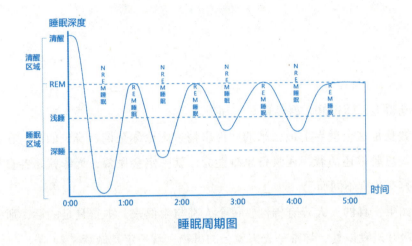

睡眠周期图

第一道关卡：入梦

综上所述，只有睡得越多、睡得越好，做梦的概率才会越高。

而做梦的次数越多，时间越长，我们知梦和控梦的概率，也会越高。

那么，想要睡得饱、睡得好，应该怎么做呢？

·关于睡得饱

最简单的方法，就是改变自己的作息习惯，增加自己的睡眠时间，拒绝任何剥夺睡眠的理由，并严格要求自己养成良好的睡眠习惯，且持之以恒地坚持下去。

例如，每天保持固定的入睡和早起时间，保证充足的睡眠，不随意熬夜等。

·关于睡得好

想要更好的睡眠质量，除了延长睡眠时间外，我们还要学会改变自己的睡眠习惯，建立一个全新的生物钟，改变那些混乱的睡眠节奏。

拒绝一切可能在临睡前，对大脑进行刺激的机会，不要让大脑过于亢奋，从而导致躺在床上辗转反侧，长时间无法入眠。

总的来说，就是 13 个字：少读书、少看报、少吃东西、多睡觉。

例如，

晚餐不要吃太饱，临睡前可以适量进行一些轻松的运动，如散步或一些伸展活动，同时要避免剧烈运动带来的大脑兴奋。

准备一个舒适的睡眠环境，确保房间的温度适宜，寝具舒适，尽量避免各种噪音和光线的干扰。

定时上床睡觉，不熬夜、不晚睡，不在床上刷剧、看手机，即使是节假日，也不要放飞自我。

日常生活中，多运动，多到户外走走，抽空多晒晒太阳，这些都有助于调整我们的生物钟，提高睡眠质量，让我们睡得又饱，睡得又好。

只有养成能够随时随地在任何环境和状态下，都可以不受影响地顺利进入梦境，我们才有可能去探寻那些或美好、或恐怖的场景，去感受那些或愉悦或惊恐或奇妙的情绪，也才能提升我们在梦中觉醒的概率，增加做清明梦的机会。

因此，可以随意进入梦乡，保证睡眠质量，享受美好的梦境，是成为控梦师之前的第一道关卡，也是我们必须经历的一个过程。

第六章　记忆的偏差

不知道你有没有过这样的经历：六岁的时候，还在上幼儿园的你，特别喜欢外婆送的一个粉红色的发卡。

那时候，你每天上学都要戴在头上，出门前还会站在镜子前仔细地照了又照，确保它完美地固定在头发上。

然而，有一天幼儿园的玩伴跟你发生争吵，抢走你的发卡，还不小心弄坏了，惹得你躺在地上号啕大哭。多年过去后，你仍然对这件事情耿耿于怀。

偶然的机会，小时候的玩伴聚在一起，无意间又聊起这件事情，他们却都说没有这么回事，或者完全不记得了。于是你跑回家向父母求证，结果父母也表示对此毫无印象。

那么，这段过去记忆中发生过的事情，究竟是否存在呢？

不仅是小时候，长大后的日常生活中，也会频繁出现类似这样的情况。

有些人早晨出门的时候，明明反复确认房间的灯已经关上，结果晚上回家却发现它依然亮着。还有些人出门之前还反复拉了几下门把手，确保门真的锁上后才出去散步，结果刚到楼下公园，还没走几步，又会感觉门好像没锁好，再次折返回来重新确认。

很多人会认为这是一种强迫症的表现，也有人会认为我们的记忆就像拍摄好的电影一样，每当我们去回想的时候，它们只是简单地在头脑中重播一遍而已。

然而，事实却并非如此。

在很多情况下，尽管我们身为人类，看似拥有着极高的智慧，但却不得不承认一个事实，我们最擅长的事情就是自己欺骗自己。

在成长的过程中，我们过往的经历和记忆会被自己篡改、覆盖和删除，这种现象被称为记忆偏差或记忆扭曲。

> "记忆扭曲——人类的记忆很容易出现偏差，往往回忆起来的并不是真实的记忆。"
>
> （内容来自百度百科）

形成记忆偏差的原因有很多，例如无意中被植入的记忆、暗示、不断重复的曝光、错误的认定和记忆被重写，等等。

正如大部分人在日常生活中会忽略的，我们的大脑会在有意无意中不断修补我们的记忆，它会将我们近期的经历和新的认知与过去记忆中的某个片段整合在一起，形成一个全新的记忆，并将其重新储存在我们脑海之中。

久而久之，随着时间不断地推移，很多我们记忆中曾经发生过的事情，往往在回忆时却成了另外一段完全不一样的描述。

也正是基于这个原因，我们在反复地记录和验证的过程中发现，绝大多数的人都同时生活在至少三条不一样时间线上。

举个简单的例子，许多情侣都会时常因为一些小事而发生争吵。

例如，小明今天以 5.5 元的价格在商场买了一个漂亮的陶瓷水杯，而每次消费短信的通知都会自动发送到他女朋友小美的手机上。

三个月后，某天午饭的时间，小明不小心把这个陶瓷水杯给摔碎了。

这个时候，一个很神奇的现象就会出现。

同样也很喜欢这个水杯的小美气呼呼地走过来，质问小明："你到底是什么意思？连吃饭都不能小心点吗？你看看这个 6 块钱买的水杯，就这样被你弄碎了。"

小明委屈地辩解道："我又不是故意的，而且这水杯只花了 5 块钱，实在不行，我下午再去买一个不就行了。"

小美一听更气了，说道："怎么会是 5 块，明明是 6 块，我记得清清楚楚的。"

……

5 元、还是 6 元，成为他们这次争吵的焦点。

看似一件微不足道的事情，怎么会演变出现这样的结果呢？

其实，原因或许很简单，有些女生不希望男朋友乱花钱，记账的时候总是会有意无意地多记一些。因此，5.5元可能习惯性地被四舍五入变成了6元，所以，经过记忆的扭曲和时间的发酵，一条新的时间线就会形成，在小美的记忆中6元就变成了真实发生过的一件事情。

同样的，有些男生怕女朋友觉得他们乱花钱，记账的时候总是会有意无意地少记一些，因此，5.5元可能习惯性地被四舍五入变成了5元，所以，经过记忆的扭曲和时间的发酵，另一条新的时间线也会随之形成，在小明的记忆中5元就变成了真实发生过的一件事情。

而事实上呢？

在5元和6元之间，还有一条真实发生过的时间线，曾经的某一天，小明以5.5元的价格在商场买了一个漂亮的陶瓷水杯。

很有趣，对吧？

时间是一件很神奇的事物，只要经历的时间足够长，一切都会发生令人意想不到的转变，只是绝大多数的人都没有意识到这一点。

也正因此，现实生活中我们会发现，很多人与人之间发生的矛盾和争吵，实际上在争论发生时，双方在争辩的很可能早就已经不是同一件事情了。

第七章　入梦期的第二道关卡

在日常生活中，小明和小美这样的存在，绝不算少数。

而在学习控梦的过程中，这样的案例更是数不胜数，我们会因为自己的喜好、经历、文化背景和生活环境，来完善自己的视域和理解世界的方式，最终形成的认知体系会影响每个人的大脑，从而形成一套独有的编程系统，我们称之为三观。

这套系统会把我们日常生活中的短时记忆储存在海马体，一个类似海马形状的人脑区域。海马体会对视觉、听觉、触觉和味觉感应到的一切进行记录、编码、处理，并形成叙述型记忆。通过经常回忆或者复读、重复记忆，会让海马体将记忆传输到大脑皮层保存，形成长期记忆。

也正因此，在经过独有的加密、编码和解码等一系列过程后，在认知、理解和记录上出现偏差，就成了在所难免的事情。

对于绝大部分人来讲，梦境其实只有两个分类：一类是醒来后仍然能够记住的梦境，另一类是醒来后无法回忆和记住的梦境。

网络上常常看到有人抱怨，自己每天梦境太多影响到了日常生活；还有一些人却像看热闹一样，在旁边起哄说自己从来不做梦；事实上，这两种人的说法都不准确。

以睡眠周期为例，只要大脑没有遭受过重大创伤或是疾病的侵害，理论上每个人每天晚上都会经历4~6个梦境。认知里能够决定这一夜做没做过梦的主要因素，只是取决于醒来后的我们是否记得而已。

因此，能够回忆和记住梦境，正是入梦期的第二个关口，我们也称之为：忆梦。

无论是学习清明梦也好，学习控梦也罢，所有的中心点和关键词，都在一个"梦"字上面。

正如前文所讲，只有睡得越多，睡得越好，我们做梦的概率才会不断增加，而做梦的次数越多，做梦的时间越久，我们知梦和控梦的概率也才会随之不断提高。

然而，很多人都会忽略一个事实，那就是经历再多、概率再高，如果醒来后全部遗忘、毫无印象，完全忘记自己曾经做过梦的话，那么学再多的技巧和方法，做再多的努力和坚持都将是没有任何意义的。

经常看到这样的案例：

> 清晨醒来，同住的朋友或爱人说："哎哎，我刚刚做了一个梦。"
>
> 你会充满期待，双眼发亮地问："什么梦？有意思吗？说来听听？"
>
> 对方回复："嗯……哦……好像是……忘了……"
>
> 此刻，无奈中的你，额头有三条黑线划下，话题被无情地中断，聊天完全没办法进行下去。

在现实生活中，这是时有发生的事情，很多人从梦中清醒的那一刻，似乎还记得刚刚梦到了什么，但去上个厕所、刷个牙、洗个脸回来之后，就已经完全进入了"梦失忆"的状态。

想要找到记住梦境的方法，我们首先要简单了解一下，"后天"的梦境是怎么被"编"出来的。

和白天清醒时的记忆一样，近些年来科学家们通过脑电图、多导睡眠图、眼动传感等方式，发现大部分的梦境，都来自我们过往接触到的一切素材。

这些素材包括但不限于日常生活中通过视觉、听觉、嗅觉、触觉等方式所触及的事物，它们有些被作为短时记忆存储在海马体，有些则已经形成长期记忆被储存在大脑皮层。

基于以上原因，我们发现很多人无法记住或无法清晰地描述自己曾经做过的梦境，主要是因为对记忆的激活和唤醒有所欠缺。

海马体的运行机制决定了，如果我们经常不使用之前的短时记忆，它们就会启动删除按钮，将之删除。

因此，想要不影响睡眠质量，又能够有效地改善记忆梦境的能力，我们需要经常性地尝试激活和唤醒对梦境的记忆。

例如，可以使用自己喜欢的方式来不断提醒自己，告诉自己"我能记住梦境""我今晚一定可以记住梦境"，等等，这些被称之为自我暗示。

坚持不懈地去强调、去肯定，让这种行为逐渐形成一种习惯。

在日常生活中，锻炼记忆力的方法有很多，但是关于回忆梦境，梦隐只推荐一个方法，那就是"姿势"。

俗话说："姿势不对，努力白费。"

有不少梦友应该都有过这样的体会，当一个美梦被意外中断苏醒之后，想要继续下去，这时很多人会选择重新闭上眼睛睡觉，做着醒来时同样的动作，很快梦境就会被重新续上。也正因此，醒来时的姿势对于回忆梦境有着非常大的帮助。

当大脑在白天工作、夜间做梦的时候，我们的身体也正在承担着它负责的部分。在你醒来那一刻，不要做任何动作，静静回忆是最容易记住梦境的。

如果，此时你立刻翻身，跟身边的爱人诉说，可能就已经忘记了很多内容。其主要原因是，翻身之后，我们的身体已经提前结束休眠进入预热状态，它同时会带动我们体内其他器官、神经元和操作系统逐步激活，同步进入预热阶段。

所以，醒来后静止不动，是忆梦的基础，也是最为关键的关键。

我们自然醒来时，能够记住的那个梦，往往都是最近的一个，REM 阶段关于做梦的记忆，都暂时停留在海马体，如果这时继续睡着，就会像前文讲到的，海马体会删除之前的短时记忆，为后面的记忆工作腾出空间。

因此，静止不动回忆梦境的同时，不让自己睡着，是我们需要注意的另外一个要点。

此外，最重要的是要保持一个积极的心态和持续不断的努力。记住梦境对新手来说并不是一件容易的事情，可能需要一定的时间和练习来适应这个过程。所以，无论遇到什么困难和挫折，都要坚持下去，一段时间之后，你会发现自己能够记住的内容会越来越多，越来越有意思。

　　总而言之，每个人都会做梦，而记住梦境则需要一定的技巧和方法。

　　通过了解大脑的运行机制和记忆的相关特点，我们可以采取一些措施来提高自己记录梦境的能力，从而充分地了解自己的内心世界和意识状态。

　　梦境是了解无限可能性的通道，是通往奇妙世界的桥梁，只有能够清晰地记住自己的梦境，我们才能更好地探索和理解那个未知的梦境世界，从而开启一段神秘而奇幻的探梦之旅。

第八章　梦境存在的方式

很多人在回忆梦境的时候，都会遇到一个奇怪的问题，那就是梦境内容的碎片化和不符合逻辑的混乱性。

举个简单的例子：

小明梦到自己置身于一个巨大的客厅，客厅里摆放着各式各样，颜色各异的塑料模型。

突然，画风一转，小明回到了老家，看到奶奶正在准备他最爱的桂花糕，正准备拿一块品尝一下的时候，他听到后面传来老爸的声音。

转身之后，场景又成家里的书房，老爸正握着他考了 16 分的数学试卷，气愤地质问他为什么考得这么差。

小明想找妈妈过来解围，下一秒，镜头就转移到城里最大的商场，远处老妈正大包小包地拎着一堆袋子，招呼他赶紧过去帮忙。

刚帮老妈拎了两个袋子，抬头发现旁边有一家自己爱吃的肯德基。

下个瞬间，小明就和两个小伙伴坐在店里，吃起了老北京鸡肉卷。

这时，小明好像想起了什么事情，抬起头一看，发现自己还在堆放着一堆各种模型的客厅。

以上这些，是昨晚小明梦里真实经历的部分片段。

苏醒后，小明认真回忆着，准备去记录的时候才发现，昨晚的梦境有点混乱，顺序总是感觉对不上。

不过，现实中的行为习惯告诉小明，我们既然要记录，肯定要有个先后顺序，要符合逻辑才行。

因此，小明的忆梦日记，就变成了下面这个样子。

×××年××月××日　晴

昨晚做了一个很奇怪的梦，梦里我家客厅堆满了各种奇奇怪怪的模型，颜色各异什么样的都有。

刚准备过去看看什么情况，就被老爸拎进书房，他拿着我考了16分的试卷，非常生气的样子。

还好有老妈过来解围，让我陪她去商场购物，这一逛就是大半天，大包小包买了很多东西，差点把我累死。

准备回家的时候，碰到两个同学，我们一起在肯德基吃了一顿。

下午，老爸、老妈带着我一起回了老家，奶奶做了很多我爱吃的桂花糕，醒来时嘴巴里还是甜甜的味道。

跳脱、无序、混乱是梦境的主旋律，不合理的事物随机出现、断裂或者回溯，这些在梦中是很常见的事情。

想要真正洞悉梦境的顺序和本质，这一切还需要从入梦时开始说起。

经过控梦体验的不断累积，很多梦友会在无意间进入一种奇怪的状态，仿佛置身于异度空间一样，此时，这种神奇的现象，被称之为"歧梦秘境"。

刚躺下的我们，眼前是黑洞洞一片单色的黑暗，仿佛无垠的虚空般深邃神秘。

然而，当我们专注地盯着眼前的黑屏去仔细观察时，又会惊异地发现它实际上是一片微弱的暗红色，上面还点缀着许多隐隐约约的青色或是银色的不规则条纹，犹如一幅抽象的绘画作品一般引人入胜。

进一步注视下，我们又会惊讶地发现，这片暗红底色的画面中，还有无数针尖大小银色的亮点，闪烁着微弱却明亮的荧光。（当然，每个人看到的色彩，可能会有些许差异。）

随着身体的逐渐放松，思绪开始游离、飘忽不定。我们眼前偶尔会闪过一道道银白色或是其他颜色的光芒，有时又掺杂着各种奇异色彩的迷离光影。有时，这些光芒似乎还伴随着短暂的画面一闪而过，如流星般转瞬即逝。

梦屏示意图

这些突如其来的画面，或是模糊缥缈，或是清晰如实。它们就像一幅幅黑白的水墨画，有的静谧如止水，仿佛停留在某个瞬间；而有的则悄然展开，缓慢而持续地转变。

然而，当我们的注意力被吸引时，这些静止或动态的画面仿佛瞬间被激活，焕发出无限活力，展现出各种令人着迷的变化。有的画面扑朔迷离，宛如一幅意象交织的幻境；有的画面则如诗如画，勾勒出美轮美奂的场景。这种变化好像与我们的思维共鸣，随着我们的意识不断转变，带来一系列神秘而令人难以置信的奇景。

此时眼前的景象，仿佛一台神秘的幻灯机，静静传递着各种大小、形态各异的画面。又有点像小孩儿在玩的泡泡机，漫天飞舞的泡泡有大有小，有些是单独存在的，有些则两三个相互连接在一起，它们有时凝固如冰，静默不动；有时则缓缓转变，如行云流动。或许这一切更像是保安室里，并排挂着成千上万个不同的监控屏幕，一排排一列列不太规则地挂在墙上，而那些监控画面里显示的内容，有些相近、有些相同，有些则天马行空的完全不在同一频道，有些如投映如水，在梦幻般的波纹中流转；有些则变幻莫测，如迷雾般抽象不定。

随着时间的推移，我们在无数个屏幕中无意识地接近、放大，不断浏览和观赏。对于那些毫无感觉的画面会迅速被跳过，而当我们遇到感兴趣的内容时，便会短暂停顿，投入其中。

在观看期间，虽然专注地盯着某个画面，但我们的注意力还是会不自觉地转移到其他屏幕上。偶尔我们也会被那个画面吸引，从而将视线完全转移到另外一个屏幕上去。

这个过程一直不断重复，直至我们找到一个自己感兴趣的主线，被吸引之后就会长时间地停留，甚至全神贯注地投入其中，亲身去经历体验一段奇妙旅程。

随后，我们会退出当前行为，再次沉浸在黑暗的宁静中，安静地等待着下一道光芒的出现，我们又会在新出现的泡泡或是屏幕里，重新选择自己感兴趣的画面，继续探索。

如此循环周而复始，一直到早晨苏醒。

发现这一现象后，我们主动在众多梦友中寻找合适的对象进行观察实验，最后得出一个极为有趣的结论。

那就是，我们绝对多数人的梦境，可能都不是一个一个单独出现的，而是以平行且共存的方式存在着。

它们有点像搞批发一样，每次会有数十、数百，甚至数千个不同的梦境同时呈现。在我们醒来后，之所以只能记得某个或是某几个梦境，并不是说其他梦境不存在，而是因为我们的注意力主要集中在其中某几个梦境画面上，而忽略了其他泡泡或屏幕中的内容。

理论上，只要你的精力足够充沛，意识强度也足以支撑，那么你在同一时刻，就可以同时经历数十、数百、甚至是数千个不同的梦境。

这种奇特而神秘的现象，被称之为"梦境平行论"，它不但展现了梦境世界的无限可能性和多样性，还提供了一个更为广阔的视角，就像在经历无数维度的时空之旅，让我们可以同时探索和领略无尽的梦境世界。

第九章　入梦期的第三道关卡

俗话说："好记性不如烂笔头。"

在现实生活中，即使再好的记忆力，都不如实实在在记录在本子上来得可靠。

在入梦期，当我们学会能够不受环境影响，随时随地进入梦乡，并且醒来后又能够轻松愉快地回忆起刚刚发生过的奇妙经历，这时候，我们就需要面对最关键的第三道关卡，那便是记梦。

在漫长的一生中，记录梦境对于任何一个合格的控梦师来说，都是必须掌握的核心技能。

可以说，记梦是一切基础中的基础。

在一些新手梦友看来，普通梦对他们而言没有意义、不重要，也不值得关注。只有做了清明梦或者一些特殊、有趣的梦境，才值得耗费时间和精力去记录一下。

然而，事实真的是这样子吗？

答案必然是否定的。

会有这样的认知，大多是因为梦友们忽略了记梦的本质和意义而已。

虽说绝大多数的人成长以后都会忘记自己曾经的天才状态，忘记小时候在梦里那种无拘无束、无所不能、随意穿越时间和空间的感觉，忘记在梦中畅游宇宙星空的各种经历。

但是，请你一定要相信，只要曾经拥有过的，在后天只需经过努力，我们都能够轻松自如地重新拿回。

· 梦是什么？

梦境的本质如何，它究竟是个什么样的存在，这是全人类都要去苦思和探索的问题，也是我们正在努力试图解开的未解之谜。

对于绝大多数普通人而言，梦境就像梦幻泡影一般，在醒来那一刻，就已经如同过眼云烟，随风飘逝，消散得无影无踪。

不过，被遗忘的梦境，真的都被删除，被彻底抹去了痕迹吗？

答案可能并非如此。

也正因此，我们给梦境下的定义是：一段被设置了触发性封印的记忆。

· 莫名其妙多出来的记忆

不知道你是否曾经有过这样的经历，三五好友坐在一起聊天，某个人意外讲起自己昨天晚上的梦境，正当他讲得绘声绘色、跌宕起伏，描绘着那个梦中场景的时候，你突然一拍大腿，说道："哎，好像突然想起来，我小时候也有过一个类似的梦境……"

一段从未出现在你过往生活中的记忆，不知何故莫名其妙地就涌现在你的脑海中。它是如此清晰、如此明了，关于细节的描述和故事的进度，就像是你默默背诵了无数遍一样，滔滔不绝地被倾诉出来。

那么，这个小时候的梦境，究竟是怎么被唤醒，怎么跳出来的呢？

正如前文所讲，梦境是一段被设置了触发性封印的记忆。

当你在现实生活中，有意或者无意间触碰到了某个开关时，一个消失的梦境就会像是你刚刚重新经历一遍似的，曾经梦中的一切内容都会清晰地映入眼帘。

这也是我们一直在强调的，记梦并不意味着结束，而是一切的起点，也是一切基础中的基础。

许多人的意识里会认为梦境醒了，我回忆了，也记录了、这样就可以了。

实际上，梦境被记录之后的分享和回顾才是至关重要的。

就像上面这个案例一样，梦友之间的分享、交流，有可能会成为意外触发某段过往梦境的钥匙，从而使你获得一段有趣的经历，一段你记忆中不存在或是早已被你遗忘的记忆。

梦是让你觉得很丢脸的一件事吗？

如果不是，为什么不敢大胆地去分享呢？

·记梦的作用与好处

梦境能够让我们穿越时间和空间，而记梦则可以让我们回到那些事情发生的某个瞬间。

同样一个小故事，你回到老家整理物品，意外找到上小学时的日记本。看着字里行间描述的过往，那些曾经亲身经历过，但又模糊到几乎遗忘的片段，你是否会感觉仿佛穿越时空一般，回到了那些故事发生的那一刻？小时候偷过谁家地里的西瓜和小伙伴之间又有过哪些约定，等等。

这时候，很多日记里未曾记录的内容，也都会被你一一重新回忆起来。

了解记录梦境的必要性和重要性之后，我们还需要简单学习一下，究竟怎么去记录梦境？

记梦几乎是一个不需要任何文字功底的练习任务，因为夸张的文字和行云流水般的描写，在某些时候反而是一件适得其反的事情。

梦境本身的混乱和无序，平行和同时经历的特性，让我们无法像记录现实中的日记那样，有逻辑且条理清晰地去记录它们。

因此，不加任何修饰的流水账记录法，想起什么就记什么，不加分析地如实记录，才是最适合梦境的。

例如，昨天晚上的梦境里你进入一个房间，看见书房的门是白色的，上面有个圆形金色的把手，用力拧开后一道光射了进来，对面是一个大落地窗，窗帘是蓝色的，窗户是打开的，风吹动窗帘向内飘动，飘到窗边白色的书桌上，书桌的右下角被书柜的影子占据着……

如果早晨留给你的机动时间不多，使用类似关键词记录的方法，也可以作为一个备选。

关键词记录法，最主要的是要能够激活你的记忆，让它们形成连贯的剧情就可以了。在早晨清醒后，我们可以先去记录一些关键词，然后在其他空挡，再抽时间来回忆和串联补记梦境的具体内容。

还是上面这个例子，关键词记录法可以这样去记录：书房、白色的门、有光、风吹窗帘、白色书桌、书柜的影子……

当然，还有录音记梦和绘画记梦等其他记录方法，梦友们可以根据自己的作息和习惯，自行安排即可。

还是那句话，记梦是一切基础中的基础。

很多梦友会觉得，不就是忆梦日记，我只要认真去记不就完了吗？

但是很少有人去思考，自己记梦的方式真的正确吗？为什么已经记录了很久，却没有任何效果呢？

在歧梦谷，梦隐把记梦的方式分为四种，分别是：在现实中记录现实、在现实中记录梦境、在梦境中记录梦境和在梦境中记录现实。

第十章 100% 的清醒？不存在的

在很多新手玩家的认知里，他们都会认为清明梦是一件很酷、很牛、看上去特别厉害的事情。

他们认为只要自己在梦里能够知道自己正在做梦，就能拥有类似现实中的思考能力，拥有 100% 的清醒程度，在梦中完全清醒。这时候，我们在梦里就像开启无敌外挂的电影主角一样，可以在梦里为所欲为，无所不能。

但是，事实真是这样吗？

答案可能会让很多梦友失望，因为，这是一种错误的认知误区。要真正去了解这中间的秘密，我们还要从记梦的四种方式开始说起。

人类拥有着两套认知和记录系统，其中一套管理和记录现实生活中的点点滴滴，另一套则管理和记录梦境世界的光怪陆离。

很多东西，看似储存在同一个地方，都在海马体或是大脑皮层，但是认真仔细去观察就会发现，我们在现实中更容易记起现实中发生过的事情，而在梦境中则更容易想起梦境中曾经发生过的事情。

在这两套认知系统之间，好像有一道看不到的墙壁，如同隔膜一样，将我们的白天和黑夜无情分割。消除和截断记忆，使我们可以更好地沉浸式地体验生活和梦境，这是它最大的作用。

而我们通过持之以恒的回忆、记录、分享和回顾，就是为了慢慢消磨这层隔膜，突破这道屏障，让我们的两套认知系统之间产生一丝数据互通的机会。

记梦的四种方式：在现实中记录现实、在现实中记录梦境、在梦境中记录梦境和在梦境中记录现实。

前两种方式比较容易理解，是所有新手玩家在刚进入清明梦这款游戏时，就需要学习和掌握的。

在现实中记录梦境，就是绝大部分梦友目前正在做的，当每次从梦境中苏醒过来后，第一时间去记录刚刚梦境中的各种经历。

在现实中记录现实，则是小时候语文老师最喜欢布置的日常作业之一——写现实日记。

至于后面两种方式，就需要有一定的知梦频率和控梦经验，才能够去尝试体验。在梦境中记录现实，就是当我们在梦中知道自己在做梦时，主动去回忆和记录现实中发生的事情。说得更简单一些，就是把现实中的日记，在梦里再记一遍。

很多梦友可能认为这是一项很简单的任务，只要我知梦了，在梦中有了清醒的意识，这一切还不是手到擒来的事情？

有兴趣的话，在学会做清明梦之后，当你梦里有了自主意识，能够意识到自己正在做梦时，可以简单尝试问一下自己，西方哲学的三大问题：

我是谁？我从哪里来？我要到哪里去？

或者可以换成更接地气、更通俗易懂的问题，你可以问一下自己的名字，昨天晚上吃的什么东西，现在躺在什么地方睡觉，或是问问自己的手机号码，上班的地点，谁在你旁边睡觉，等等。

当真正开始尝试之后，你就会发现一个神奇的现象，即使在清明梦里有了自主意识，对于这些问题的答案，你也不一定都能回答出来。

你可能知道自己叫什么名字，却不知道自己晚上吃了什么东西；你可能知道自己在什么地方睡觉，却怎么也想不起自己的电话号码……

因此，知梦之后，我们真的能够在梦境里保持 100% 的清醒吗？这个问题的答案，就需要梦友们主动去探索和解密。

最后，在梦境中记录梦境，就是将我们在梦境里经历的一切，在每次离开前写成新的梦境日记，存放在梦境之中。

看似烦琐的划分，实际上原本就是同一件事情，只有到了某一天，玩家们能够把这四种方式结合在一起使用，那才是真正的记梦。

对于刚入门的新手，正确的记梦方式，应该是结合现实和回忆梦境两部分组合而成的。

记梦 = 现实日记 + 忆梦日记

弗洛伊德说："梦是现实的延续，是愿望的达成。"

我们也有"日有所思，夜有所梦"的说法。

想要了解梦境，不可避免地需要了解自己日常的行为习惯和心理变化，来分析现实和梦境的关系。因此，我们要从一开始就养成一个良好的习惯，将现实和梦境一同记录下来。

示例：

2020.02.02　晴

（白天的部分）

　　白天做了什么事情，吃了什么东西，天气如何，心情如何，晚上几点上床，在床上是玩手机还是看电影，大概几点关灯准备睡觉，估计躺了多长时间才睡着的……

（夜晚的部分）

　　晚上起夜几次，醒来几次、有没有被人打扰，早晨几点醒来，梦境里都梦到了什么，起床后的心情如何，等等。

第二部·知梦篇

梦，是让你很丢脸的一件事？

第一章　恋爱与做梦

清明梦作为一款超越现实的思维游戏，除了入梦、忆梦和记梦这些基本练习外，新手玩家们第一个需要领取的正式任务，就是学会自己跟自己恋爱。

说实话，这个世界上从来不缺少天才和神童。但即便是天才，也会有浪费、挥霍自己天赋的时候。

我们作为人类，一种稀奇古怪又独特的生物，很多时候缺乏的恰恰不是那一点点天赋，而是一种对自己的自我认可和坚持。

只有具备自我认可和坚持不懈的努力，再加上持续不断的关注和实践，在未来的某一天，我们才能得到各自内心深处最渴望的东西。

而这一切，正是梦隐想要给新手玩家们的忠告："想要真正学会清明梦、学会控梦，除了坚持和不懈的努力外，我们还要接纳梦境、学会阅读和分享梦境。"

无论在任何时候、任何时代，闭门造车都是一种很蠢、很笨，几乎是一种完全徒劳的行为。

毕竟，在练习的过程中，我们不可避免地会遇到各式各样的问题、困难和瓶颈。

如果，只依靠自己慢慢去探索、分析和总结的话，那肯定会浪费很多时间。此时如果有个同伴可以相互支持、鼓励和分享，相伴而行，就会让一切变得更加轻松有趣。

学会把我们做的梦写下来，分享出去；

敢于把我们做的梦写下来，分享出去。

在和梦友们互动与交流的过程，本身也是丰富我们梦境素材的一种方法，而这也更是一种最简单的自我认可的方式。

就像一个男生刚开始和女朋友谈恋爱，他深深地喜欢她、为之着迷，他非常确定以及肯定自己已经坠入情网爱上了她，并愿意深入了解她，与她共度一生。但是，在日常生活中，男生的行为却与内心深处真实的想法截然不同。

为什么会这样呢？

可能是因为女生的外貌不够漂亮，穿着有点特殊，或者有些其他方面的缺陷；也可能是因为她长得太过漂亮，让男生没有安全感。

总之，由于某些原因的存在，男生害怕别人嘲笑自己，又或是害怕别人把她抢走，于是选择把女生藏起来，不敢介绍给身边的人认识、不敢发朋友圈、不敢晒两人的合照，更不敢曝光公开他们在一起的一切。

说实话，有意或是无意地回避并没有错，但喜欢却又不敢表达，就有错了。

这样做有可能导致的结果，就是无论这段关系有多深、有多爱，最后都会由于各种原因而分道扬镳。

"不怕我的世界只有你，只怕你的世界没有我。"

当表象和内在起冲突的时候，我们的练习往往就会停滞不前，陷入一道瓶颈。

因此，学会分享自己，敢于表达自己，善于表达自己，坦然地面对自己、做自己，这才是我们在正式接触清明梦练习前，所需要具备的基础条件之一。

梦隐常说，学习清明梦和学习控制梦境其实非常简单。因为，这是我们与生俱来的一种本能和天性。

简单点说，学习清明梦的过程，就像在谈恋爱一样，只要愿意去网上任意找本《恋爱宝典》，愿意花费时间反复去阅读里面的恋爱技巧和方法，然后努力按照谈恋爱的步骤去做，我们就能把清明梦、把控梦学会，并且学好。

清明梦，或者说我们的潜意识，就像一个美丽、温柔、高贵又冷漠的女生。了解清明梦是什么、潜意识是什么、确认自己是否真的喜欢她，愿意为她付出，愿意为她去学习，试图寻找方法拉近距离，去接近她、学会阅读她、欣赏她，体会她的所有，最后学会接受她，面对她，包容她的一切，就是学习清明梦和控梦的全部过程。

我们在与自己潜意识谈恋爱的过程中，通过不断地观察、了解和接纳，心境不停转变的同时，我们做梦和控梦的水平也会自然而然地提高和改变。

人生在世，不管是大人还是小孩、是男性还是女士，是贫穷还是富有，在我们成长过程中一个必不可缺的共同点，就是对追求异性的热衷。

谈恋爱，是每个人的生命中都会经历的一个过程，无论是轰轰烈烈还是平淡如水，无论是刻骨铭心还是荡气回肠……

经历过，再回首，我们是否还能回忆起那些，从初次相遇到相知、相恋、相爱的全过程呢？

· 恋爱法

假设我们都是一个男生，当在路上或是某个聚会，遇到一个喜欢的女生时，我们首先要做的就是通过搭讪也好，朋友介绍也好，知道她是谁，叫什么名字，紧接着，去了解她的基本情况，住在哪里，电话号码，等等相关信息，当然，最好是能够要到她的微信，并添加为好友。

然后呢？

上去表白？直接去求婚吗？

当然不是。

夜深人静，回到家中，绝大部分人首先会做的，就是打开微信，观察一下女生的朋友圈，阅读她曾经写下的日志、拍的照片、分享的文章，等等，试图从这些有限的信息中，观察她究竟是个什么样的人，喜欢吃什么东西，穿什么颜色的衣服，平时关注哪些话题，等等。

了解对方的同时，以便确认自己是否真的喜欢，甚至已经爱上了对方。

最后，经过一些意外的偶遇和交流，从简单的接触到相互熟悉，从相知到相恋，我们开始慢慢接纳和包容她的一切，无论是好的，还是坏的，随后的人生中，无论任何时候，我们都愿意跟她站在一起、共同进退。

这时候，我们会跟家人和朋友介绍她，分享与她在一起的点点滴滴，分享每个幸福瞬间的感悟。

　　简单回顾这个过程，我们可以发现学习清明梦和控梦的步骤与谈恋爱如出一辙。

　　目前，所有基础条件均已具备，在我们即将要进行的这场恋爱中，男女主角早已互为好友，只是显意识以前没有在意，或是不知在什么时候无意中屏蔽了潜意识的朋友圈而已。

　　现在，只要我们愿意坚持和努力，在享受与自己潜意识美好相恋的过程中，就能轻松掌握清明梦和控制梦境的相关技巧。

第二章   梦的标识

清明梦的原理究竟是什么？我们在梦境中存在的意义是什么？控梦的真正本质又是什么？

这是一个值得深思的哲学问题，至今没有答案。

尽管网络上已知的清明梦技巧和方法成千上万，常常让人眼花缭乱。

但是，万变不离其宗，不管技巧和方法如何改变，要想了解清明梦、学会控梦，首先必须掌握的就是如何分辨自己是否身处梦境之中。

抛开那些变化莫测、五花八门的表象，去探寻最基础的底层逻辑，无论是讲解梦中知梦的技术、还是传授清醒入梦的技巧，它们最核心的部分都是在寻找梦的标识。

就以梦中知梦为例，当我们在普通梦中，突然意识到自己正在做梦的现象，被称之为梦中知梦。作为进入清明梦最大的一个突破口，也是练习人数最多、最频繁、最常见的一种知梦手段，梦中知梦的日常训练主要由日间暗示、疑梦、验梦等相关技巧组合而成。

简而言之，梦中知梦的训练需要我们在日常生活中找到一个契合点，在特定的场景下不断重复地暗示自己、提醒自己，然后配合主动去做一些疑梦、验梦的相关动作来完成。

而这个所谓的契合点，就是梦的标识，简称为梦标。

作为可以让梦主知道自己是否在做梦的标识物，梦标大体可以被分为以下三类：

第一类是被动出现的，例如，近期经常出现在梦中的事物，常用于梦中知梦；

第二类是主动创造的，例如，身体的异常感觉、震动、耳鸣，等等，常见于清醒入梦；

第三类是自然而然的，例如，春梦、压床和失眠，等等，常见于凭经验或知觉，自然进入的知梦状态。

当然，梦标并非是漫无目的去肆意尝试设立的，它需要是近期在梦中时常出现的某些特定的人物、环境、感觉、情绪、行为或是想法等相关事物，被我们主动标记后，形成的一种类似道路指示牌、公交站牌、安全标识牌，等等，引导我们前进、确保我们不会迷航，也不会失去方向，具有提醒作用的特殊事物。

就像在地铁上，当到站提醒声响起的那一刻，只要听清广播里报出的站名，我们的大脑和身体就会自动做出相关反应，自动判断我们是已经到站需要下车，还是需要继续等待，还有两站才能到家。

然而，正是因为梦标拥有这样的特性，它们往往并不是单独存在的，就像大街上的指示牌，如果没有人去看，没有人使用，它们也只能是一种点缀街头的装饰品而已。具体如何使用梦标呢？就需要配合疑梦、验梦同时出现，一起使用。

知梦：在梦境中意识到自己正在做梦。

疑梦：在梦境中怀疑自己是在做梦。

验梦：通过一些在现实中不可能实现，在梦境里却能轻松做到，或是现实中可以实现，在梦境里却无法还原的事物或行为，来验证自己是否身处梦中。

·梦标的设立

梦标的设立可以说是梦友们在练习过程中的一种必备技巧。

与其说梦标是一种长期、固定、一成不变的事物，倒不如说它更像是一种需要定时更换和随时抛弃的快消品，而决定是否需要更换和抛弃的因素，主要还是取决于梦标的素材来源。

其实，梦标并不是突然出现的新事物，反而更像是忆梦日记的延续。

每当我们写完忆梦日记后，如果有足够时间，梦隐都会建议梦友们去快速浏览或阅读一遍。在阅读的时候，我们把其中一些感觉到熟悉的地方，例如一些常见的语句、对话、颜色、场景、人物、内心活动，等等标记出来，并且在归纳总结之后，单独记录下来。

例如，某天小明写了这样一篇忆梦日记：昨天梦里走在大理古城的街道上，看到很多穿白族服饰的美女在跳舞，突然刮起了很大的风，周围的树木被狂风压弯了枝头，但我却感受不到丝毫寒意。

在这个例子中，白族服饰和美女是关于视觉的记忆，感受不到丝毫寒意则属于内在的一种感觉。

此时，我们就可以将它们拿出来，单独做个标记，写个备注。

例如，刚进入梦境，我就本能地飞了起来，飞得越来越高、越来越快，这时候耳边传来一阵从来没有听过的轻快音乐，我感受着风在身边流动，带来温暖和舒适的感觉。

抬头时，看到远处山尖上覆盖着皑皑白雪，在阳光的照耀下，闪烁着刺眼的光芒，这一切让我不由自主地向它飞去。

在这里，飞行是我们的行为模式，轻快的音乐是听觉的记忆，风的流动和舒适的感觉是内在的感受，山尖的白雪则是视觉的记忆。

此时，我们可以把它们拿出来，做个标记，单独写个备注，而这个做标记、写备注的行为，其实就是梦标的设定过程。

前文讲过，梦标需要是近期在梦中时常出现的某些特定的人物、环境、感觉、情绪、行为或是想法，等等。

当连续记录一个星期的梦境，或是拥有三到五篇略微详细的参照对象时，我们就可以抽个空档，找个机会，或是利用空闲时间，反复阅读自己的忆梦日记，观察、分析和总结出最近一段时间经常出现的事物、行为和心理活动，等等，把出现频率最高，重复出现最多的几个罗列出来，设定为梦标，并且建立自己的梦标仓库，把它们储存记录下来。

梦是黑夜中的语言，诉说着我们潜意识的秘密。在古代，蛮荒的部落时期，人们认为："梦是知识的源泉，是神灵信息的来源。"

而我们经过入梦期的训练，从入梦、忆梦、记梦，到随后的阅读、分析、分享、总结得出的梦标，正是我们心中那个女神或男神的脾气性格与兴趣爱好。在梦标的设立过程中，我们需要保持足够的耐心和观察力，通过不断地整理和总结，我们能够发现一些潜在的模式和某种规律。

她喜欢什么颜色？喜欢听哪种音乐？一般几点发朋友圈？喜欢穿什么样的衣服？吃什么样的食物？她喜欢旅游还是宅在家里？喜欢遨游星空还是游戏世界？

这些问题的答案，都可以通过梦标的设立来呈现。

可以这样说，梦，就是潜意识的日常生活，我们能记住的内容则是她每天发布出来的朋友圈。

我们只要掌握了她的兴趣所在，正确运用且投其所好，就能引起潜意识的关注和兴趣，从而展开一场美妙的恋爱之旅。

第三章　流传数千年的疑梦验梦

前文讲过，梦标往往并非单独存在，而是和疑梦、验梦同时出现并一起使用的。

这就像当你站在楼下，突然听到远处传来的笑声，你会自然而然地停下脚步，侧耳倾听。想要确定刚刚是不是自己的女朋友在玩游戏或是打电话时发出的声音，只有验证之后，你才会继续往楼梯走去。

我们的练习，就是希望达到这样的目的，当看到某个设定好的梦标时，我们就要立即去怀疑和验证，自己是不是正在做梦。

而这个怀疑和验证的过程，就是我们常常提及的疑梦和验梦。

・为什么要疑梦

只有对当前所处环境产生怀疑，才能有效地分辨出我们是否身处梦境之中。

例如，当你看到一条龙在天空中飞翔，这时候你就会产生怀疑，怀疑自己是不是正在做梦。

・为什么要验梦

只有确认自己身处何处，我们才能决定接下来要进行的事物；

在做危险动作之前，为以防万一有意外发生，我们需要验证自己是否身处梦境之中；

清醒后，为防止被假醒状态欺骗，我们需要验证自己是否仍然身处梦境之中。

· 怎样验梦

验梦的方法：必须是在梦境中能轻松做到，现实里不可能实现；或现实里可以实现，在梦境中却无法还原和完成的事物或行为。

梦隐推荐常用的验梦方法，主要是：扳指、咬唇、捏鼻和手指操几种。

· 扳指

用右手向后去扳动左手中指，使其可以贴合在左手手背上。

注：这个动作在现实中绝大部分人无法做到，而在梦中则可以轻易完成。

· 咬唇

梦中的身体就像一块橡皮泥一样，柔软而有弹性，轻咬嘴唇甚至可以像嚼口香糖一样，有嚼劲却感受不到丝毫疼痛。

注：除嘴唇、手指外，身体的其他部位也都一样，我们可以选择一个现实中不会影响自身形象的动作，便于随时随地可以尝试练习。

· 捏鼻

梦中捏住鼻子，并不能阻断现实中肉体的呼吸，因此在梦中捏住鼻子或者潜入水中，如果还能正常呼吸，则证明自己正身处梦中。

· 手指操

大部分情况下，梦中手指的灵活度无法还原到现实中的程度，在梦中做一些简单的手指操，手指会扭曲或纠缠在一起。

除了以上这些方法，还有起跳飞行、发帖暗示等其他方式，可以用来作为验梦手段。

不过，在实践过程中，偶尔也会出现在梦里验证失败的情况，或是像手指受创后在现实中也能贴合手背的事情发生。

因此，为了确保万无一失，梦隐建议梦友们尽量选用三种或三种以上组合式的方法，来作为自身验梦的手段，只有如此，我们才能更加确信自己是否身处梦境。

想要体验梦中知梦的乐趣，日常生活中学会疑梦、验梦是目前最通用的方法，而建立梦标也是其中最为重要的一个环节。

无论是练习梦中知梦，还是清醒入梦，无论是学习显控还是潜控，记梦对每个梦友来说都是最基础的日常操作，当我们的忆梦日记累积到一定数量后，当我们开始观察、分析和总结梦里经常出现的景色，或是经常遇到的人物……

拥有了这些基础数据后，我们就可以进行分析，将最常见的事物罗列出来，作为自己的梦标，一旦梦标建立之后，疑梦和验梦便会成接下来的重点。

例如，经过观察，小明发现最近一星期总是会梦到重回校园，坐在课桌前参与那场令人终生难忘的考试。

那么，他就可以把校园、课桌、考试这三个具有代表性的事物，作为自己当前阶段的梦标。

在日常生活中，小明只需要在无意间经过校园，或是工作时注意到眼前的桌子、又或是在电视和电影里看到考试情节时，他就可以提醒自己开始疑梦，停下来问问自己："我在做梦么？"

接着，扳一下手指、捏一下鼻子、咬一下嘴唇，来验证自己是否正在做梦。

当然，这个顺序也可以反过来。经过长时间的练习，很多梦友看到梦标后会习惯性地扳指验证一下，然后才问自己："我在做梦么？"

需要提醒一下梦友们，为了更为全面地覆盖更多梦境，梦标可以适当多设置一些，但切记不要有太多的重复。

另外，疑梦和验梦并不是单纯地定时去验证，且越多越好，而是需要真正的专注并且走心才行。根据长时间的尝试和总结，每天进行 4~8 次疑梦和验梦的频率是最为合适的。

原因很简单，大量无效的验证，经过长期积累会形成一个特殊的麻木期。也就是白天，你不断地进行验证，但又知道这不是梦境。到了晚上入眠后，在梦里同样习惯性地去验证，也可能会出现习惯性认为我不是在做梦这样的心理暗示。这是大脑对某一件事物的麻木反应，失去了应有的机警性，从而会让我们错失知梦的机会。

网络上，关于清明梦的资料琳琅满目、多如繁星，大多数人都习惯性采用西方的解释，认为清明梦是 1913 年由荷兰一名医生提出的概念。

事实上，这个说法并不准确。

从梦标的设定，到疑梦、验梦的应用，这几乎涵盖了清明梦入门时，梦友们能够在日常生活中可以进行的所有练习和技巧。

那么，梦标、疑梦、验梦这些习惯，是从什么时候开始流传的呢？

相信梦友们在很多影视作品、小说和话剧中，都曾见过类似这样的描述。

男主购买彩票中了大奖，此时他觉得这简直是件不可思议的事情。

"天呐，这不是在做梦吧？"兴奋之余，他下意识掐了一下自己的大腿，感到疼痛后才相信，这一切都是真的，自己真的中奖了。

还有些男主突然看到飞龙在天、星空倒挂或是常见的物理规则在自己眼前崩塌。

他们可能会不自觉地给队友一巴掌，然后询问："疼吗？"

队友骂骂咧咧地抱怨："你干吗，有毛病吧？"

而男主则呆呆地愣在原地，傻乎乎地说道："我们该不会是在做梦吧？"

经过简单的对比，我们会发现一个有意思的现象，在几乎所有拥有类似情节的作品中，看到或经历了怪异、不合常理、超越常识、非常震撼、在现实中不可能发生或者感觉不可思议的事情就是梦标，产生疑问去问自己或他人现在是不是在做梦就是疑梦，而掐大腿、扇巴掌等相应的动作则是验梦的手段。

在这些故事中，无论是男主还是女主，都是先看到超越常识的事物，然后才开始怀疑自己是不是正在做梦，最后选择用疼痛来验证自己是不是正在做梦。

无论是男主还是女主，在某个时间看到超越自己日常认知外的事物，突然意识到："这是不可能发生的，除非我在做梦。"

正是这种意外出现的觉察能力，为我们推开了清明梦的大门。

这种在坊间流传数千年的玩笑桥段，实际上就是获得清明梦最简单、最直接、最有效的方法，也是每个控梦师必须经历的一个过程。

由此可见，清明梦这件事物、这一概念，早在数千年前就存在并隐藏在民间一直默默流传。

只是古人含蓄，更喜欢讲一些似是而非、含糊不清的东西，只留下了一些人生如梦、一切犹如梦幻泡影这样的话语。

这可能就是传说中的"真相往往掌握在少部分人手中"的原因所在吧。

在不同的时代和文化中，人们对于梦境的看法和意义也存在着或多或少的差异。然而，怀疑梦境并进行验证的基本方法却是普适的。毕竟，只有通过不断地观察、分析和验证，我们才能够更好地认识和探索梦境的奥秘，也才能进一步开启清明梦的奇妙之门。

第四章　梦标的类型

有别于古代的方法，经过历史不断地演化和时代的变迁，现代人拥有更直观、更系统的练习方式，就是通过寻找梦标，然后配合扳指、捏鼻、咬唇等行为，主动来验证自己是不是正在做梦。

然而，此时可能有些梦友会产生疑问：不是说梦里五感健全，所有知觉都会存在吗？

那么，利用痛觉这种验梦的方式，是否真的有效呢？

毕竟，在现实生活中我们会感受到疼痛，那在梦境中应该也会感受到疼痛才对。而验梦技巧指的又是在梦境中能轻松做到，现实里不可能实现，或现实里可以实现，在梦境中却无法还原的事物或行为，这不是冲突、前后矛盾吗？

实际上，这是一种惯性思维诱发的一种认知障碍。在大部分刚刚接触或从未关注梦境的人群中，我们做过一些简单的调查，梦里被人追杀、和人打斗、受伤时会感到疼痛的人，只占其中很小很小一部分，这时候他们感受最多的是恐惧等一系列其他的情绪，反而是在他们知道梦中五感可以被还原后，才会出现类似剧痛的感受，不过这种情况在清明梦后期同样可以被削弱。

因此，利用痛觉来验梦并不是完全不可行，只是我们并不推荐这种方式而已。

总的来说，梦标就像我们要追求的那个另一半的个性和特点一样，只要看到她的身影、动作或听到声音，等等，我们就知道一定是她出现了。

既然梦标这么重要，那么究竟哪些事物可以被设定为梦标呢？常见的梦标分为主动、被动和自然而然形成的三个大类。

·主动梦标

主动创造的梦标，常见于清醒入梦，主要是通过在清醒时观察身体的感受和视觉上的体验来设定的。

例如，在临睡前的各种信号，像身体的震动、耳鸣或者梦屏，等等。

建议关注：睁眼前和闭眼后，眼前屏幕的区别……

·被动梦标

被动出现的梦标，常用于梦中知梦，根据内在五感的划分，大体可以分为：人物、行为、场景和内在活动四大类。

·人物

人物梦标包括梦境中人物的外貌、性格、装饰以及其他一切信息。

例如，你可能在梦中看到穿着红色连衣裙的班主任、染了黑白色头发的妹妹、爱发脾气的出租车司机，等等。

建议关注：恋人、父母、同学、同事和各种鬼怪，等等。

·行为

行为梦标包括自己和剧情中其他角色或物品做出的相关动作。

例如，你在逛街的梦境中，看到周围一些情侣在说笑；天空有鸟或飞机在飞行，等等。

建议关注：奔跑、飞行、追赶、考试、上班、坠落和溺水，等等。

·场景

场景梦标包括记忆中梦境里出现的所有场景。

例如，刚刚还在学校，突然就回到了家中；有明星在挤满了人的体育场开演唱会；满是鲜花的学校操场，等等。

建议关注：车子、教室和办公场所，等等。

·内在活动

内在活动梦标是一种包括情绪、情感、想法等内心活动在内的综合体。

例如，在梦中你想见到某个人、感到喜欢某人或性冲动，感觉失重、腾空、憋尿，莫名其妙地生气、愤怒、紧张、害怕，听到各种声音，莫名其妙地感到疼痛，等等。

建议关注：伤心、难过、沮丧、哭泣、激动、狂喜、发火、欲望以及各种想法……

·自然梦标

自然而然的梦标，常见于噩梦、假醒、反复出现的场景、春梦和外物刺激，等等，通常是一种惯性、经验和知觉结合的产物。

例如，在被怪物追赶的噩梦中，有些梦友会意外地意识到自己正在做梦，从而战胜恐惧，改变梦境。

建议关注：反复出现的场景、噩梦、春梦和人为创造的压床体验，等等。

梦标、疑梦、验梦和暗示，这四个术语是进入清明梦的基础装备，也被称为新手四件套。

在前文中我们已经提过，梦友们经过一段时间的记录，累积一定数量的忆梦日记后，就可以开始分析和总结自己最近这段时间各种梦标出现的次数，并统计在案将其保存下来。

根据这些梦标出现的频率和先后顺序，我们可以建立一个梦标仓库，并在现实生活中遇到类似的场景或事物时，同时进行疑梦和验梦的相关操作，这些都是梦标在日常生活中的应用方法。

除此之外，梦标还有另外一个作用，就是作为预设机制，让梦友们在临睡前进行有针对性的自我暗示。

俗话说："日有所思，夜有所梦。"

很多新手玩家会在临睡前，尤其是回笼觉或午睡的时候，通过不断提醒自己在接下来的一段时间，或者几分钟后就会知道自己在做梦的行为，来获得清明梦的体验，这种行为被称为自我暗示或是心理暗示。

而之所以这种方法成功率极高，主要是因为人们在这个时候的入眠程度相对会浅一些，我们的大脑正在慢慢恢复意识，使得我们更容易进入清明梦。

我们在临睡前不断暗示自己能够知梦，实际上就是一种简单的自我催眠的手段。

不过，如果没有明确的目标，漫无目的地进行暗示，反而会阻碍我们获得清明梦的知梦率，此时如果有梦标作为媒介介入其中，情况就会变得完全不同。

例如，近期小明总是梦到在学校参加考试，那么除了日常生活中看到学校或者考试的相关场景，然后随即进行疑梦和验梦的练习之外，他还可以在临睡前，尝试进行自我暗示，告诉自己："等会儿看到学校和考场，那就一定是在做梦。"

通过这样目标明确的自我暗示，小明不但可以获得更多的知梦机会，还能获得更高的知梦频率。

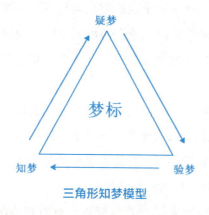

三角形知梦模型

第五章　人生与梦境

常见的控梦类别，我们将其分为潜控和显控两部分，而绝大部分梦友常说的控梦，其实指的都是显控的范畴。

显控：由显意识控制的梦境，分为清醒入梦和梦中知梦两种。

潜控：由潜意识控制的梦境，分为引导入梦和自然触发两种。

当然，显控和潜控并非单纯意义上独立存在，而是你中有我、我中有你的一种兼容形态，之所以这样区分，只是为了方便梦友们在早期的理解和学习而已。

简单来说，只有熟练掌握潜控和显控的相互转换和配合，才是真正学会了控制梦境，而控梦本身就是潜显合一的一门艺术。

显控前文讲过，无论是清醒入梦，还是梦中知梦，开局都是从梦标入手。梦中知梦主要是在心底埋下种子或是类似购买彩票，我们只需默默等待种子发芽或是开奖那一刻来临时的乐趣；清醒入梦则像放风筝或是钓鱼一样，需要梦友们在临睡前保持清醒的意识，是在跟潜意识不断交往、对抗中，比拼耐力和智慧的一种行为。

潜控更多是指在梦中不由自主去控制梦境的走向，我们此时实际上并没有知梦，一切都是由潜意识主动帮忙去创造和控制的。事实上，潜意识才是真正的艺术家、创造大师，因为它拥有无尽的想象力和创造力，是整个宇宙中最顶尖的金牌编剧和最厉害的超级导演。

当然，潜控并非一定发生在普通梦里，有时在清明梦中也会偶尔出现，这种情况一般是因为梦境内容不符合心意，梦主莫名想去改变而诱发的，知梦却不能控梦或者控梦却没有知梦，噩梦中的下意识反应，春梦里的自然反应，等等，大多数都可以归为潜控的范畴。

通过记录梦境、整理梦标，并配合做疑梦、验梦和临睡前自我暗示的练习，很多梦友在经过一段时间的努力后，就会自然而然地进入清明梦境，真切地体验到梦中的另一个世界。

然而，在初次体验清明梦时，梦友们往往会因为过于激动和兴奋的情绪，引起心理剧烈的波动，从而导致清明梦只能短暂地如蜻蜓点水般一闪而过，很快就被强制唤醒，体验到被"秒踢"的乐趣。

秒踢：就是在梦里清醒时间持续不到几秒钟或者一分钟之内，就会被迅速踢出局。

尽管只是短暂的知梦后迅速醒来，但大多时候却不会影响梦友们第一次体验的感觉。毕竟，初次体验清明梦带来的那种无与伦比的超限体验，一般给他们的震撼感受是无法磨灭的。

还记得曾经有不少梦友，在第一次亲身体验清明梦后，一整天都充满兴奋和开心，不由自主地出现傻笑、发呆等行为，那种感觉或许只有亲身经历的人才能深刻体会。

俗话说：一件事物如果不能被应用到现实层面，就不足以支撑一个人为它付出一辈子的热情，更不能使其一直关注并坚持走在这条路上。这就像我们在学校学到的知识，如果无法应用于日常生活，无法解决现实中实际出现的问题，最终它们都会被弃之敝屣，被忽略、遗忘、抛在脑后。

那么，学习清明梦和控梦，除了在梦中拥有超越现实的各种体验之外，我们还能获得什么呢？

接下来，需要梦友们主动配合，进行一个更加有趣且富有挑战性的小实验。

首先，需要各位看一下手机或是手表上的时间，然后闭上双眼在脑海中回忆一下，你从出生到现在所有过往的情景。这不仅包括了我们所有的经历，还有那些被记住并留在心底的记忆和对话，等等。

当回忆完成后，睁开眼睛再去看一下时间。

此时，你会发现一件令人惊奇的事情，虽然在感觉上已经过去了很久很久，但实际上，将前后所有时间加在一起，居然只有 5~15 分钟回忆就结束了。

无论你是 5 岁、15 岁、50 岁还是 100 岁，活了 5 年、15 年、50 年还是 100 年的时间，我们的人生都会经历大大小小无数的事情，真正去讲述和回忆这些经历，怎么可能只花费 5~15 分钟的时间呢？

事实上，回忆能够超过 5 分钟，就已经很棒了，梦隐就要恭喜你，因为这意味着你的人生已经足够丰富多彩。一般情况下，大多数人在 2~3 分钟的时候，就会睁开眼睛结束回忆。

然而，不管是 3 分钟、5 分钟还是 15 分钟，这些真的就是我们全部的人生吗？

当然不是，但又确实如此。

回答这个问题前，我们需要去探索一下，究竟是什么事物组成了我们的人生。答案很简单，只有两个部分，现实生活和梦境，或者更直白地说，白天和黑夜组成了我们的全部人生。

刚刚我们闭着眼睛能够回忆的内容，几乎全是现实生活中的一部分。

那么，继续我们的分析，是什么组成了我们的现实生活呢？

其实说白了，同样只有两样事物：经历和记忆。只有经历过并被记住了，这才是我们能够回忆的人生，至于那些被忘记的部分，诸如日常吃了什么东西，说了什么话，等等，虽然是日常生活的一部分，却并不会留在我们的记忆当中。

这个时候，我们会得到一个简单而又深刻的公式。

现实 = 经历 + 记忆

虽然说，我们经历的事物和被记住的事情只是构成人生的一部分，那些被遗忘的经历和记忆，同样也是人生的重要组件，但是它们没有留下痕迹，也无法在回忆中被追溯和体验。

现在，请再次闭上眼睛，回忆一下昨天晚上的梦境。不过由于记忆阻断的存在，有些人记得、有些人可能已经忘记了梦境的内容。而且就算记得很清楚的梦境，在回忆的时候，绝大部分也会在 1 分钟以内，最长不超过 2~3

分钟就会结束。

暂且不去探讨梦境的内容，因为就算你完整记录了，这也可能并非是你梦境的全部内容。现在，我们需要深入思考的是，究竟是什么事物组成了我们的梦境呢？

一个既在情理之中，又在意料之外的答案呼之欲出。

简而言之，同样只有两件事物：经历和记忆。

只有我们亲身经历过、切身记住了，我们才能知道自己昨晚做了梦，并且知道做了什么梦，都在梦境经历了哪些离奇的情节。如果醒来就忘记了，对绝大部分人来说，无法记忆的东西跟没有发生或是没有做过是一样的。

这一刻，我们又会得到另外一个公式。

·梦境 = 经历 + 记忆

·已知：

现实 = 经历 + 记忆
梦境 = 经历 + 记忆

那么，此时此刻，我们是否能够将现实和梦境之间划上等号，即使不能完全相等，最差也可以用约等号表示吧？

（现实 = 梦境）或（现实 ≈ 梦境）

·已知：

人生 = 现实 + 梦境
现实 ≈ 梦境

现在我们是否能够求得这样一个答案：人生 = 梦境

· 何为人生何为梦

一直都说人生犹如一场梦，梦醒之后一场空。

那么，究竟什么是梦，什么又是人生呢？

简单点说，几十分钟的是梦境，几十年的则是人生，而人生与梦境，不过是梦与梦中梦的关系。

或许从来没有人思考过，一般人对于梦境和人生的区分，居然只是停留在时间层面。

那么，如果经过一段时间的训练，忆梦能力越来越强，有一天你突然发现自己在昨晚的梦里，同样经历上学、恋爱、结婚、生子，度过了几十年的时间。

那时，你的世界观是否会因此而破碎呢？

通过这个小实验，我们不仅能够更加深入地思考人生的意义和构成，也能够更加理解和珍惜每一个经历和记忆的重要性。

因此，在每天醒来之后或沉睡之前，不妨多花点时间回忆和记录一下自己的经历，它不仅能给我们带来一份不同寻常的体验和乐趣，还能不断扩展我们生命的维度和长度。

第六章　显意识和潜意识

其实，除了回忆过往的经历，还有许多其他有意思的视角可以作为参考，让我们的探讨变得更加丰富和多元化。

现在，请重新闭上眼睛仔细想一想，刚刚你在回忆自己过往经历的时候，用的是什么样的视角呢？

是上帝视角对不对？

然而，在数十年的日常生活中，我们大部分时间都是在以第一视角来看待事物。那么，为什么在回忆的时候，却变成第三视角或者上帝视角呢？当时我们明明在与人交谈，但记忆里却像在看电影一样，能够看到当时说话这一幕的全部场景。同样，换成回忆梦境也是如此，记忆里的大多数梦境，几乎也都是以第三视角而非第一视角存在的。

这种现象是否会让你不寒而栗、产生一种毛骨悚然的感觉，就像是在听鬼故事一样，不经意间就开始怀疑自己的整个人生呢？

如果是这样，那恭喜你，欢迎踏入精神世界的旅程，以一个全新的角度来看待自己的人生，而这一切其实是学习控制梦境的隐藏功能——对于现实的掌控。

弗洛伊德认为："梦是一种现实的延续，是愿望的达成。"

言外之意，就意味着梦境和现实依旧有相通之处，两者之间必然存在着某种联系。

· 梦境和现实的相通

人类心理学家拿破仑·希尔的研究成果曾经指出："人类的大脑中同时存

在着显意识和潜意识两种意识状态。"

弗洛伊德通过一个形象的比喻形容人的心灵和意识仿佛一座冰山，露出水面的只是其中很一小部分，代表着我们的显意识，而隐藏在水下的绝大部分则是潜意识。

有的心理学家认为：我们的言行举止只有少部分是有显意识决定的，潜意识在大多数时候掌控着我们，但我们自己并不知道。

还有些心理学家深入研究人类的行为和决策过程，他们的研究结果表明，尽管我们通常认为自己的决定都是基于理性思考，但事实上，在我们的日常生活中，潜意识在大多数情况下都扮演着更为重要的角色。

例如，当我们在一家餐厅点餐时，我们会根据自己的口味和营养需求来选择食物。这似乎是一个明显的理性决策，但实际上，这个过程中的大部分决策可能都是由我们的潜意识做出的。

例如，当我们走在繁华的街道上，我们的显意识会告诉我们要注意交通安全，避免撞到行人或是车辆。然而，我们的潜意识却可能在我们没有意识到的情况下，引导我们不自觉地避开可能存在的危险。

例如，当我们在学习新的技能时，显意识可能会引导我们按照特定的步骤进行学习，而潜意识则可能在我们没有意识到的情况下，帮助我们在无意识中吸收和理解这些信息。

当然，同样的情况也可以被应用到其他事务上，举几个简单的例子：

·在商业领域，我们经常会听到"品牌效应"这个词。

其原理就是通过规模经济和广告效应，在各大平台上投放大量广告，利用消费者薄弱的潜意识，对他们的消费行为产生干预和影响。例如，"今年过节不收礼，收礼只收脑白金""怕上火喝王老吉""你的能量超乎你想象"，等等。

·跟自己的伴侣或暗恋的对象一起去看恐怖电影、坐过山车、蹦极、玩密室逃脱、去鬼屋、在危险的地方相遇，等等，更容易让双方产生心动的感觉。

这就是著名的吊桥实验，其原理就是在运动或是恐惧的时候，我们的心跳会加速、呼吸会急促、肌肉会紧张，这和我们在恋爱时内心深处小鹿乱撞的感觉非常相似。

·有些人会因为别人无意中的一句话而怒火中烧，很多时候并不是因为那句话有多过分，而是因为它唤醒了潜藏在我们潜意识中的某个想法或是某段记忆。

在日常生活中，我们的一些情绪和愤怒，并不会因为一时的忍让或者对其不理不睬，就消失不见。

藏在幕后的潜意识就像手里拿着一个小本本的监工，时刻观察着我们的同时，又把日常经历的一切一笔一笔都清楚地帮我们记着。

例如，我们在某个聚会中无意间被朋友冒犯了，既不能表达自己的愤怒，又不能骂他一顿，这样的情绪没有爆发、没有及时发泄出来，它就会被压抑，并被潜意识默默地记录在小本本上。

事情过去很久，突然有一天网上出现了一件类似的事情，我们就会化身成为键盘侠，在评论中谩骂当事人，把潜藏在记忆深处的想法、愤怒、不满和内心的恶意全都表达、发泄出来。

实际上，我们想攻击的只是现实生活中曾经冒犯过我们的那个朋友，而并非一个素不相识、毫无关系的网络路人。

通过以上这些心理学的研究成果和案例，我们可以得出一个奇怪的结论。

潜、显意识的划分，并不是简单的显意识掌控白天，掌管我们大脑清醒的部分；潜意识掌控夜晚，掌管我们沉睡做梦的部分。而是在现实生活中，本质上就存在着一种潜显共存的怪异模式。

那么，又一个引人深思的问题就随之出现了。

我们的人生，我们的生活，究竟是不是自己在做主，自己在掌控呢？

答案很可能是否定的，我们绝大部分人的一生都过得像是一场普通梦一样，会时时刻刻被潜意识掌控，也会在无意识中被它牵着鼻子走。

如果，我是说如果。

如果，我们能够意识到自己的人生真的如同一场梦境，现实生活就像普通梦一样，我们同样也在被潜意识操控。

那么，控梦就有了一个新的含义。

控制梦境，不再单纯的是学习如何掌控我们的梦境世界，而是同样可以改变我们人生这场大梦，变成掌控现实生活的部分体验和技能。

清明梦存在的意义，并不仅仅是告诉我们梦境还有另外一种打开模式，能够有无限体验的机会，而是给我们提供了一种新的可能，打开一个不一样的人生剧本。

就像梦隐常说的："控梦不止是一种技巧，它更是一种生活方式。"

第七章　清明梦的两个天才状态

在深入探索控梦领域的学习过程中，我们惊喜地发现了两个令人着迷的天才状态，分别是春梦和压床。

这两个现象似乎是生命中最私密、最神奇的领域所展现的奇迹，它们的存在让我们深入探索意识的深渊，并为我们揭示了每个人内心深处的欲望和恐惧。

·春梦

春梦，又被称为性梦，是梦境分类中非常特殊而真实的一种体验，指的是具有性内容的梦境，本质上是一种不受控制的潜意识活动。

在那绚烂而触动人心的梦境中，春梦是那些被束缚在意识深处的渴望和幻想的一种释放，是我们隐藏在内心世界的性心理与情感的真实表达。

借用百度百科的解释：影响春梦的形成及内容的原因主要可分为生理原因和心理原因。

春梦是青少年进入青春期后出现的一种正常的生理、心理现象，它是性成长过程中神秘而引人注目的一个篇章。同时，它会随着科学知识的积累、时间的推移和性欲得到满足而逐渐减弱，但却不会完全消失。

男性和女性在出现春梦时的外在表现不同，存在着一定的差异性，这是由于生理结构和性激素的作用所致。男性在春梦中可能会出现阴茎勃起和遗精，而女性则可能会出现阴道湿润和分泌物增多等现象，这些表现都是性成熟过程中自然的生理现象，所以在道德和思想上对春梦产生羞愧感是完全没必要的。

（以上内容来自百度百科）

弗洛伊德曾说："性是一切的源动力。"

刚刚步入青春期，标志着我们身体的自然发育和性欲望的逐渐觉醒，这个时期，我们的身体和心灵都在经历着翻天覆地的变化，仿佛是一场深沉而奇幻的旅程。也正因如此，有一部分少男少女会频繁地经历和进入春梦状态。

由于对性知识的欠缺和那种莫名的羞愧感，当觉察到自己正在经历春梦时，我们会不由自主地产生一种莫名的自我意识，努力想要去阻止那些令人不安的现象，例如遗精或者阴道湿润等情况的发生。

然而，令人遗憾的是，大部分人在春梦中的控制力不足，会导致自己在梦境中经历了欢愉和刺激后，最终在现实世界苏醒，不得不起床去清理"现场"。

与此同时，还有另外一部分有经验的人，则会在陷入春梦的过程中凭借过往的经验提前产生一种直觉，使他们能够提前意识到自己正在做梦，并且正在经历春梦。这种直觉就像黑夜里的一盏明灯，照亮了他们的内心世界，让他们在春梦中保持着一丝清醒意识，并且凭此进入神秘而神奇的清明梦之旅。

而这种意外获得知梦意识的卡点，就是很多梦友进入清明梦境的一个契机。

春梦是每个人成长道路上必不可少的一场梦幻之旅，也是十大常见梦境中的一种特殊存在。

熟练掌握春梦转知梦的方法，会让春梦成为清明梦的一个天然入口。

对于那些熟练掌握春梦转知梦方法的梦友来说，他们就像是拥有着一扇通往清明梦境的隐秘之门，通过灵活运用这些方法，他们能够在春梦的海洋中游刃有余，能够轻松地实现从普通梦到清明梦的转变，同时还能够拥有更多主动控制梦境的能力。

也正因此，春梦才被我们称为清明梦的两大天才状态之一，它是我们融入梦境世界的黄金通行证，同时还是训练潜控和控制身体方面的最佳训练方式之一。

·清醒状态下的春梦

当我们在梦境中意识到自己正在做梦之后，只要我们愿意，就能拥有无限探索与创造的可能。只要我们想，就可以通过意愿和决心，主动去引导和改变梦境的走向。在清明梦的世界中，许多梦友都会在不同阶段主动尝试在梦里进行性接触，以追求更加绚烂、深入的梦境体验。

毕竟，无论是男性还是女性，都可以在梦中体验到生理和心理上的性高潮。这就仿佛是现实世界一个高度还原的拟真影像，又像是一段真实经历的情景再现，梦中的性高潮不仅仅是生理上的刺激和乐趣，更是一种心灵与身体的完美融合。

此外，还有大量的研究数据显示，人们梦境中的性高潮在反应和频率上与清醒时的性爱体验是完全相同的。

例如，身体都会产生生理上的反应，像心率加快、呼吸紧促和肌肉的收缩，等等，这些反应与清醒状态下的性高潮体验如出一辙，并无丝毫差异。

因此，无论你是深受性压抑之苦、内敛害羞，还是渴望得到更多性体验的那种，梦境无疑为我们提供了一个绝对安全的环境，让我们可以在其中体验和尽情享受性欲望的释放过程，并且永远不必担心会感染性病等各种忧虑。

相较于现实生活中的性体验，梦境可以说是一片真正的禁忌解放区。在梦中，我们不必再面对现实社会对性行为的各种期望与批判，不必担心道德观念和文化束缚而带来的约束和拘谨；在梦中，我们可以完全放松，尽情地追求内心最真实的欲望，尽情释放性的本能，追逐性愉悦的极致，让我们整个身心都得到充分的满足和修复。

每个人天生就具备性能力和欲望，这是我们人类维系繁衍生息的重要动力，如果缺乏性冲动的驱使，或许在很多年前，人类早已走上了灭绝之路。

而性欲望在梦中的自由释放，则能够使各个年龄阶段的人，身体得到更加健康的改善和发展。

或许，我们应该以一种更加宽容和理性的态度去面对春梦的存在，它不是一种可耻或烦恼的问题，而是一种自然而然的现象。

也正因此，想玩好清明梦这款令人着迷的游戏，开局从一场春梦入手，或许也是一个相当不错的选择。

·压床

压床，俗称鬼压床，是指梦主在睡觉的时候，突然有了自我意识，但是身体却像失去行动能力一样，不受控制、不能活动的一种特殊现象。

简单点说，也就是当我们正在睡觉的时候，突然间大脑清醒了，但是身体还处于睡眠状态，导致内外系统不同步的一种外在表现，这种现象在医学上被称为"睡眠瘫痪症"。

其实，睡眠瘫痪症就是罹患了一种睡眠障碍的疾病，患者在睡眠中呈现半梦半醒的状态和情景。此时，做梦者的脑波和清醒状态下一样频繁活跃，有些人还会伴随着带有图像的幻觉，与此同时，患者全身肌肉张力却降至最低，完全无法掌控。（以上内容来自百度百科）

经过长期的观察和研究，梦隐将压床分为**深度压床**和**浅度压床**两种状态。

在深度压床状态下，做梦者感受到的身体无力更加强烈，仿佛被一股看不见的力量紧紧压制着，完全无法移动或发出声音。而在浅度压床状态下，做梦者可能会感到肌肉无力或僵硬，但并不像深度压床那样全身完全失去感知和行动能力。

深度压床的常见症状有以下几种：

·眼睛渴望睁开，但却束手无策完全无法睁开眼皮；

·嘴巴想张开，但却无法控制嘴巴做出相应动作；

·想喊想叫，却发不出声音；

·感觉身体像被某种无形的力量压着，想要挣扎却陷入无助的困境；

·有时还可能会伴随着逼真的画面，仿佛眼前有人或者怪物从远处向自己靠近，甚至能够听到某种清晰的声音等。

浅度压床的常见症状，有以下几种：

·感觉自己喊出了声音，但是醒来后才发现那只是虚假的幻象；

·以为自己努力挣扎且有了结果，但在真正醒来后才发现自己根本没有移动过；

·呼吸困难、感到恐惧、胸闷难受等不适状况。

其实，还有一些情节严重的噩梦，也可以归类为浅度压床的范畴。例如，在梦中受到追杀时，双腿仿佛沉重如铅一般，想要逃跑却迟迟无法迈开脚步；明明在梦中飞起来了，但却怎么也飞不高，等等。这些症状都给人一种受困和束缚的感觉，让人们时常陷入恐慌和无助之中。

至于为什么会这样划分，为什么要把一些常见的噩梦也归结于压床状态呢？

我们一起来看一下压床状态的逆三角模型图。

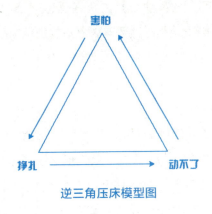

逆三角压床模型图

如上图所示，我们可以把压床理解成为进入了一个类似无限死循环的状态，严格意义上来说，应该称之为反向死循环或者负面死循环状态。

在经历压床时，我们会在三种情绪之间不断循环往复。

害怕→挣扎→动不了→更害怕→继续挣扎→依然动不了……

在大部分情节严重的噩梦里，同样可以套用这个基础模型，例如，被怪兽追赶时，我们心情紧张地想要逃跑，却怎么也无法跑快的状态，就会形成以下这种循环：

害怕→想跑→跑不快→更害怕→继续跑→依旧跑不快……

相对于春梦而言，在绝大部分人的认知中，压床都是一个不怎么好的体验，这也是导致他们对梦境产生抗拒、不安和恐惧的源头。

然而，凡事都有两面性，对于那些想要学习控梦的梦友来说，具备压床的体质却可以说是一种天才状态，同时也是我们最快获得清明梦体验的捷径之一。

正如前文所述，进入清明梦（显控状态）的方式分为清醒入梦和梦中知梦两种。

其中，清醒入梦部分的本质就是人为在创造一个浅度压床的过程，而压床本身则是最基础的清明梦体验，属于梦中知梦的范畴。

对于那些希望通过压床作为跳板，来快速体验清明梦，或是单纯想要学习一些简单的方法和技巧，来摆脱自己恐怖经历和状态的梦友来说，了解压床是我们必须学习的内容。

想象一下，刚刚还舒舒服服躺在床上睡觉，突然醒来，然后就发现自己莫名其妙地被某种力量控制，仿佛被一只无形之手紧紧按在那里，试图挣扎，想让身体重新回到自己的掌控，但是无论怎么努力，结果都是想动却无法动弹，想喊又喊不出来，努力转动眼球，甚至还能看到旁边有怪兽正在缓慢地靠近，这种令人毛骨悚然的情景，对于没有任何经验的普通人来说，无疑是件恐怖至极的事情。

不过，需要明白我们之所以会产生害怕的情绪，最主要的原因，还是源于我们内心深处对未知事物产生的恐惧。

想要解开这种恐惧，我们需要勇敢地面对，并深入了解其中的奥秘。唯有通过积极透视这个未知的事物，我们才能够从恐惧的边缘走向勇敢的彼岸。而对于那些想要学习控梦的梦友来说，具备压床的体质，正是除了春梦外的另一个天才状态，同时也是我们最快获得清明梦体验的捷径之一。

第八章　压床的解法和应用

想要学习解除压床状态的技巧，首先你要了解，大部分情况下的压床都只是一种假象。

在医学上"压床"被称为"睡眠瘫痪症"，是一种很常见的睡眠现象。严格来说，"压床"是我们身体的一种保护机制，当"睡眠瘫痪症"发生的时候，其主要目的是为了避免梦主会跟随梦中场景做出相应动作，从而导致自己或他人受到伤害的现象出现。

压床可能发生在午休和夜间睡眠等几乎所有的睡眠阶段，这种现象跟鬼怪无关，大多是由于身体处于不正常状态而大脑无法解释，再加上恐惧的幻想而造成的幻觉现象。

据资料显示，有超过 50% 的人在一生当中至少会经历一次"睡眠瘫痪症"，也就是压床现象，这么大的人数占比，会不会让你的心情放松一些呢？

了解压床只是一种假象，是一半以上的人群都会拥有的体验过后，我们不需要害怕，要相信自己在这个状态中不会面对任何危险。因为，压床所能导致最坏的结果就是让你从睡眠过程中苏醒过来。当然，你也要知道如果没有在现实中苏醒过来，那么你就一定还在梦里。

其实，压床在本质上也只能造成这样两种结果，一种结果是努力挣扎，把自己累得半死，然后在现实中苏醒。这种状态会造成肾上腺素过度分泌，情绪过度亢奋，等等；另外一种结果就是放弃挣扎，老老实实躺在那里，享受难得一见的机会，等待在梦中醒来，从而开启一场超乎想象的特殊体验。

可以这样说，只要了解清明梦这个概念，原本令人闻风丧胆的鬼压床，就会变成一场自然而然的清明梦。

当我们知道自己正在做梦，意识到自己正在经历压床状态，并明确没有任何危险的情况下，切勿心急，不要急着挣扎，也不要试图去命令自己快点醒来。取而代之的是，让自己保持冷静，简单地放松下来，做个深呼吸，维持3~5秒钟后，稍微感受一下。

此时，你会感觉整个身体变得轻盈，可以尝试小幅度地动动小拇指或是小脚趾，你会发现自己可以自由活动了。慢慢地尝试从床上起来，在房间里做些轻松的运动，如打打太极拳、做做广播体操、读读书或练练瑜伽，都是可以的。

这个时候，有趣的事情就会开始发生。

如果现在扳扳手指或捏一下鼻子去验证一下，你就会发现自己根本没有醒来，此刻依旧身处梦境之中，而此时你所处的世界，就是一个清明梦境。

简单来说，想要解除压床状态并不难，所有操作就是如此简单。

在压床状态中，只要不去抵抗，学会放松和享受，那种恐怖的感觉就会自动消失，受限的状态也会随即解除。

前文说过，"一件事物如果不能被应用到现实层面，就不足以支撑一个人为它付出一辈子的热情，更不能使其一直关注并坚持走在这条路上。这就像我们在学校学到的知识，如果无法应用于日常生活，无法解决现实中实际出现的问题，最终它们都会被弃之敝屣，被忽略、遗忘，抛在脑后。"

那么，学习清明梦和控梦的技巧，真的能够运用到现实层面吗？

答案是肯定的，就像梦隐常说的："你学过的任何控梦技巧，都可以在现实生活中运用。"

现在，我们就以压床为例，做个简单的分析。

闭上眼睛，认真思索片刻，回想一下过往的人生，除了在做梦时经历过的压床状态，你在现实世界中是否体会过类似压床的感受呢？

即使那些没有经历过压床的梦友，也可以认真考虑一下，除了睡觉做梦的时候，现实世界是否真的就不存在压床这种状态呢？

同样一个问题，梦隐曾经得到过许多有意思的答案，有人说上体育课时，被一群同学压在垫子上；也有人说和朋友玩闹时，被对方压着挠痒痒等等。

形形色色的人，给出过各式各样又各不相同的答案。

实际上，压床不仅仅是睡眠过程中常见的一种状况，在现实世界中，压床同样也是一个随处可见普遍存在的现象。

我们曾看过压床的逆三角模型图，即从害怕、挣扎到动弹不得，再从害怕、挣扎到动弹不得的无限循环。

通过这个模型，我们会发现一个让人不太愿意接受的事实，因为绝大多数人的生活本身，可能就是一个压床状态。

在现实世界中，我们大部分人虽然都在努力生活着，但遇到的一些情况却总是不尽如人意。

举个简单的例子，一个刚刚毕业的大学生，走出校门满怀信心地步入社会，开始自己的第一份工作。

经过十几年的刻苦努力，终于迎来人生机遇，所学一切有了用武之地，他们都会急着在工作中努力展现自己，期待上司能够看到他们的表现和能力，从而得到褒奖，让自己的事业蒸蒸日上，从此升职、加薪，走上人生巅峰。

然而，理想总是丰满的，现实却是骨感的。由于缺乏实际的工作经验，对公司内部事务的了解也不够全面，这些新人往往会在一些小事上犯错。

然后，他们就会面临领导的批评，这无形中会激起他们内心深处一股不服气的情绪。

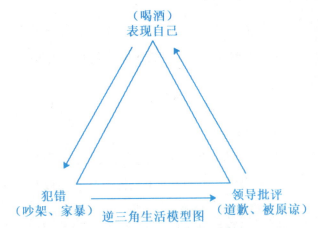

逆三角生活模型图

PS：认真观察你会发现，生活中几乎所有让你纠结的事物，都能套进这个模型当中。

逆三角生活模型图

他们会想：我花费这么多年的时间上学，学了这么多理论知识，竟然会在这种看似简单的问题上出错，这怎么可能呢？

此刻，他们会发愤图强，试图通过表现自己来弥补之前的过错。

随之而来的，大多时候都是一种非常特殊的状态。

想表现自己→犯错→被领导批评→更想表现自己→犯更多的错→继续被领导批评……

如此无限循环往复，就如同我们在玩成语接龙时，进入了被永无止境困扰的无限循环一样，简直无解。

例如，

来者不善→善者不来→来者不善→善者不来……

疑人不用→用人不疑→疑人不用→用人不疑……

义薄云天→天经地义→义薄云天→天经地义……

很多时候，越是想做好一件事，反而就越容易搞砸；越是努力去爱一个人，那人却偏偏不爱自己；越是想表现自己，就越容易犯错，越犯错就越容易被老板训斥……

这一切的一切，好像都在讲述一个事实，那就是当我们越努力时，离自己的目标就越远。看看这个循环的状态，再回顾自己过去和当下的生活模式，是不是真的就是这样呢？

如果答案是肯定的，是的，我的生活就是这样。但是我努力了，一切都无法改变，我又能怎样呢？

相信梦隐，即便你的人生真的如此，你正在经历这种像是跌入深渊一样的状态，千万不要沮丧，也不要灰心，这就像我们控梦师在梦境中遇到了"鬼压床"一样，应该发自内心地去开心和兴奋才对。

因为，当我们能够觉察到自己目前所处的状态，了解自身目前的处境，这一切距离发生转变就不远了。无论是在现实生活中正在经历深度压床，还是浅度压床的状态，和解除睡眠中的"压床"一样，我们只需要按部就班，就能轻松化解和解决一切。

具体怎么做呢？

首先，我们要像了解压床一样，深刻了解自己生活的本质、探寻自己能力的极限，甚至思考人生如梦的含义。

当我们了解一切后，不要害怕、更不要恐惧，因为最糟糕的结果无非就是从头再来嘛！

在找到问题的症结所在之后，我们要明确地知道，是自己个人经验的问题还是上司决策的问题，又或者是其他未知的问题。

只要确定不会对自己的生命造成威胁，我们就要解除危机意识，做个深呼吸，保持冷静地面对一切。

接下来，我们要接纳自己的状态，放弃挣扎和抵抗，沉浸在生活中，不要急着让自己清醒过来。

当我们学会不再执着于某人、对某件事漠不关心时，试着离开当前的环境，不要沉迷在事物之中，就像解除压床后远离床沿一样。站得远一些，让事态自由发展，我们所需要做的就是去观察和体会新的状态就行了。

慢慢地，我们就会发现，其实不用每天挤地铁、赶时间，即使真的迟到一次，又能如何呢？其实不用每天熬夜、加班，如果我们离开这个项目，整个世界就真的不存在了吗？

很多人固有的观念里，都认为自己在做的事情非常重要，工作就是自己生活的全部，自己生活紧凑，必须跟上节奏，否则一切就会乱套。

然而，事实真的如此吗？

这是一个值得深思的问题。

我们不应该把自己想得过于重要，看得太重，换个角度、学会用梦里的视角去看待这个有趣的现实世界。当我们学会停下来，就会发现，我们的生活早已经在不知不觉中，偏离了原来的轨迹，变成了更加美好的模样。

第九章　控梦师的职业规划

随着对清明梦和控梦领域的深入了解，我们会逐渐发现，把解压床的技巧应用到现实生活中，其实只是其中很小一部分的实战成果。

根据梦境的分类和作用，我们为控梦师群体规划了多个职业方向，以满足不同人群对梦境探索的需求：

控梦师：清明梦爱好者的统称，对控梦情有独钟的人们，他们对梦境的探索充满了热情和兴趣。

修梦者：以研究和探索梦境为主要目标的控梦师，致力于深入了解梦境中的各种奥秘。

逐梦师：以追逐梦中灵感来源为着眼点，会无私地投入到梦境，从中捕捉到有趣的创意和想法，并将其应用到现实生活中。

捕梦师：一些富有创造力的控梦师，不仅能够在自己的梦境中寻找灵感和素材，还能为他人捕捉并体现梦中的精华元素。

造梦师：专注于帮助自己或他人搭建梦中场景的控梦师，拥有丰富的想象力和构建能力，能够创造出令人惊叹的梦幻世界。

解梦师：帮助人们了解梦境、分析梦境的专家，通过对梦境的解读和诠释，帮助人们理解梦中事物的象征意义和潜在信息。

画梦师：拥有艺术天赋的控梦师，能够帮助自己或他人绘制或画出梦中的场景和形象，将梦境的美妙展现在现实世界。

梦境疗愈师：具有一定心理学或医学背景的控梦师，以清明梦为主要治疗手段，通过梦境的疗愈力量帮助人们解决心理问题。

当然，随着梦境世界不断被探索，控梦领域也在不断发展壮大，梦境产业的形成和完善也将会带来更多不同的职业方向并衍生出全新的各种机遇。

梦隐常说："做梦与做梦的区别，就在于其目的性。"

普通人生活和劳累了一天，漫无目的地入梦，完全是为了休息；而学会抱着目的入梦，并且尝试在梦中完成指定的任务，才是成为一名合格的控梦师需要做的事情。

换句话说，普通人是为了休息去睡觉，做梦完全是睡眠的副产品。控梦师则是为了做梦去睡觉，休息反而成了副产品。

现在，让我们一起来探讨一下，进入清明梦领域、学习控梦，究竟能给我们带来什么样的好处呢？

· 完全免费

无论是男是女，无论是贫穷还是富有，无论年轻或力衰，无论是高贵或卑微，梦境都可能是这个世界上为数不多，能够做到人人平等，并且完全免费的天然礼物。

想要获得超凡而美妙的梦境体验，我们只需要找个地方，舒舒服服地躺着就能轻松获得。

可以说，梦是独属于我们的私人影院，又或是为我们量身定制的超现实的思维游戏机。

它有着无尽的创意和场景，且擅长即兴创作。每晚，它都会为我们开启数个独立副本，或是让我们飞天遁地，或是带我们演绎情感大戏，或是让我们体验紧张刺激，或是给我们带来幽默风趣……

既然人生和梦境都是由经历和记忆两部分构成，我们又为何不去充分利用这生命中占比三分之一的时空呢？

· 纾解情绪

不管是感情上、精神上还是物质上，梦境都在有意无意间给我们提供着巨大的帮助。

现代科学告诉我们，做梦无论是对我们的身心健康，还是幸福生活都至关重要；

神经科学和神经生物学告诉我们，做梦可以巩固记忆，有助于学习和智力发育；

认知心理学则告诉我们，梦境可以帮助我们舒缓和释放负面情绪，疗愈心理创伤和情感问题。

综上所述，当我们学会接纳梦境，更加注重与梦境的沟通和理解时，我们将能够更好地与自己内心对话，能够更积极地面对未知和挑战，也能够实现个人的成长和心灵的升华。

这就像我们经历了一场美梦，第二天醒来后的美好心情，会使我们的学习、工作和生活，变得甜蜜而没有纷争。

· 灵感源泉

只要保证充足的睡眠，绝大部分人每晚都会经历 4~6 个梦境，按平均每晚 5 个计算，我们每年都会经历 2000 个左右的梦境时空。

无论它是豪华阵容的超级大片，还是成本廉价的垃圾电影，一年 2000 部的观看数量，可能是很多人一辈子都没看够的。

在这些不同的梦境世界，从故事、场景、人物、对话、声音和情节中，我们能够学习和体验多少意料之外的事物呢？

无与伦比的风景？天籁之音的乐曲？一条简单的手链？一件从未见过的裙子？一个好看的发型？一双漂亮的鞋子？

只要用心去观察，专注去体验，我们会发现梦境其实是一个真正充满神奇的灵感源泉，是尚未被充分开发的宝藏之地。

有多少文化作品是在梦境的启发下才得以面世？有多少科研成果是在梦境的影响下才取得突破？有多少处在绝望中的人们因梦境的影响而步入新生？又有多少身患残疾的弱势群体在梦境中体验到久违的安宁？

就像前文讲到的，压床解的方法在现实中的使用，可以改变我们的处境和生活，而这只是控梦技巧在现实应用中很小很小的一个案例。

现在，梦隐来分享另外一种现实中不知梦却可以控梦的方法，是潜控技巧在现实中的应用，看看是不是同样可以改变我们的日常生活。

在之前入梦篇的章节中，我们曾经提过，正确的记梦方式应该是现实中记录现实和现实中记录梦境两种方式的结合体。

对于很多初次接触的梦友来说，可能会不太理解，学习清明梦不是关注梦境就可以了吗？为什么还要让我们记录现实生活呢？

一个简单的例子：

多多白天陪着父母一起在商场吃了一顿肯德基，还获赠了一个专属的纪念版的小飞机玩具。

开开心心地回到家里，吃了晚饭，看了会儿动画片，大约9点他就拿着刚刚得到的小飞机，躺在床上迷迷糊糊地进入了梦境。

在梦里，玩具飞机变大后，他带着爷爷和奶奶坐上自己的玩具飞机，开始向上飞行。

他们飞呀、飞呀，一直飞离地球，在无边无际的浩瀚星空中翱翔。飞着飞着，多多突然觉得有点饿，于是就伸手抓了一颗星星放在嘴里，咬了一口，惊喜地发现星星原来是甜的，味道好极了。

于是，多多又另外摘下两颗星星，送给了爷爷和奶奶……

第二天醒来后，多多开心地跟爸爸分享了这个梦境，并且一整天的心情都是愉悦的。

（注：这是一个小朋友4岁时候的真实梦境。）

通过这个案例，我们可以看出多多的梦境跟白天的经历、心情和情绪有一定的关联，无论是飞机还是吃的东西，似乎都跟白天吃的肯德基有关。

如果在整理忆梦日记的时候，发现了多次类似的现象，这时我们应该做些什么呢？

很简单，第二天再去吃一顿肯德基，如果当晚的梦境依旧是甜蜜美好的，那么，控梦对我们来说还难吗？

如果故事的结局是另外一种情况，多多在白天吃了一顿肯德基，晚上很开心地入梦后，随即就获得了一个清明梦。

第二天再去吃一顿肯德基，当晚又继续做了一个清明梦，那么，现在控梦对于我们来说还难吗？

俗话说："日有所思，夜有所梦。"

虽然我们会在无意间受到潜意识有意无意的操控，但是我们每天的日常生活同样会在有意无意间影响到潜意识。

有了足够的忆梦日记作为基础，通过大数据分析的技巧，我们可以简单地观察和总结，从而获得日常生活和夜晚梦境之间的某种关联性。

有意识地针对某些关键点进行重复操作，来验证这种关联性是否稳定，从而在不知梦的情况下影响梦境的走向，甚至主动创造自己想要的梦境，这就是潜控存在的意义，也是另外一种练习清明梦最简单的方法和技巧。

而潜控对现实的影响呢？它真的能够改变和影响我们的日常生活吗？这就需要梦友们认真思考一下了。

（科学的可重复性是科学区别于伪科学的一大特征。）

第十章　人生的四大觉醒

睡觉和做梦息息相关，但还有另外一个神奇的词语，同样跟做梦息息相关，它被称之为"觉醒"。

在网络上，时常会听到有关"开悟""觉醒"这样的词汇。有一次，一位对梦境很感兴趣的朋友在私下问梦隐，想了解一下"觉醒"的真正含义。

看着她兴致勃勃，梦隐也不忍心打断她的热情，于是就让她拿来纸笔坐在桌子前，先写了一个觉（jué）字，写完后她抬头看着梦隐，不知道是何用意。

随后，梦隐又让她写了个觉（jiào）字，写完后她自己就愣住了，疑惑地说："居然是同一个字，以前还没注意到呢。"

梦隐笑着问她："觉（jué）醒、觉（jué）醒，谁告诉你这个词最初就念觉（jué）醒，而不是觉（jiào）醒呢？"

过去了很久，依然记得她当时愣在那里的表情，双眼迷离，仿佛思维都陷入了停滞。

"觉"

这是所有汉字中最神奇的一个，没有任何一个字能与之相比。

它有两个读音，一个读"觉"（jué），表示醒悟、明白的意思；另一个读"觉"（jiào），表示睡着、睡眠的意思。

同一个文字，宛如太极图中的阴阳两极，一分为二，代表了两个截然相反的含义。一个代表了极度的清醒，从睡梦中醒来；而另一个则代表着极度的昏沉，从清醒中睡去。

两者合二为一，如同无极，代表着另外一种古代哲学思想的终极概念。

片刻的愣神后，她才终于反应过来，忙问梦隐："这到底是怎么回事？"

梦隐说："让我给你讲一个故事吧……"

在学习清明梦、练习控梦之后，我们会发现一些很神奇的现象，跟这个"觉醒"一词息息相关，梦隐称之为：四大觉醒。

什么是人生的四大觉醒？

·觉（jiào）醒

觉醒，指的是从睡梦中醒来，是我们每个人，每天都会经历至少一次的一种状态。

如果你有午睡或者睡回笼觉的习惯，一天还会经历多次。

但是，认真观察你会发现，觉醒远不只是一个简单睡眠状态的变化。它是一种特殊的体验，是站在一个世界，去观察另外一个世界的感觉。

清晨，当我们从梦境中苏醒，在现实中醒来，努力去回忆刚刚经历的梦境，我们会发现很多不符合逻辑的事情，甚至是毫无规律的场景切换。

这时候，我们会意识到，刚刚经历的一切都只是一个梦境，梦里的一切都是假的，是虚无缥缈的，即使没有任何逻辑，我们在梦中也毫无觉察。

比如，刚刚在梦里，潜意识安排了一只小狗是你的伴侣，梦中的你同样会认为这是合理的，依旧会带着她逛街、买衣服、给她做饭吃。

只有醒来后，我们才会意识到，刚才的剧情太离奇，完全是天马行空的。

觉（jiào）醒这个状态，就像是形成了一种意识断层，它阻断了事物的连续性，只有站在现实世界，去观察刚刚经历的梦境，我们才会发现其中不合理的部分。

·梦中的觉（jué）醒

梦中的觉醒，其实指的就是清明梦。

当我们身处梦境，沉浸在潜意识安排的剧情中，无意识地跟随、前行，突然间，一个偶然的契机，让我们意识到自己正在做梦。

这种现象，就像是原本梦境世界中的一个普通人，在偶然的机会得到了启示，获得了开悟，从而产生了自我觉醒的过程。

此时，虽然没有在现实中醒来，我们却同时拥有了两种意识。梦境没有崩塌，证明潜意识还在作用，而我们又能够意识到自己正在做梦，并观察到梦中周围合理或不合理的场景，证明我们的显意识，也就是理性思维也在。

同样是意识断层，同样是站在一种意识视角，去观看另外一种意识的表演，这就是梦中的觉醒——清明梦。

· 现实中的觉（jué）醒

经过长期观察，我们会发现现实生活中，也有一些不符合逻辑的地方，甚至还能找到一些超越常识的事物。

我们能够意识到现实生活中的情绪、生活习性、偏爱和惯性思维，等等，全都是由潜意识在掌控的，而并非完全是我们自己的意愿。

我们深刻地体会到，现实中的一切就如同我们身处普通梦境中，一直在无意识地跟随梦中的剧情随波逐流。

此时，虽然身处现实，但是我们依旧能够同时觉察到两种意识的存在，一个正在发火的你，控制不住自己想要摔东西的冲动，证明潜意识正在潜移默化偷偷掌管或挑拨我们的情绪。与此同时，另一个则在旁边冷静地观察，让我们能够意识到这一切合理或者不合理的部分，证明我们的显意识也就是理性思维也在悄悄作用着。

就如同一种精神分裂症似的，两种意识同时存在，一个极度冷静，另一个则极端愤怒。

同样是意识断层，同样是站在一种意识的视角，去观看另外一种意识的表演，这一切的体验，就像在现实生活中真切的经历了一场清明梦。

或许，那些修行有成的圣贤，如庄子、佛陀，等等，就是在现实世界中进入了清明梦的状态，才会留下人生如梦、一切犹如梦幻泡影这样的话语吧！谁知道呢？

·死亡（现实中的觉（jiào）醒）

最后，死亡也是一种另类的觉（jiào）醒，如果"人生如梦"的说法真的成立，那么经历了数十年的风风雨雨，到了迟暮之年，在我们死亡的那一刻，或许真的会在另外一个世界醒来。

那个时候，当我们躺在床上，回忆刚刚经历过的一切时，或许才能真正体会人生就是一场梦这句话的含义。

接着，起床、洗脸、刷牙，吃了早餐、出门去上班，坐在公交车上，那时的我们可能早就已经把现在的你我，忘得干干净净，而这可能就是另外一种觉（jiào）醒。

四种觉醒，虽然读音不同，代表的含义也不尽相同。

但是它们却有一个共同点，那就是潜显合一，又潜显分离，一种莫名其妙又极度和谐的状态。它们都是刚好阻断了事物发展的连续性，形成了一种所谓的意识断层，让我们犹如站在一个世界去观察另外一个世界。

觉（jué）醒、觉（jiào）醒，这两个文字相同却含义完全不同的词语，让我们在探索梦境和现实之间的奥秘时，发现了人类意识的复杂和神奇。

或许，觉醒并不仅仅是一种精神状态，更是一种开拓思维的方式，它可以让我们超越常识，窥探梦幻般的人生。

可以说，在这个无边无际的宇宙中，我们每个人都是觉醒者，在梦境和现实之间跳跃、游荡，只要能够发现自己所处的状态，我们就能不断追求所谓的真相，寻找真实的自我。

无论是早晨苏醒时的觉（jiào）醒，还是在梦中的觉（jué）醒，是现实生活中的觉（jué）醒，还是死亡来临时的另类觉（jiào）醒，最终都将带来一种奇怪的意识状态，让我们能够更加清楚地认识自己，认识这个世界。

而这四种状态，看似单独存在，却又可以同时在一个人身上集结。或许，正是这种内外兼容且同步的集合体，这种四大觉醒合一的状态，才是"觉"这个汉字真正的含义。

第三部 · 观梦篇

每个世界都有独属于 Ta 的规则。

第一章　正向无限循环

经过入梦期和知梦期的洗礼，那些坚持在记录梦境的梦友，大概会在一星期的时间内，自动获得至少一次的清明梦体验，亲自验证了清明梦的真伪，又体会了在知梦的瞬间，那种转瞬即逝的悸动。

虽然可能刚刚知梦就会被踢出局，但是梦隐依旧希望梦友们能牢记那种弥足珍贵初次体验的感觉，因为，这种感觉可能会在未来很长时间内成为你坚持下去的动力。

不知你是否还记得，自己第一次获得清明梦时的感受，第二天醒来后的心情，是不是一种难以言喻的愉悦？接下来一整天，你的心情都是愉快的，无论是在学习、工作还是日常活动时，都会莫名其妙地感到开心和想笑，仿佛心里藏着一个小秘密，但却又说不出原因。

这种美好的心情，就是清明梦回馈给关注它的人们最好的礼物，也是我们刚刚进入清明梦这款游戏，领取的第一份新手大礼包。

通过亲身经历和体验，证明了清明梦的真实性，很多新手玩家可能会产生一种错觉，觉得自己就像网络小说中的主角，打开了主角光环，找到了属于自己的金手指和作弊器。于是，他们开始在心里幻想着，在下一次知梦的时候，一定要去见见梦中的女神、男神，一定要在梦里尝试一下飞天遁地的感觉……

然而，这个时候梦隐不得不给这种想法按下暂停键，告诉各位千万别急。因为，知梦只是进入清明梦的第一步，接下来并不是直接开启我们的控梦之旅，而是要先学会观察梦境。

当然，也有一部分梦友会提出自己的疑惑，梦嘛，去体验不就好了？为什么还需要观察呢？

在知梦篇中，我们曾经讲过压床解法在现实中的应用，还曾经分享过多多的一个奇妙梦境，是寻找现实和梦境关联性的案例。

当时，我们提到过一个词，叫作反向死循环，也被称为负面死循环。随即我们用压床的逆三角模型图，尝试解释大部分人在现实中的生活状态本身就是压床，并提出了一种解决方法。

不过，可能有些梦友听的似是而非，依旧不太明白其中的含义。

现在，让我们来重新回顾一下压床状态，并学习一个新词——正向无限循环，又称为正面无限循环。

想要了解正向无限循环，我们首先要探讨另外一个问题，那就是在你的认知里，梦境对现实的影响大，还是现实对梦境的影响大呢？

相信每个人的答案都不尽相同。

我们简单举几个例子，不知在过往的生活中，你是否曾经遇到过类似以下场景的情况。

案例一：

曾经听过这样一个笑话，说一个公司的老板晚上做了一个梦，在梦里公司最得力的下属竟然和他妻子有染，正在偷情被撞见后这位老板非常生气。

早晨醒来时，他才意识到自己刚刚只是做了一场梦而已。

尽管明知道妻子和下属之间毫无关系，甚至两个人都没见过面也不认识，但是来到公司后，他做的第一件事就是把那个下属给开除了……

案例二：

小红和小美是最好的闺蜜，两个人平时喜欢腻在一起，是无话不谈的好朋友。

一天晚上，小红梦到小美抢了自己的男朋友，或者做了其他伤害自己的事情。

第二天醒来后，尽管知道这一切只是梦境，但是两个人的关系就开始慢慢疏远，以至于随后的很长时间都不再来往……

案例三：

一天晚上，小明做梦梦到菜市场附近一个打扫卫生的阿姨，平时只不过是点头认识的程度，可在这个梦里，对方居然变成了他的母亲或是其他家人。

醒来后，虽然知道一切都只是梦境，但是后来每次经过菜市场，他都会有意无意地注意到那个阿姨，甚至还会主动给她一些水果、蔬菜等小礼物……

类似的故事还有很多，它们核心的共同点和本质都是在一个或多个梦境的影响下，有意无意间改变了我们对现实中某些事物或某个人的看法和认知。

也就是说，梦境能够在无意间对我们的现实生活产生一定的影响、改变和掌控。

当然，也会有很多现实影响梦境的案例，例如多多的故事。

然而，随着对梦境的深入探讨和研究，我们得出一个有趣的结论，对于绝大部分人来说，梦境对现实的影响比现实对梦境的影响大。

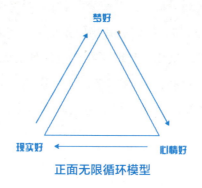

正面无限循环模型

正如上图所示，生活本就如同一团乱麻，只要我们能够找到那根线头，再有点耐心解开死结，解决问题也只是早晚的事情。

就像是多多和肯德基的故事一样，通过简单的分析和观察，我们可以得出一个结论，白天带他去吃肯德基，晚上他就必然会做美梦。

而晚上做了一个美梦，第二天他的心情就会非常好。

当心情好的时候，孩子就会变得乖巧听话，父母可能还会继续带他去吃肯德基，然后晚上他又做了一个美梦……

这样就形成了一个正向循环的状态，即梦好→心情好→现实好→梦好→心情好→现实好的无限循环。

此外，我们还尝试进行了一些反向的观察和研究，也可以得到类似的结果。

例如，正确使用忆梦日记的记录，通过反向观察梦境和现实的关联性，我们就可以找到梦境和现实之间的联系。然后通过改变现实生活中的一些行为和习惯，我们就可以成功影响梦境的走向。同样的，通过发现梦境和现实之间的关联性，我们不但可以预测现实生活中即将发生和将要经历的事件，甚至可以简单地影响现实生活的走向。

而这一切无不表明，梦境可能不仅仅是我们内心世界的一面镜子，它更可能是我们与现实生活之间的一座桥梁和沟通渠道。

总的来说，无论是想要尝试潜控梦境，还是想要改变现实生活，方法都是找到一个"可以撬动整个地球的点"，然后拨乱反正，使一切走向更好的方向。

可以说，想要改变一切，最好的开局便是从一个美梦开始。

毕竟，美梦是希望的象征，是埋藏在梦境深处的无限可能性。它可以鼓舞我们的心灵，为我们点亮前行的道路，引领我们走向真正的幸福和成功。同时，它可以替我们激发出更多的积极力量和创造力，也可以为我们的现实生活注入更多的活力和动力。

第二章　梦境停顿术

"如果有必要，你就停下来"——梦境停顿术。

相对于刚刚体验过的玩家来说，当清明梦真正开始走进生活，一切成为一种常态以后，那么一系列让人头疼的问题也会接踵而来：梦境不太清晰、飞不起来、知梦时间太短、刚知梦就被惊醒，等等，这些问题无疑阻碍了我们进一步探索和享受梦境的乐趣。

于是，如何延长梦境的时间和稳定梦境的状态，就成了下一个探索的核心和需要解决的问题。

在这里，梦隐提供一个自己在早期常用的方法，希望能够给新入门的梦友们带来一些不一样的体验。

众所周知，我们每个人都有两套独立的认知系统，而这两套系统之间又存在着许多相似之处。

尽管我们是在梦中，尤其是在清明梦里，但我们现实生活中的五感同样会在梦境中被还原，也就是包括视觉、听觉、嗅觉、味觉、触觉，甚至痛觉在内的各种感知，都会以不同程度在梦中得到再现。

经过漫长时间的观察，我们发现在清明梦中，视觉和触觉的存在一样，都占据着非常重要的位置，起着至关重要的作用。

梦境停顿术，是一种建立在已经知道自己在做梦的情况下进行的练习方法。它的原理是让梦友们放弃所有多余的动作，暂停所有容易引起情绪波动和能量消耗的事情，通过定格梦境来延长清明梦的技巧。

练习方法：

1.临睡前的练习

无论你是在学习梦中知梦还是清醒入梦，是利用梦标在做临睡前的自我暗示，又或是等待潜控成功回转知梦，都不需要增加任何额外的练习步骤，坚持自己原本的练习即可。

例如，你可以在上床准备入睡前，专注地回想一些过去的梦境，并尽量把注意力集中在细节上，这样可以提高续梦的可能性和清明梦出现的频率。在这个过程中，我们也可以使用一些辅助工具，像记录了忆梦日记的笔记本或者手机应用，用来加深回忆梦境的内容和感受。

2.知梦之后

很多梦友在知梦之后，都会有一种莫名的紧迫感，好像内心深处总有个声音在不断提醒、告诉自己："哇，终于知梦了，我一定要好好飞一次，或是这次我一定要做些什么才行……"

就好像每次都感觉是在经历最后一次清明梦似的，总是迫不及待地想去完成临睡前的任务，或是去做其他想做的事情。

而在这里，一切恰恰相反。

梦隐想告诉梦友们的是，当意识到自己在做梦的时候，我们要学会停下来，不要有任何大的动作，也不要急着去体验任何事情，让自己停留在原地，就像在看电影的时候，突然被按下了暂停键一样，让梦境中所有的一切都停下来。

然后，我们只需要通过自己的眼睛去观察周围的一切，无论此时在梦中是第一视角、还是第三视角，无论这个梦境世界里有没有自己的存在，我们都要用梦里的眼睛去观察、认真去看、去体悟。

如果，这时眼前刚好是一棵树，我们就可以去仔细看看树干上的纹路，寻找是否有小蚂蚁在上面爬过；

如果，这时眼前刚好是一扇门，我们就可以去关注门的把手是什么颜色，门的材质是铁的还是木质的，门上有没有雕花或者其他图案；

如果，这时眼前刚好站着一个人，我们就可以去看看这个人是男人还是女人，头发是什么颜色，耳朵上是否佩戴耳环，今天是打着领带还是化了妆……

当然，每个人的梦境各不相同，所遇到场景也会不太一样，具体会遇到什么情况，就需要看自己的运气了。

在这个阶段，我们不需要过多地参与，只是简单去看、去观察即可。慢慢地，当观察清楚眼前的场景和人物，我们会发现自己居然还在梦里，这一次在清明梦里已经度过了很长时间，而梦境却依然清晰、稳固。

3. 停顿之后

很多梦友会问，观察结束后呢？接下来要做些什么呢？

梦隐想说，既然整个梦境都已经被你稳固下来，接下来要做什么，还需要手把手来教吗？

想飞就去飞、想跑就去跑，想干什么就去干什么就对了。

当然，出发前千万不要忘记，再扳一下手指、捏一下鼻子、咬一下嘴唇，重新确定一下自己是否依旧身处梦中。

总结语：在停顿梦境并进行观察的时候，梦友们最好可以顺便感受一下自己的心态和梦境的结构，这也算是一种另类的记梦方法。

通过逐渐练习梦境停顿术，熟悉并充分利用停顿期间观察梦境的技巧，我们不但可以更好地掌控自己在梦境中的情绪，也可以更加清晰地认识自己。同时，通过观察梦境的场景和结构，我们不但可以发现一些关于自己的潜在信息和启示，还可以享受更多停顿带来的乐趣和收获。

停顿术的好处：

梦境停顿术是一种对梦境深入探索和实践的技巧，它的兼容性极高，与其他已知的任何延时方法都不冲突，可以单独使用，也可以同时进行。

事实上，与其说它是一种延时和稳定梦境的技巧，不如说它是进入清明梦境，控梦师在知梦后的一个重要操作步骤。

通过短暂地停顿梦境，我们不但可以巩固梦境的稳定性，还可以延长自己在其中停留的时间，我们不但可以更加深入地观察梦境中的场景和事物，还可以观察自己的内心世界。

·停顿术与摸地同时使用

在梦境中，我们可以借助视觉和触觉的协同作用来加深在梦境中的感知。在第二步知梦后，我们可以静静地站着、蹲下或是选择一个舒服的姿势随地坐下，双手也可以摸着地支撑在背后，或是采用其他你习惯并喜欢的姿势都行。

调整好姿势后，再去仔细观察眼前的事物，无论看到的是什么。

·停顿术与记梦方式的配合

在前文我们提过，记梦其实有四种方式，分别是在现实中记录现实，在现实中记录梦境，在梦境中记录梦境和在梦境中记录现实。

此刻，在知梦后的第一时间，停顿术也可以和记梦结合在一起使用，这里会用到的就是第四种记梦方式，在梦境中记录现实。

例如，当你结束观察，梦境趋于稳定之后，这个时候不要急着离开，我们可以习惯性地翻一下口袋，看看有没有带纸笔或是手机。（在梦境里只要你想，伸手去掏就一定会有。）

打开手机备忘录、歧梦谷的APP，或者拿着纸笔，这时的我们可以思考一下，之前提过西方哲学的三大问题"我是谁？我从哪里来？我要到哪里去？"或者问问自己，我叫什么名字，电话号码是多少，睡前吃了什么东西，现在在哪里睡觉，谁躺在我旁边，等等。

第三章　置换的代价

前文曾多次提到过，我们每个人都拥有两套相似但又并不相同的认知体系，其中包括但不限于两套记忆系统。

经过一段时间的尝试，无论是在现实中记录梦境，还是试图在梦境中记录现实，最初我们都会遇到很大的阻碍，而这种情况正是两套系统的共同点，我们称之为记忆阻断。

在清明梦的圈子里，会有这样一个奇怪的现象，许多梦友在刚刚接触清明梦时，稍微做些了解，简单进行一些练习或是不需要做任何练习，就能在很短的时间内，获得至少一次清明梦的体验。

然而，随着对清明梦认知的不断加深，我们认真学习并努力去做各种训练后，反而在很长一段时间内都没能再次进入清明梦的世界。

为什么会出现这种情况，这究竟是什么原因呢？

简单总结一句话就是：潜意识和显意识的平衡，在无意间被打破了。

怎么去理解这句话呢？

前文曾经说过，学习清明梦的过程就像谈恋爱一样，是让显意识和潜意识从相识、相知到相恋的过程。而现在那些快速体验和体会清明梦的方式和方法，大多都是利用辅助设备提醒、通过高频率不断的重复暗示、疑梦、验梦或各种感官切换等诸多强制手段来实现的。

这就像是我们刚刚在朋友聚会上，认识了一个漂亮的女生。经过朋友介绍简单地了解后，你们相互加了微信、留了电话。接下来，你变得过于主动，不断抢着要送对方回家，甚至到了对方楼下却又想赖着不走，还想要上楼喝口水。不好意思拒绝，于是女生把你带回家中，等喝完水以后，你发现待在这里太舒服了，仍旧想赖在这里多待一会儿，不想走。

试想一下，一般女生遇到这种情况会怎么办呢？不叫保安把你赶走、不报警告你骚扰，就已经算是很客气了。

好不容易等你离开，她才刚松了口气，结果第二天又看到你出现在她家楼下。这个时候，你觉得她还会给你开门吗？她可能看见你老远就躲了起来。这时候，你还想着找借口去对方家里蹭水喝，是有点困难的。

当然，凡事没有定数，这样的结果也不是绝对的，也许你是个高富帅，或者就是这个女生喜欢的类型，那么从此夜夜清明，走向控梦巅峰也不是不可能的。

但在大多数情况下，新手所遇到的情况都是第一次容易，第二次就难了，这种现象梦隐称之为置换的代价。

其实，停顿术使用的核心同样也是置换，在梦境停顿术应用的过程中，同样也会有梦友遇到被踢、梦境不稳、视觉不清晰等相关状态，我们希望的是，梦友们可以坚持下去，用几十次一分钟不到的清明梦，去置换一个永不掉线的清明梦，而这才是观梦期最重要的核心。

试想一下，如果你待在原地，什么也不干都会被踢出局。那么，如果我们急匆匆上路，去飞行、去谈恋爱，是不是也会被踢，甚至被踢得更快呢？

"停顿"两个字，指的就是字面意思，停止、停下来、静止不动。停顿同时也是个很有趣的词语，在现实生活中，无论遇到任何事情，如果有必要，那就停下来，做个深呼吸、冷静一下再做决定，一切的结果就可能会变成另外一个样子。在梦境中也是一样，知梦后停下来，去观察眼前的事物，这么简单的一个动作，事实上我们经过了几种变化呢？

·情绪上的转变

在知梦后，我们会经历一次情绪上的转变。从最初的渴望与焦虑逐渐转变成为安静的观察。这个过程中，我们不仅要适应梦境的规则和环境，同时也需要对自己的情绪进行调控和平衡。

毕竟，在清明梦的世界里，情绪的剧烈波动，是控梦师们公认的最大的天敌之一。

·场景上的转变

知梦后，无论是想要在梦中飞天遁地，还是要切换场景等行为，对于潜意识来说，都是计划外的产物，属于意料之外的事情，也是不可控的。

因此，如果在它还没做好准备的情况下，就走出现有的场景，会让潜意识有个反应的延迟，从而导致梦境的崩塌。此时，继续停留在原地观察，就相当于进入了一个天然的舒适圈，潜意识还没觉察到你的异常，而你却在慢慢适应和接纳梦境的规则，并逐渐融入其中。

·系统壁垒的消磨

在梦境和现实两个体系来回穿梭，两套系统之间形成的记忆阻断，会造成我们的清醒程度不够完整。为了解决这一问题，我们可以尝试停下来，观察后在梦境中去回忆现实，这样的做法有助于消除两套记忆系统之间的壁垒，可以让我们更好地将梦境与现实连接在一起。

·探索梦境的规则

在现实生活中，村庄与村庄之间，城市与城市之间，国与国之间，每个不同的地方都有着各自不同的风土人情和运行规则，在有些地方不戴帽子可能是违法的，到了另外一个地方可能戴着帽子反而是违法的。

在梦境中也是如此，绝大部分的梦友，永远都拿着同一种行为模式去面对所有梦境，这也是很多人会感觉到自己状态不稳定，有时候清明梦时间长，有时候时间又短的根本原因。

事实上，这是因为他们没有认真去观察梦境的结果。其实每个梦境都有独属于自己的规则和运行机制。在有些梦境里，你想怎么飞就怎么飞，而在有些梦境里，只要双脚同时离地，你就会被梦境驱逐；在有些梦境里，你想遨游星空，想看到诸天神佛都可以，而在有些梦境里，只要尝试一下穿墙，你就会被梦境踢出局。

当然，梦境停顿术的意义，并非完全如此，后面用到它的时候，我们再来继续探讨。

在初期阶段，我们只需要知道，知梦后不要急着去尝试控制梦境，此时最好是先停下来观察一下眼前的场景，这样的选择可以帮助我们更好地理解和适应梦境的运行规则，并为后续的探索之旅打下坚实的基础。

第四章　清明梦的打开方式

随着清明梦体验的不断增加，我们对梦境的观察和现实日记的记录也在不断增多。而且，对梦境越来越熟悉，我们能够在其中停留的时间，也会越来越长。

这时候，有些梦友会开始产生一个疑问，即停顿术的使用，究竟要坚持多长时间才算合适呢？难道半个小时的清明梦境，都要停留在原地吗？

如果所有时间都耗费在原地？我们要这样的清明梦还有什么意义呢？

是的，如果清明梦只是让我们知道有这样一种体验存在，而不能离开原地自由活动，那么我们学习清明梦和控梦，就失去了原本的意义。

在简单地观察和记录之后，我们就可以走出这个所谓的舒适区，利用接下来的时间去做一些自己感兴趣的事情。我们可以四处走走，去探索，去体验各种有意思的事物。

不过，随着梦境地图不断地变化，我们还是很容易就会被潜意识想方设法创造的剧情，重新拉入普通梦境，或是干脆直接被踢出局。

为什么会这样呢？

会发生这样的状况，主要是因为梦境场景的变化，在某些时候超出了潜意识的准备。我们的潜意识就像是手下豢养了无数员工的电影导演，他们拥有最先进的设备，有着最好的特效师和数不清的各种道具。虽然他们最擅长的本来就是即兴创造，但有些时候我们的脑洞和创造力，还是会超出他们事先准备好的剧本内容。

因此，当发现我们的创意、主演的电影情节超出了导演的预设，他们就像突然发现有人闯进片场捣乱一样，此时导演会喊来场记、保安，将意外闯入的游客赶出去。

所以，对于刚开始接触的梦友们来说，清明梦最正确的打开方式是什么呢？只有两个字：装傻。

· 何为装傻

简单点说，就是明明已经醒了，却假装自己没有清醒，继续沉浸在原有场景中，在不脱离剧情的状态下，最大限度地去体验其中的乐趣。

例如，在梦里你走在一条街道上，突然意识到自己正在做梦。这个时候，我们最好的决策，不是原地起飞或选择直接离开，去做自己想做的其他事，而是在有限的范围内，控制自己去体验想体验的事物。

就像原本剧情安排我们走到一个路口，是要往右走的，你可以试着左转；原本剧情安排你是一名银行职员，现在清醒后的你可以继续老老实实坐在银行里，等待下班。

虽然坐在工位上会很无聊，但是你可以打开电脑，做一些有意义的事情，浏览一下梦境世界的网站，找找你喜欢听的音乐，看看现实中不存在的画展，或者在办公室里练练瑜伽，打打太极拳，或许这些都会是个不错的选择。

总之，我们可以像是在玩密室逃脱或是剧本杀一样，在有限的范围内自由活动，但是尽量少做一些过于离谱和出格的事情。

当慢慢开始尝试，你就会发现清明梦变得更有意思了。你在梦中处于清醒的状态，同时又拥有着两个完全不同的意识，它们独立存在却又能和谐地共处一室。

这就是谈恋爱的第二步：相知。

随着你越来越频繁地到访梦境，潜意识对你的存在也越来越熟悉。通过两种意识之间不断地接触、了解和磨合，他们逐渐有了恋爱的感觉，而这才正是控制梦境的真谛。

控制梦境并非是单纯强硬的，要用清醒后的意识，去命令或者要求潜意识为我们创造什么，更多的时候反而是要找到一个平衡点，通过对潜意识的逐渐引导，我们主动向她介绍、让她主动喜欢，甚至让她认为所创造的一切原本就是符合她自己的意愿和喜好的。

就像在恋爱中的男女，男生想送女生一条手链或是耳环，而女生却只想要一个包包。但是买包又超出了男生目前的经济承受范围，在他左右为难的时候，正确的做法并不是强硬地跟女生说"咱们别买这个包包，这个包不好，装不了多少东西"这一类的话语。而是选择性地夸赞她好看或者用其他事情来转移女生的注意力，然后，在看电影或逛街的时候，有意无意地提起电影女主或路人的手链、耳环好漂亮，引起她的注意，让她自己产生兴趣，主动去观察。

在进行一定的铺垫之后，此时男生再拿出自己事先准备好的手链、耳环等物品，说自己也准备了一个惊喜要送给她，一般情况下，女生都会欣然接受。

其中的原理就在于，通过在逛街或看电影的时候，有意无意夸奖别人的手链，引起了女生潜意识的注意力。在经过一个短暂的发酵后，这条手链就会变成她自己想要的东西。

在现实生活中，你也可以尝试类似的方法，适当的模仿和复述，有助于提高别人对你的好感度。

例如，当和朋友聊天的时候，对方问："你最近也在关注清明梦吗？"

你的回答最好是："是的，我最近也在关注清明梦。"

而不是简单地回答，说："是的""对""嗯"……

当对方摸下巴的时候，过几秒钟你也可以不经意地摸一下自己的下巴……

这是一种效果不错的，提升好感度的办法，主要是通过潜移默化的方式，让对方的潜意识对你产生好感。

类似的案例，还有咱们前文讲过的品牌效应，那些营销人员就是利用潜意识对颜色、音乐、形状等渐进式的进行暗示，来激发我们的潜意识，引发我们的购买欲望。

以上这些小技巧，都是现实生活中别人拿来影响和改变我们决策的方式，就像推销员了解消费者的需求和偏好一样，我们也可以运用类似的方法来影响和改变自己的潜意识。

而在清明梦练习的过程中，潜意识是谁呢？潜意识就是我们恋爱的对象，我们需要的是以柔克刚、和平相处，与之达成一种默契的关系。

总之，控制梦境并不是一种简单的指令式操作，而是一种通过与潜意识的默契交流和互动，达成共识并实现愿望的过程。

通过装傻和学会一些提升潜意识好感度的技巧，可以事半功倍地让潜意识对我们介入她的世界，放宽尺度，这一切会在我们随后的控梦之旅中，起到至关重要的作用。

第五章　现实和梦境的区别

在人生和梦境之间，存在着一个神秘且奇妙的联系，在前文"人生与梦境"那个章节中，我们得到过以下几个有意思的公式。

现实 = 经历 + 记忆

梦境 = 经历 + 记忆

我们可以将人生简单地定义为黑夜加上白天的组合，现实是由经历和记忆两部分构成的，而梦境同样也是由经历和记忆两部分所构成的。换句话说，现实和梦境其实是等价的。

现实 = 梦境

于是，我们可以得出一个更加直观的结论：人生 = 梦境 + 梦境

严格意义上来说，真正的人生包含了现实和梦境两个部分，在这个宏大而神秘的世界中，我们经历了无数的现实和梦境，它们如同交织在一起的丝线，错综复杂而又不可分割。

现在，既然现实也有可能是梦，那么现实和梦境之间的关系可能就是梦与梦中梦。

这是一个既奇怪又合理的公式：人生 = 梦境（现实）+ 梦中梦（梦境）

那么，除了都是经历和记忆组成的产物，现实和梦境之间还有其他相似之处吗？

闭上眼睛，安静地躺上一会儿，想象一下，每当我们躺在床上逐渐步入梦乡，在睡着进入梦境的那一刻，像不像我们在现实世界，刚刚从母亲的怀中诞生出来，我们即将面对的都是一个完全陌生又充满未知的世界。

随后，我们从牙牙学语到走路、从求学上进再到毕业后的恋爱、结婚、生子，度过短暂又漫长的一生，一段段丰富多彩的人生旅程，像不像夜晚我

们在梦境世界里经历了紧张、刺激、幽默、风趣的剧情，度过一个又一个有趣的场景？

当早晨闹钟响起，在现实中苏醒过来，我们也就在刚刚那个梦境世界里失去了踪影，这像不像我们到了迟暮之年，寿终正寝离开这个世界呢？

从梦境离开时，在那里所拥有的金钱、美女、权利和名望，曾经一度令我们执着的一切，也都随着梦境的结束而烟消云散，化为虚无。

同样的，从现实离开时，在这里所拥有的金钱、美女、权利和名望，一切的一切是否也会随着我们生命的结束而随风飘散，一切也犹如一场过眼云烟呢？

如果现实也是一场大梦，请不要害怕，也不要悲伤。

因为那些生不带来、死不带去，或是赤条条来、赤条条去这一类的话语，也许会在有了梦境作为参照的情况下，而变成另外一个模样。

认真思考一下，在梦境结束时，我们真的什么也无法带走吗？

答案显然是否定的，因为我们每个人都能从梦境中带出部分记忆和感悟。

然而，这一切都因为我们在梦境与现实之间转换时，会有一部分消耗而丢失某些记忆。所以，当每个人醒来，都只能记得梦境中那些让我们刻骨铭心或是感兴趣的画面。

前面我们曾做过一个小小的测试，让梦友们看一下时间，然后闭上眼睛在脑海中默默回忆，回忆自己从出生到现在经历过的所有场景。当回忆完成后，睁开眼再看看时间，我们会发现自己漫长的人生，在5~15分钟内，就会回忆结束。

难道因为如此，就可以说我们的人生就只有短短几分钟的时间吗？

显然，这是不成立的。

那么，两者对比，我们是否可以进行逆推，夜晚身处梦境的时间是否同样也是几年，甚至几十年呢？只不过在醒来那一刻，被我们当成了只有几分钟的经历。

同时，我们可以换个角度思考，刚刚在回忆过往人生时的感觉，是不是和今天早晨起床后，我们回忆梦境时的感觉一模一样呢？

曾几何时，梦隐时常会问梦友们一个问题，当我们今晚睡着后，已经身处梦境之中，如果想要离开梦境世界回到现实，有哪些方式呢？

有人说："被闹钟吵醒……"

有人说："被老妈叫醒……"

各式各样的答案不尽相同，经过简单地总结之后，我们会发现其实只有以下三种方式：

1. 被动的

例如，被闹钟闹醒、被尿憋醒、被老妈叫醒、被老板的电话吵醒等外部原因唤醒。

2. 主动的

例如，在梦中意识到是梦境之后玩够了，自己选择要主动醒来，等等。

3. 自然而然的

例如，睡到自然醒，睡足后自然而然地从梦中醒来。

现在，我们再来想想，如果想要离开现实世界，又有几种方式呢？经过简单的总结之后，我们会发现其实也是只有以下三种方式：

1. 被动的

例如，地震、火山、突如其来的车祸、突然发生的重大疾病等意外事件。

2. 主动的

例如，自杀或是传说中即将羽化的高人，都能提前知道自己要在哪年哪月哪日飞升，等等，实际上这些现象都属于主动离开的。

3. 自然而然的

例如，我们已经活到七八十岁、一百多岁、活够了、活到了寿终正寝，等等。

将两者进行对比，我们会发现一个很有意思的现象，被动离开总是跟意外有关，突如其来的车祸，就像睡觉时突然被闹钟唤醒一样；自然而然地醒来，就像我们在现实生活中无病无灾地活到了寿终正寝；自杀、飞升等主动离开的方式，就像我们知梦后玩够了、玩累了、不想玩了，要主动离开梦境在现实中醒来一样。

深入思考后，我们会发现无论是离开梦境，还是离开现实世界，除了这三种方式外，似乎再也没有第四种方式的存在。

两者的组成和离开方式都惊人的相似，这是否意味着，我们可以将之前文中的约等号划得更直一些呢？

第六章 观影入梦

电影、电影，如电光石火、梦幻泡影。

电影是市面上最接近梦境的一种表达方式，深入人心地展现着最接近梦境的奇妙画面，同时也是最快让我们能够体验到清明梦的最佳媒介。

熟悉和了解的梦友都知道，看电影、刷电视剧，是梦隐人生中除了做梦之外，最喜欢的事情。当然，这里的喜欢并不是因为闲得无聊，而是因为看电影本身就是一种入梦方法，梦隐习惯性地称之为观影入梦。

在如今日新月异的现代生活里，电影早已融入现实，成为我们人类日常生活中的一种必需品、一个娱乐项目、一款解压神器。

尤其是在晚上、周末、假期里，当我们感到无聊的时候，很多人都会约上闺蜜、男（女）友、哥们儿来到电影院，或者选择在家拉上窗帘，打开一部内容简介还不错的电影，静静去观赏，细细去品味，默默去享受其中的乐趣。

对大部分的人来说，在看电影的时候，都只是抱着休闲娱乐的心态，简单跟随着剧情的发展去走、去看。喜剧就开怀大笑，悲剧就失声痛哭，惊悚片被吓得心跳不止，热血类的又会激动、亢奋；还有些人，在观看的时候喜欢思考、分析，他们更喜欢在内心深处猜测故事的走向和各种结局；另外一些人，在观影的时候干脆就安静不下来，他们总是喜欢跟身边的朋友分享，经常会在剧情最精彩、你看得最投入的时候，轻轻摇摇你的手臂，小声说："怎么样？我没说错吧！坏人果然是他……"或是"怎么样？厉害吧？我早就知道结局是这样，完全在我意料之中。"

当然，无论你是其中哪种类型，都无可厚非，毕竟这些都是个人的乐趣和习惯而已。

不过，对于梦隐个人来说，相对比较讨厌的就是那种在电影播放过程中，总想把你从梦里唤醒，不断打扰、不停说话的人。也正因此，我们要讲的观影入梦，要求非常简单，那就是尽可能的一个人去看，包场去享受，如果实在没有条件的话，就尽量选择人少的场次，或者邻座无人的角落，用以确保那个时刻只有你自己和电影独处。

总的来说，观影入梦的方法和停顿术很像，它们的原理都是让自己尽量慢下来，停下来，换个角度审视，从现实中抽离出来，置身事外去体验清明梦的一种练习方法。

观影入梦会让你放弃以往的观影习惯，学会一个人静静待在家中，或是躲在电影院某个不会被轻易打扰的角落，像个木头人一样，默默地去观察、去感受、去经历、去体验那种不一样的电影、梦境或是一种全新的人生。

观影入梦的基本步骤：

1. 准备过程

当我们准备好要去观看和欣赏一部电影的时候，无论是去影院，还是待在家中，最好是选择一个可以独处，并在一种不会轻易被打扰的环境。在观影入梦的过程中，最好选择一个人独自观看，请千万不要带上男女朋友、伙伴、闺蜜和家人一起……

环境有了之后，接下来要做的，就是短暂地切断与外界的所有联系，断开手机和其他社交工具，让自己心平气和的，准备享受只属于自己的特殊时光。

这里简单说一下，为什么要选择一个人看，还要关闭手机，与外界断绝一切联系呢？

原因很简单，当你真的感受到那种状态，进入观影入梦的奇妙旅程时，电影里上演的一切都会直观地转化成类似梦境般的存在，直接出现在你的脑海之中。

此时，如果突然被外界因素打扰和吵醒，那就像你正在熟睡、正在享受美梦时被老板的电话、被老妈或室友叫醒一样，会不会发起床气不知道，但是你可能会感受到一种焦虑、失落和挫败感。而在一般情况下，当我们经历情绪激动、失落、挫败和无奈之后，很难能够在一个短的时间内再次进入状态。这就像我们好不容易进入了一场美妙的清明梦，却因为闹钟的惊扰而错失良机，那种难受只有经历过的人才会真正懂得。

因此，在决定要观看电影之前，最好能够确认一下自己是否真的有空闲，可以在百分百放松的情况下，度过 90~120 分钟的时间。

2. 呼吸

在一切开始之前，可以先上个厕所，然后提前进场，找到座位后，我们可以做几个深呼吸，调整一下心态，放下世俗中的一切烦恼，让自己内心平静下来，这也是观影入梦过程中非常重要的一个点。

电影开始前，我们可以像《梦境停顿术》里面所讲述的一样，找一个尽量舒服的姿势，靠坐在沙发或是座椅上，让自己放松，不要紧张，更不要亢奋。

目前，市面上的电影，虽然每部时间长短都有所不同，但大多都保持在 90~120 分钟左右，我们需要做的就是在这个时间段内，让自己像个木头人一样，定在那里，长在座椅上，尽量不要来回移动。

因此，坐姿对我们来说，就非常重要了。

特别提醒一下，坐在那里时，上半身一定要端正，尽量不要歪斜，这样可以保持呼吸顺畅；也不要把双腿叠加或者跷起二郎腿，这些动作容易影响血液循环，导致双腿麻痹，从而打破观影状态。

3. 观察

就像记梦的要诀，都在一个"记"字上面一样，观影入梦所有的要点，都在这个"观"字上。

对于控梦师来说，看电影的过程也是一种入梦、入定的体验，一种全新的感受。

电影刚开始，出现那些广告、赞助公司、领衔主演、主演、导演、出品人等画面的时候，我们可以静静听着自己的呼吸，眼睛可以微闭，留一条缝可以看清屏幕上的内容就行。

此时，可以伴随着想象，将我们带回到自己的房间，想象自己很舒服地躺在床上，你被带到了梦境里面。眼前看到的就是一个梦屏，你很清楚地知道自己正在看电影，正在看着自己做梦，让自己全身心地融入进去，认真观察却又不深陷其中。

慢慢地，随着正片开始，眼睛可以睁开，但是要把大脑中的思绪放空，不要去思考、不要去推理、更不要去联想和猜测……不要让自己成为电影中的任何人物，不要把自己带入剧情，深陷其中。

就只是保持着一种上帝视角，随波逐流地去观察和体验。

就像前文所说的，在我们入梦和知梦后，第一时间不是要去掌控梦境，按照自己的设定去影响梦境的走向，而是待在里面装傻。

在这里也是一样，虽然你很清醒，却愿意保留意识地跟随剧情，慢慢去感受那种不一样的感觉和氛围，愉悦地接受现状，静静地等待"潜意识"为我们准备的惊喜。

当然，最好的状态就是能够把电影、把自己都给忘掉，让自己的意识融入四周的环境，仿佛你已经消失不见了，你正在做梦，梦里有你，又好像没有你，你只是站在上空去看、去观察。

至于电影里的故事，就让它们自然而然地发生，谁在演、谁在看、谁在讲、谁在唱、谁在哭、谁在笑，他们说了什么、做了什么、你听到了什么、看到了什么，这一切的一切对你来说，都不重要。

让所有事物自然地运转、自动地发生，任时光冉冉、与之保持距离，不要参与其中，更不要去加以控制。

4. 出境

等电影结束后散场，当所有一切被重新拉回现实，当你回过神来的时候，不要急着起身就坐在原地，保持原本的姿势不要移动。

因为，这是我们等了 90 分钟，等来的最重要的时间段，也是我们经历了前面所有准备后，开始收获的时刻。

如果，你真的进入了那种忘我的状态，这个时候的你将会感受到一种很特殊的体验。

①时间

就像我们在做梦的时候，时常会感觉自己在梦里待了很久，可能是一天、两天、一星期或者一年，等等，但实际上，我们可能才刚刚入睡，过去的时间只不过是短短的 5 分钟罢了。

观影入梦亦是如此，其中最显著、最直观的感觉就是时间。

如果，这部电影的剧情时间跨度很大，几个月、几年，甚至主角一生的时间，那当你从观影状态中跳出来时，也会同样感觉到好像度过了几个月、几年，甚至已经度过一生时间的错觉。

而下一刻，当你彻底清醒之后，又会出现另外一种错觉，就像刚刚坐下不久，一切犹如昙花一现。在那个刹那芳华的瞬间，你就已经经历了一个漫长又短暂的梦境，好像刚刚坐下什么都还没看呢，电影就已经结束了。

②回忆

那种清醒入梦的状态，说其是入梦、入定，又像是一种自我创造的走神，但是两者之间却有着本质上的区别。

走神更多的时候会遗忘，我们会忘记刚刚身边的人讲了什么，我们经过了什么地方、坐了什么车、错过了什么站，等等。

而观影入梦恰恰相反，它更像是真的做梦，虽然我们没有刻意认真去观看电影的内容，但是剧情会像梦境一样，自动在我们脑海中形成具体的影像。

这个时候，如果用忆梦的方式来回忆，就像我们早晨记梦前的准备一样，只要你愿意去想、去回忆，这张电影票就绝对不会浪费，电影的内容一直就在，从来没有错过，也从来没有消失过。

另外，这其实也是一种另类的练习回忆梦境的方法。

③落差

当我们起身离开，走出电影院或者关闭电视机的时候，无论是心灵还是身体，都会出现一种奇怪的落差感。

那就像是刚从另外一个世界穿越回归，身上还临时携带着多余的能量似的，我们的身心都会特别愉悦、脚步加快、身体轻盈……

当然，这种穿越时间的落差感，并不会持续很久，通常都可能只是一个瞬间，随后就消失得无影无踪。

但不要为此感到失望，也不要试图去把握这种落差感，当真正掌握了观影入梦的技巧以后，未来的你们，还可以做得更好，体验更多。

总的来说，观影入梦是一种可以在现实生活中练习和训练的入梦方法。

我们把电影假想成梦境，把荧幕当作梦屏，将所有的剧情和对话，视为潜意识为我们编织的一场普通梦。

我们能站在旁边观看，却又不能参与和掌控，我们把自己从观众的位置抽离出来，脱离这个时空的束缚，变成真正的上帝视角，让一切不加控制、自然而然地发生。

这时，你在做的、在看的、在体验的，就不再是一场单纯的普通梦，而是在清醒状态下做的一个真真正正、实实在在的清明梦。

友情提示

①刚开始体验观影入梦的时候，最好不要选择恐怖片来进行实验，不然那种从梦境中脱离后的落差感，可能会把你吓得魂飞天外。

当然，如果你特别喜欢惊喜和刺激，愿意尝试一下"清醒噩梦"，那么这条建议也可以忽略不计。

②观影期间，还有可能会出现另外一种特殊情况，就是不知从什么时候开始，你就已经真的睡着了。

如果遇到这种情况不要着急，也不必惊慌，一般情况下我们都会在电影结束前自动醒来。

依旧是停在原地，保持原来的姿势进行忆梦练习，你会发现自己刚刚做了一场跟所看电影剧情相似的梦境。

简单的记录之后，可以再买一张电影票，重新回来再看一遍，你会惊喜地发现自己赚了，自己看了两部演员阵容相同、剧情却不尽相同的同人电影，而且这部电影还是独一无二、独属于你的版本。

第七章　喂梦

不挑食，是个好习惯。

在我们的整个人生中，除去在娘胎和婴儿的某些时段，绝大部分时间，我们梦境的素材来源，都可能来自现实中的某种接触。无论是看书、看电视、看电影，还是玩游戏，这些都是梦隐小时候最大的兴趣，也是从小培养而成的一种，可以从其中获得满足感和无限乐趣的爱好。

前文梦隐曾说："少读书、少看报、少吃东西、多睡觉。"

这句话的含义，指的是在初始阶段尽量少看一些技术、技巧类的书籍和文章，看得太多反而可能会影响自己练习的进程。

不过，当我们充分体验了清明梦的乐趣，并且能够时常进去清明梦境之后，大量的阅读反而会使我们的梦境变得丰富多彩，成为另外一个样子。

在歧梦谷的梦友群里，熟悉的梦友都知道，推荐电视剧和电影，是梦隐最爱做的事情之一。除了影视作品可以让我们在白天也能进入清明梦的状态外，其中的各种素材和情节，对于我们来说也是不可或缺的礼物。

我们的另一半（潜意识），有时候就像一个大胃王，对于各种事物的需求和求知欲是无穷无尽的，并且它就像一个黑洞似的永远也无法填满。

上学时，梦隐是个学习很差一直吊车尾的学生，现在想起那些没日没夜租书、追书的日子，还是有些感慨年轻的好处。或许你无法想象，疯狂起来的我们，能量真的超乎我们自己的想象。

不知道你们有没有试过，把一个书店的书，看到无书可看是一种什么样的感觉，不管是小说、文艺的、武侠的、爱情的，还是无人问津的杂项，都为梦隐留下过深刻的印象。

现在能够记起的，像是围棋、象棋的棋谱和基础入门，麻将的记番技巧、扑克牌的出千方法，还有瑞丽、知音、漫画、故事会，甚至是对那时的梦隐来说，有点跨越年龄段的育儿百科、接生技巧、各种动物的驯养方法、花草树木的嫁接、摩托车、拖拉机等具有年代性的机械设备的维修方法，等等。

可以说，不分类别、不分性别、不分年龄阶段，只要是书店里有的或是能够借到的书，梦隐全都会看，这个习惯一直延续到现在，阅读依旧占据着日常生活的大部分时间。

看电影则是另外一种乐趣，据不完全统计，李连杰主演的《太极张三丰》，梦隐前前后后可能看了将近 300 遍。小时候家里的电视只能接收到两三个频道，物资匮乏的年代可看的内容不多，大多数时间电视里的内容都是在重复播放。

老家的一个地方台，只要一到周末，就会播放这部电影，而梦隐每次都会坐在电视机前，看得津津有味，这或许也是被动养成重复观看习惯最重要的原因。

后来，有了录像机、VCD、DVD，租录像带和影碟就变成了另外一个乐趣，《现实覆盖术》就是在那个年代成型的。

紧接着，是电脑和网络的流行，极大程度上方便了我们的日常生活，各种大大小小的电影网站，让梦隐像是一只掉进了粮仓的小老鼠，仿佛来到了天堂。

跟学生时代的阅读习惯一样，刷电影成为梦隐人生中更大的乐趣来源。和大部分人不太一样的是，梦隐有个怪癖，就是看电影从来不挑片子，几乎都是在网上随便找个电影网站后，就开始从最后一页往前看，一直刷到第一页，然后再换个电影网站继续观看。

不管是经典大片、科教视频，纪录片、还是小成本的垃圾电影都不放过，有些特别有意思的电影，还会重复观看，但是一般都控制在五遍左右。

一直到后来，真正开始探索和研究梦境，在回顾自己的过往做总结的时候，梦隐才发现，这种不挑食的方法，其实才是成就自己梦境可以无限扩展的一个重要因素。

聊天时，曾经有许多梦友问过梦隐，这种不做选择的习惯真的好吗？会不会浪费很多不必要的时间，比如一些完全不符合逻辑、没有意义，又满屏五毛特效的垃圾电影。

梦隐几乎从来不作正面回答，只是会反问："你晚上在做梦时，可以主动选择想做美梦、噩梦或是春梦吗？"

随着互联网不断更新迭代，小视频成为当下最火的项目，无论是抖音、快手还是视频号，它们都会在无意间占据着我们大量的时间，碎片化的信息成为主流，就像五颜六色的积木一样，组成了我们日常生活的画面。

很多人在拿起手机前，都会在心中再三确认，这次只看五分钟，然后就去户外锻炼身体，放松一下身心。但实际结果往往是，一刷就刷了3个小时，完全沉迷其中，外面天都已经黑了，他还依旧抱着手机在津津有味地刷着各种视频。

很多人不理解，对这种现象感到困惑，也有各种机构在不断研究，并提出这是人们对精神层面上的一种追求，是为了寻求神经上的快感。这种刺激感和满足感会激活我们大脑中的多巴胺产出，而这种脑内分泌物主要负责传递大脑的兴奋和开心等信息，也与上瘾现象密切相关。

然而，如果站在做梦的角度来看待这一切，或许会是另外一个不同的答案。

知识碎片化也就是我们每天翻阅知乎、贴吧、微博、抖音、朋友圈和歧梦谷等各种平台上的内容，当我们看到这些信息时，除了能够记住标题，里面其他的细节和内容能记住的却是微乎其微。

这种现象并非只是单纯的刺激大脑中多巴胺的产出，而是和我们前文在谈恋爱的章节时提到过的其中一个案例有些相似，就像刻意模仿会引起对方潜意识的好感一样。我们观看各种小视频的行为，只是在有意无意间契合了潜意识的运作模式，才成就了现在这些短视频平台的崛起。

如果重新回顾一下前面所学的知识，我们会发现梦境原本就是潜意识帮助我们整理日常生活中碎片化信息时的一种产物。也就是说，从我们出生开始，潜意识就已经习惯了这种碎片化信息出现的行为和处理模式，我们只要刻意去模仿这种模式，就会形成一种上瘾性，因为这原本就是潜意识最喜欢的形式。

从各式各样的案例中，我们可以总结得出一个结论，对梦的研究，无论是在情感、欲望、科学、哲学，还是在商业上都有着巨大的作用。

就像，如果有一天"梦境成像"的技术真正成熟，当我们每个人每天晚上的梦境都可以被自动转化为动态视频呈现出来。那时候，我们将会重新超越 AI 自动画像，成为真正主流的视频内容创作者。一定要相信自己，我们人类大脑的创造力无可比拟，这是 AI 花费再多时间，也难以超越的。

通过观察自己梦境的内容和运作规律，不仅会使我们对生活的掌控力和创造力，变得越来越好，也会让我们的生活内容，变得越来越丰富多彩。

甚至，如果掌握梦境和现实中某种运行规律的互通性，我们还能发明和创造出另外一种全新的生活方式。

第八章　观梦的意义

在网络上常听到这样一句鸡汤：人生就是一场修行。

那么，什么是修行呢？

简单点说，修行就是在不断打破自己原有的三观，并重建的一个过程。

每个人在出生后，都会因为环境、家庭和教育的影响，在经历长期、并且漫长的学习与成长过程中，潜移默化地形成自己独有的视角，我们称之为三观，也就是所谓的世界观、价值观和人生观。

然而，清明梦对于很多人来说，都是一个全新的领域。它是一个有别于我们现实世界的梦境空间，在这个截然不同的世界里，一切都是虚幻的、是虚假、虚无缥缈的，而我们的学习，就是要打破这种认知，并重建的一个过程。

作为人类，我们拥有显意识和潜意识这两套完全不同的认知体系，它们平时各司其职。用所有人都可以理解的话来讲，我们可以简单地把两者区分，一个掌控我们清醒时候的思维和行为，一个掌管我们沉睡之后的梦境世界。

换句话说，我们每个人都可以被看作是天生的精神分裂症患者，每个人都拥有着两个极其相似但又毫无关联的独立人格。

想用清醒时的意识去进入另外一种意识所掌控的世界，最好的方式就是顺其自然。我们需要学习和掌握的，首先就是撬动自身的设定、认知，老旧并且固有的观念，也就是打破老三观。

在显意识和潜意识之间打开一条裂缝，让这两种意识拥有一丝共同点后，慢慢使它们自然而然地开始相通、连接、同化，最终再紧密地结合在一起，不分彼此。

从学习的难度上来看，无论是潜控还是显控，都是直接或间接去影响潜意识的方法，但是万变不离其宗，无论是哪种方法，其最根本的核心还是自我暗示。

夫妻相、夫妻相！

既然是自我暗示，那又有哪种方法会比长期的潜移默化更直接呢？就像所谓的夫妻相，两个人在一起生活、相处久了，无论是作息时间还是生活习惯，都会从最初的相互影响，经过不断磨合，逐渐走向最后和平共处的阶段。

看到这样的例子，很多梦友可能会不太乐意，为什么我学习要辛辛苦苦地做各种练习，而有些人天生就会做清明梦呢？

天赋只是决定了最终成就的下限，基础才能决定我们所能成就的上限。

在任何时候，永远都不要低估我们自身的潜力。那些天生就会做清明梦的人，只是在恋爱过程中，碰巧遇到了女生倒追的幸运儿，难道长得不好看、没有钱，就没有谈恋爱和约会的基本权利吗？

任何文化、技艺的传承，都是一种经验的累积和分享，清明梦也不例外。

当我们开始接触清明梦，开始尝试练习忆梦、记梦，以至于后来的观察和分析梦境，你会发现即使没有清明梦的体验，我们依然能够从梦境中得到一些意想不到的收获。

日常生活中，除了需要学习各种生存技能之外，我们还要学会很多为人处世和处理各种事物的方法。当遇到一个人，我们应该怎样对待？当遇到一件事，我们应该怎样处理……

现实中这些烦琐而棘手的问题，在大多数梦境里都能够很轻松地找到相应的答案。把梦境当作现实来体验，去经历、去总结，我们就能够避免自己重复犯错的机会，缩短自己在某件事上投入的成本，同时也能加快自己体验清明梦的进程。

想要解开这一切，我们需要学会自我分析和解读自己的梦境。

或许很多梦友会问，我们是不是也需要学习如何解梦呢？

是，也不是！

在古时候，有这样一个著名的寓言故事，讲述了一个寒窗苦读数十载的秀才，想要考取功名，于是就上京参加科举并住进了一家客栈。

当天晚上，他做了三个梦。第一个梦里，他梦到自己在城墙上种植白菜；第二个梦中天空下着大雨，他梦到自己戴了斗笠穿着蓑衣，还打着雨伞；第三个梦则是梦到他跟自己心爱的表妹光着身子背靠背躺在床上。

醒来后，他觉得这三个梦似乎有些深意，于是秀才就赶紧找到一个算命先生帮他解梦。

算命先生听完后，连拍大腿说："你最好还是回家吧，这次科举没啥希望，你不会中的。"

秀才急忙问道："为什么呢？"

算命先生解释道："你想想看，第一个梦里，白菜种在城墙上，种了也是白种。城墙上的土都是经过烧制的，根本不适合种菜，这说明你考了也是白考，一切都是徒劳。"

"第二个梦中，下雨天穿着蓑衣和戴着斗笠就足够了，而你却还打了雨伞，这不是纯粹多此一举吗？说明啊，这次考试对你来说纯属多余。"

"至于第三个梦就更有意思了，你居然大白天和姑娘睡在一张床上，这不是白日做梦，异想天开吗？"

听完算命先生的解释，秀才万念俱灰，回到所住旅店就准备收拾行装回家。

客栈掌柜看到这一幕，非常奇怪，就问："不是明天才开始科考吗？你怎么今天就要回乡了？"

于是，秀才将昨天晚上的梦境和算命先生解梦的事情，都跟掌柜讲了一遍。

弄明白个中缘由，掌柜哈哈大笑，说道："好梦，好梦，这是好梦啊，这三个梦都是吉兆，可以保你金榜题名。"

紧接着，掌柜又进一步解释道："你看城墙上种白菜，这是什么？这是高种啊，说明你这次一定会高中；穿着蓑衣打着伞，这说明你是有备而来，这次考试肯定万无一失；而和表妹背靠背一起躺在床上，意思是说你该翻身了。"

秀才一听，觉得很有道理，于是决定继续在客栈住下。第二天，他精神焕发地参加了考试，果然高中状元。

　　虽然这只是一个传统的寓言故事，但我们可以在其中看到解梦的存在，同一件事情在不同角度的解读下，可以得到完全不同的结果。

　　因此，梦隐希望梦友们记住以下几个观点：梦境是一场特殊的体验，没有好坏之分，有的只是我们了不了解和看没看懂而已；梦境是一切发生转变的契机，福即是祸，祸即是福，两者转变仅仅在你一念之间；梦境是独属于我们自己的迷你假期，只跟我们个人有关，千万不要被固定的条条框框所束缚。

　　此外，梦隐也想给学习清明梦的控梦师们一个小小的建议，梦境没有正反、对错之说，在给自己或别人解梦、分析梦境的时候，请尽量保持善意地往好的方面去解读，这才是作为一名解梦师存在的意义和使命所在。

第九章　控梦，真的需要技巧吗

控梦，其实就是在一个事物的两个极端跳舞。

如果从身体入手，就是在身体健康和强壮的时候容易进入清明梦，在身体虚弱和多病的时候也容易进入清明梦；如果从意识入手，就是在意识清醒和精神状态良好的时候容易进入清明梦，在意识模糊和精神萎靡的时候也容易进入清明梦。

在情绪极度疲惫与舒服之间，存在着一个临界点；在愤怒与愉悦之间，也存在着一个临界点；在悲伤与开心之间，存在着一个临界点；在冲动与冷静之间，也存在着一个临界点；在期望与失望之间，存在着一个临界点；在幸福与痛苦之间，同样也存在着一个临界点……

只要能够学会在两个极端之间，掌握平衡的同时，还能随时来回跳转，那么清明梦对你来说，将会是一件非常简单的事情。

随着网络的不断发展，关注到清明梦这个领域的人也越来越多，愿意讨论和交流的梦友们更是口益增加。

常常看到一些新手玩家，在歧梦谷或网络上各种社区、贴吧、QQ群、微信群中，一旦遇到一个人在讨论控梦技巧，他们就会急匆匆地跑过去，想要询问关于清明梦的各种问题。

但是每次当梦隐反问他们，现在能不能做清明梦，是否已经养成写忆梦日记的习惯时，他们却又没那么急迫了。这给人一种很奇怪的感觉，似乎在他们看来，这一刻会不会做清明梦无所谓，只要能知道一个控梦技巧、一个简单的知梦方法，下一刻他们自然而然就能学会一切。

这个奇特的现象，引发了一些有趣的问题，我们可以深入探讨一下。

第一个问题：控梦，真的需要技巧吗？

答案是肯定的，需要。

为什么需要呢？其实，真要说起来，清明梦本身就是一种技巧，是练习控梦所需的基本功。

此时，第二个问题，就变成了比较关键的部分。

学习清明梦和控梦，需要学会多少种技巧，才能夜夜清明，才能够控制自如呢？

这里有个很有意思的答案，只需要一种技巧就够了。

没有听错吧？只需要一种？为什么呢？

其实，很简单的道理，看似千变万化的技巧，无非就是在几种基础方法上，进行了相应的改良而已。

这也是为什么网络上很多技巧和方法，看上去都差别不大的最重要的原因。因为，在最核心的底层，其内在的很多东西都是相通的。

虽然很多梦友一直走在寻求各种方式和方法的道路上，创造了很多好玩且有趣的东西，也给新来的梦友们提供了一个又一个不同的尝试方向，但是也有一些人却在深入探索过程中，慢慢忽略了清明梦的本质，忘记了清明梦在最初只是一种心理现象，而不是物理现象。

梦隐常说："清明梦的基础在于心态，而不是技巧。"

简单来说，清明梦从来都不是依靠各种技巧堆砌起来的一种体验，而是依靠心态来调整自身的一个过程。

可以说：只要心态对了，一个技巧走遍天下；只要心态不对，走遍天下你也找不到一个有用的技巧。

为什么是心态呢？

前面已经讲过，学习清明梦本身就是一个调整心态，进而调整自身，促使其自然进化的一个过程。

众所周知，恐惧、激动、紧张、亢奋，等等，这一切过激的情绪，都是清明梦的天敌。只要我们在梦中情绪波动太大，就必然难逃频繁被踢的命运，而这也是为什么我们将"梦境停顿术"作为核心技巧的原因之一。

当在现实生活中遇到运动过量，情绪激动的情况时，我们最常用的一句话，就是："快坐下、休息一会儿、休息一下、别着急……"

而在梦境停顿术中，我们讲述的是什么呢？

其实，就是让你知梦后，在梦里坐下来，停下来，休息一会儿，多观察一下周围的环境，同时，顺便调整一下自己的情绪和心态。

至于，为什么文章里没有明确地提到情绪，也很简单。因为，当你专注于观察某样事物的时候，你还会在意自己的情绪吗？

只要能够停下来认真观察，你的呼吸就会自然而然变得平稳，至于那些紧张、激动、害怕或是兴奋，早就已经在不知不觉中自动离你远去。

大部分时间，过度执着于技巧，就像迷恋上你根本不需要的事物一样。很多梦友喜欢追根溯源、刨根问底、遇到任何事都想要搞个清楚，问个明白。梦隐个人觉得，一旦你开始提问，并且不停寻找答案的时候，你的方向就已经走错了。

这就像传说中的解毒草药，总是在剧毒之物周围生长一样。实际上，我们所需要的很多答案，其实就在离我们最近的地方。

大道至简，最简单的出发点往往就是我们自己最需要注意和关注的地方。然而，奇怪的是，太接地气的东西往往都得不到更多的关注。知易行难，无论是做人、做事，还是做梦都是如此，而我们之后要讲的大部分内容，都是最接地气，也是最容易达到的。

甚至最后你会发现，有许多听上去很高深的东西，其实都是我们小时候就已经知道并且原本就会的，只不过无论当时的你，还是现在的你，都不曾去在意和留意而已。

重要的话，再重复一遍：清明梦从来都不是依靠各种技巧堆砌起来的一种体验，而是依靠心态来调整自身的一个过程。

只要心态对了，一个技巧走遍天下；

只要心态不对，走遍天下你也找不到一个有用的技巧。

相信尝试过的梦友应该都会深有体会。试过了一个技巧不行、再试两个不行，那么尝试一百个，甚至一万个的结果也都相差不大，几乎不会出现太多改变。因为在清明梦的练习上，追求技巧数量的多少，并不会引起质的变化。

　　然而，如果一切反过来，当你已经成为一个能够夜夜进入清明梦的高手时，不需要去做任何特定的练习，你自然而然就能掌握几百、几千，甚至几万种完全不同的技巧。

　　其中的区别就在于，新手是需要依靠寻找各种方法来进入梦境，而高手则是为了进入梦境去创造各种方法。

第十章　登天梯

虽然，心态的重要性不言而喻，梦隐也很少去过多谈论技巧和方法。

但是，有的梦友还是会问，不是说练习至少需要一个技巧吗？究竟是什么样的一个技巧，才能走遍天下呢？

这个问题的答案太多，梦隐也无法给出一个确切或者标准的答案。

因为每个人的体质、认知和经历各不相同，造成的个体差异也完全不同，所以每个梦友需要的方法和技巧各不相同，在练习中所遇的问题和做出的选择也会完全不同。

总的来说，有些梦友适合从梦中知梦入手，有些梦友则更适合从清醒入梦开始；有些梦友可能适合潜控，有些梦友则可能更适合显控。

毕竟，每个人学习清明梦的目的也不相同，有些人就是单纯为了玩耍，有些人是想在梦中学习知识，有些人是为了在梦中锻炼身体，有些人则是希望在梦中探索未知领域……

无论你的学习目的如何，都请记住一句话：好的控梦师不是教出来，而是带出来的。

虽然心态很重要，但对于一些刚入门的梦友来说，可能会感到无从下手。在这种情况下，梦隐可以推荐一个简单的方法，也是梦隐在现实生活中最常讲述的一个技巧——登天梯。

没错，登天梯，很普通且俗气的名字，却胜在形象，而且是非常贴切。

众所周知，在显控领域，目前进入清明梦的方法有两种，一种是梦中知梦，另外一种是清醒入梦。

梦中知梦的训练，主要依靠潜移默化的暗示、忆梦日记和日常生活中疑梦、验梦的练习，以及坚持不懈的努力，从而获得清明梦的相关体验；而清醒入梦的训练，主要偏向于临睡前身体和心灵状态的调整，意在模仿和创造一个轻微的压床状态，并主动去诱发一些震动、耳鸣等各种反应，以获得出体梦和清明梦的相关体验。

那么，现在咱们要讲的这个技巧非常有趣，它不但包含了日常练习和心理暗示，同时还涵盖有临睡前的训练和身心状态的调整，可以说是一个练习梦中知梦和清醒入梦的通用技巧。

· 登天梯

严格来说，我们可以把登天梯的训练分为两个部分，一部分是日间的实际操作，另外一部分是临睡前的观想练习。

在正式训练开始之前，梦友们需要先进行一些自我调整，满足以下几个基础要求，然后才能进入下一步。

· 静心

无论是日间练习还是临睡前的夜间练习，都需要梦友们先自行掌握 1~2 种静心的方法。

调整呼吸，以便能够快速稳定心神，放慢内心的躁动和不安，让自己平静、定住、停下来……

初期的要求并不高，以深呼吸为主就行，以保持冷静和舒缓，不烦躁、不着急、脑海中没有太多胡思乱想的思绪为界即可。

（其实，这个世界上最厉害的静心和放松方式，就是睡觉本身，因此在睡回笼觉的时候进行练习，会让一切变得更加容易。）

· 楼梯

无论是家里、上班还是上学，我们的练习都需要一段长度适中的楼梯，这个楼梯最好能超过 10 阶且越多越好。当然，如果你的附近有登山公园的话，登山梯也是一个不错的选择。

（除非住在类似歧梦谷这样的深山老林里，否则这个要求对于现代人来说，应该都不是问题，无论是商场还是超市，应该都可以找到我们所需要的楼梯。)

·会当凌绝顶的体验

这是登天梯整个技巧中最为关键的一个点。如果你没有过类似的体验，可以尽快抽出时间，寻找自己所在城市里最高的大楼、山顶或者一些对外开放的观光塔，等等。

登顶后去体验那种，站在大楼的最高层，张开双臂感受微风吹过的清爽，放眼望去一览众山小的豁然，低头向下满眼都是玩具大小的汽车、蚂蚁大小的行人和房屋的惊奇。如果有恐高症的梦友，刚好还可以同时体验一下手心发麻、双腿发软、头晕目眩的感觉。

当然，这么做的目的，并不是为了让梦友们去旅游或欣赏风景，而是让各位可以记住站在那里的瞬间，看到此时此刻、此情此景的氛围、感觉和景象。

（梦隐很严肃地提醒一句，不管是在高楼大厦，还是高山峻岭，站在比较高的地方时，请不要随意尝试任何危险动作，以自身安全为主。）

·练习方法

登天梯，就是一种让自己身心彻底放松之后，再去观想自己眼前有无数阶梯，然后需要平心静气逐级向上攀爬，在接近力竭或是即将登顶的时刻，再奋力向上纵身一跃，寻找从自己身体内跳出来，随之进入清明梦境的一种技巧。

正如前文所述，登天梯的练习分为以下两个部分：

日间练习：

登天梯的日间练习，其实就是基础要求之三，即寻找和体验会当凌绝顶的感觉。

不过，由于现代人的生活节奏越来越快，让我们每天抽出一点时间去看看视频还行，跑到很远的地方去爬楼和登山，确实有点强人所难。因此，我们现在要介绍的，算是一种改良之后的优化方案。

·第一步：准备条件

梦友们可以先就近寻找一个 6~8 层高的楼房，如果实在没有，至少也需要寻找一个两层左右的楼房，大约有 30 级台阶的楼梯即可。

无论你是学生还是上班族，学校里教学楼的上下楼梯、宿舍的楼梯，公司楼梯间里的逃生楼梯，等等，都是我们进行日常练习的最佳场所。

·第二步：爬楼

选定好训练场地，不要急着开始攀爬，先做几个深呼吸，让自己平静下来，保持内心宁静、心无杂物之后，再尽量缓慢地踏上楼梯。

特别提醒：

在上楼梯时，需要注意一个细节，以前上楼大部分人为了可以踩得踏实，几乎都是全脚掌着地的。也就是说，我们会在不经意间，把整个脚掌全都踩在楼梯上，以便保持平稳，这样也更方便快速攀爬楼梯。

但是，梦友们在做登天梯这个技巧的日间训练时，需要改变日常中的生活习惯，要把全脚掌改为前脚掌，就是从整只脚掌到二分之一，再到三分之一脚掌的转变，最后逐渐减少脚掌接触面积，达到只有脚尖踩在楼梯上，就能正常上下楼梯的程度。

前脚掌着地后，再慢慢把腿伸直，身体自然向上移动。与此同时要关注脚后跟悬空后的下坠感和小腿肚的紧绷感，并尽量努力记住这些感觉。

如此不断地循环、重复，直至攀爬到楼顶为止。

·第三步：感受记忆

登顶之后，拥有任何感觉都不要急躁，站在大楼的最高层，感受着微风吹过的清爽，放眼望去一览众山小的豁然；如果有恐高症的梦友，可以重点关注一下手心发麻、双腿发软或是头晕目眩的感觉。

记住在运动中登楼梯的感觉，以及登顶之后身心疲惫的感受，最好能静下心来，认真体会一下自身的每一个部位，记住当时的肌肉反馈，这些对我们晚上的练习来说都至关重要。

经过以上三个步骤，日间练习就结束了。

需要注意的是，并不是每次都需要去攀爬到很高的楼层，对于平时疏于锻炼的梦友来说，可以从一楼到三楼开始，逐渐增加上楼的层数。

另外，也不是每次都需要站在楼顶，只要有过一次这样的经历，随后在闭上眼睛的时候，可以回忆起那种舒畅或者难受的感觉，就可以直接单纯地去做爬楼练习即可。

夜间练习：

·第一步：依旧是静心

在完成洗漱之后、上床之前，可以进行一些简单的放松训练，配合尝试一些深呼吸，等等，放松自己的身体和思绪。

·第二步：记忆回顾

躺在床上，放松身体之后，回想白天的日间练习。想象着自己回到了楼梯间，正在体验攀爬城里最高的大楼，回忆自己缓慢又坚定的步伐，前脚掌着地、小腿自然蹬直、身体向上移动的同时，关注一种莫名的下坠感。

如此不断地反复，以逐渐进入登顶状态。当你找到那种感觉，在最困、最累的时候，继续回想登顶时的感受，想象着自己用力推开楼梯间的大门，站在顶楼的边缘，感受着微风吹过的清爽、放眼望去一览众山小的豁然，低头之后满地都是玩具大小的汽车、蚂蚁大小的行人和房屋的惊奇；回想自己站在楼顶时的身体状态，手心发麻、双腿发软、头晕目眩的感觉，感受到身体的震动或异样之后，奋力向上，一跃而出。（注：梦境中的动作，现实中请勿模仿。）

经过一个短暂的黑屏，你会看到前方的光亮。此时，你会发现自己重新回到了楼梯起始的地方或是回到大厦的广场之上。在沉重的下坠之后，你会感受到身体不由自主地失去重量，仿佛能够轻轻飘浮起来一样。

当你睁开眼睛，会发现眼前的景物依旧是自己的房间，四周还是最熟悉的场景，通过扳指、捏鼻、咬唇等一系列的疑梦、验梦之后，你会意识到自己早已身处梦境，并且成功实现了出体，进入了清明梦境。甚至回过头来，你还能看到自己的身体，依旧躺在床上。

这里请注意一点，当你真的看到自己躺在床上的时候，不要紧张，也不要兴奋，因为你已经身处梦境，出现任何场景都是合理的，无须担心。

此时，我们可以回忆一下《梦境停顿术》里面的记载，也可以回想一下曾经学过的相关知识。

不要急着离开房间，我们可以选择原地坐下之后，认真并且仔细地观察一下周围的一切，房间里的摆设、床头柜上的物品和天花板上的裂纹，等等。

在梦境百分之百地稳定，还没有崩溃的时候，你还可以尝试一下，在梦里记录自己现实中的故事，想想自己是谁，你在哪里睡觉，有哪些家人，睡觉前吃的什么东西，等等。

配合日间和夜间的练习，我们可以更好地掌控自己的身体和梦境，借助这些方法和技巧，我们不仅能够强身健体、锻炼意志力和专注力，还能享受清明梦所带来的愉悦，拓宽我们的思维和想象力，这或许就是登天梯这个技巧存在的意义。

友情提示

爬楼也是日常生活中一种常见的健身方法，不过，想要有效地锻炼身体，我们需要掌握正确姿势，才能达到减脂和健身等效果。

虽然登天梯的训练和爬楼有异曲同工之处，但在姿势上却有着细微的差异，需要梦友们锻炼时自行调整。

第四部 · 筑梦篇

在混乱里，找到那条最简单的路。

第一章　梦境的进化

经过不断的努力和学习，通过入梦、忆梦、记梦、知梦和观梦等一系列的训练，逐渐掌握和提升了自己的控梦能力，在一段时间之后，大部分梦友的梦境世界都会发生翻天覆地的变化。

然而，筑梦期这个阶段就像修梦路上的一道分水岭，挡住了许多控梦师前进的道路。因此，许多玩家会选择跳过这一步，直接进入控梦阶段，在梦里纵横捭阖，尽情体验和享受控制梦境带来的乐趣。

在网络上，经常会看到许多梦友分享自己的梦境时，在忆梦日记里面都会提到类似的描述："我已经玩够了……感觉清明梦也就这样……没什么新意、能玩的都尝试过了……"

然而，他们并没有意识到，这实际上是过早地体验控梦的乐趣，导致自己错过了另一个重要起点的表现，而这个起点也是他们在随后的实践中，尝试了各种体验后，无法真正发挥控梦的潜力，最终坚持不下去的最重要的原因。

当然，如果只是想简单体验一下清明梦，验证一下清明梦是否真的存在，或者只是单纯想获得一个美妙的梦境、一种良好的心情和一段不同寻常的经历，那么，对于这一部分梦友来说，重复去阅读本书的前三部，按照书中谈恋爱的方法去练习即可。

前三部的内容几乎包含了基础练习的全部，足以满足他们的需求。

而后续的几部则是给那些真正想要成为控梦师的梦友们准备的，因为，这部分内容不仅需要有耐心和恒心，还几乎需要我们用一生的时间去实践和验证。

如果说前三个阶段的练习中，记梦是一切基础中的基础，那么筑梦期的初始地，就是让清明梦这款游戏彻底稳定下来的契机。

在现实生活中，除了电视、电影、小说、歌剧等休闲娱乐的项目外，游戏也是一个不可忽视的重要组成部分。

众所周知，很多电影、小说、歌剧、绘画等艺术作品，最重要的一部分创作灵感就来自梦境，而游戏便是我们所说的清明梦本身，它可以将清明梦境的特性完美呈现。同样的，清明梦作为一种全新的游戏形式，更是将游戏与梦境紧密结合。

通过清明梦，梦友们（玩家）可以在梦境中创造一个完全属于自己的游戏世界，并在其中体验超越现实的奇妙和想象力的无限扩展。

可以说，清明梦不仅仅是一种玩乐、消遣的活动，更是一种探索和挑战自我的方式。在控梦师的游戏世界中，梦友们可以化身为游戏中的各种角色，在展开各种冒险和挑战的同时，还能享受探索梦境的乐趣。掌控梦境的主导权，让梦境成为自己的创作舞台，这也是每个梦友都梦寐以求的能力和体验。

既然游戏和梦境冥冥之中有着一丝某种联系，那么，在真正推开清明梦的大门之前，我们就先来聊聊游戏的进化史。

从古代的竞技比赛，到如今的电子游戏，游戏不仅是一种休闲娱乐的方式，更是一种文化交流的载体，它早已在不知不觉中，成为人们日常生活中不可或缺的一部分。

现如今人们对待游戏的态度已经发生了巨大的改变。以前很多人认为游戏是有害的，甚至将喜欢玩游戏视为不务正业。但是，随着时代的进步和社会的发展，人们的观念也在不断发生转变，游戏不再被当作洪水猛兽，电子竞技成为正式的体育项目，并延伸出了一些职业选手和专业战队，等等。

然而，尽管玩游戏的人越来越多，但大部分人对游戏的了解仍然不够深入。很少有人知道在现代游戏兴盛之前，看似人人可玩的游戏几乎都只是贵族的特权。

· 古代游戏

根据人类学的研究，古代的游戏起源于原始的祭祀和生产劳动，现在的很多游戏，在古代可能只是巫师在进行祭祀活动时，某些神圣仪式的组成部分。早期的游戏大多是为了让神感到满意而创造的，无论是为了让去世的亲人安息，还是期盼能有个好天气，无论是感谢丰收，还是祈求健康，这些活动大多都是具有特殊使命的。

例如，斗鸡、斗牛、拔河、赛龙舟，等等。

随着人类社会不断发展，这些祭祀活动中的某些仪式逐渐演化成一种冒险的娱乐活动，人们开始追求其本身的乐趣。当它们完全脱离了宗教色彩，使命转变成为让人们自己快乐时，真正的游戏就诞生了。

例如，马球、蹴鞠、局戏、射覆、围棋、象棋，等等。

·现代游戏

现代人们口中的游戏，更多的是指电子游戏。电子游戏又可以简单地分为单机游戏和网络游戏两大类。

从 1952 年最早的井字棋游戏开始，经过不断地演化，电子游戏在技术和玩法上都发生了翻天覆地的变化。从我们小时候玩过的魂斗罗、超级玛丽、吃豆人、雪人兄弟，街机的恐龙快打、拳皇、街霸、侍魂，到 PC 端的暗黑破坏神、红警、星际争霸、帝国时代，再到如今的王者荣耀、和平精英，甚至是体感、AR、VR 游戏，等等，游戏已经成为一种被广泛接受的全民娱乐方式，尤其是在 90 后和 00 后的年轻人中，玩游戏的人越来越多。

·游戏的分类

玩过游戏的人很多，但真正细心去观察和研究的却是寥寥无几，在这么多年的不断更新迭代中，游戏的进化史可以简单地划分为以下几个类别。

第一类：单机无储存

即时游戏：只需要打开就能玩，而一旦玩完就结束了，下次再玩又要从头再来。

例如，街机、红白游戏机，等等。

第二类：单机有储存

单机游戏：在原有的基础上增加了存档功能，下次开局时，可以选择直接从上次结束的地方开始。

例如，俄罗斯方块、仙剑奇侠传等单机游戏。

第三类：网络游戏（联网无储存）

网域游戏和部分互联网游戏

网域游戏：未接入互联网的情况下，在一个内网中两台或更多台机器进行对战的游戏。

例如，红警、星际争霸、帝国时代、冰封王座，等等。

部分互联网游戏：接入互联网，可以进行多人同时在线对战的网络游戏。

例如，王者荣耀、和平精英，等等。

第四类：网络游戏（联网有储存）

网络游戏：又称在线游戏，是通过联网进行的多人电子游戏。指以互联网为传输媒介，以游戏运营商服务器和用户计算机为处理端，以游戏客户端软件为信息交互窗口，旨在实现娱乐、休闲、交流和取得虚拟成就的具有可持续性的个体性多人在线游戏。

（以上内容来自百度百科）

例如，魔兽世界、地下城与勇士、大话西游，等等。

现如今，网络游戏的细分种类繁多，例如以打斗、过关为主的动作游戏，以推理、恋爱、恐怖为主的冒险游戏，音乐游戏、体育游戏、战略游戏、角色扮演、射击游戏，等等。

当然，随着科技的日新月异，现在以 AR、VR 为媒介的交互类沉浸式虚拟游戏正在悄然兴起，很可能会在不久后的将来成为一个新的主流。

例如，半衰期：艾利克斯、绿色地狱、阿斯加德之怒，等等。

未来，随着人工智能技术的飞速发展，我们或许还会迎来第五类游戏，一种以人工智能为核心的完全仿现实类的沉浸式游戏。这类游戏将会带给玩家们一种前所未有的体验，真正让他们沉浸于一个充满想象力且逼真的虚拟世界之中。

简单对游戏的进化史有了初步的了解，现在的你是否发现其中一些好玩的事情，或者得到一丝灵感有所启发呢？

是的，当我们开始探索清明梦的进化方向时，不禁会发现它与游戏的进化如出一辙，这令人不由自主地感到隐隐的兴奋。然而，与此同时，这种莫名其妙的共同性也不禁让梦隐联想到另外一个词：人生如戏。

实际上，有一个让许多梦友都不太愿意接受的事实，无论他们花费了多少时间、练习清明梦有多久，无论他们能在其中体验到什么，抑或从中获得了什么。大部分人的清明梦，都依然停留在第一类游戏的阶段，也就是即时游戏。

就好像今天晚上做了一个清明梦，醒来后，这个梦境就结束了；明天晚上再次做个清明梦，又是一个全新的场景，一切又回到起点从头再来……

然而，在不久的将来，我们或许能够拥有更加丰富、持久的梦境体验。毕竟，筑梦期就是为此而设立的。

事实上，很多人都在期盼第五代游戏的出现，但是他们并没有发现，这种以人工智能为核心的完全仿真、沉浸式的游戏世界，本身就是在模拟和还原"清明梦"的场景而已。

第二章　筑梦的秘密

想要了解筑梦的秘密，我们不得不从一个哲学性的角度，问自己一个问题。

那就是每当我们在早晨苏醒后，刚刚经历的那个梦境世界，是已经结束，完全消失了，还是依旧在悄然延续着？

跑早操和上早自习，可能是很多80后的噩梦。也是独属于70后、80后的记忆。在那个年代，教室的电灯尚未普及，自己带一支蜡烛去上学，成为孩童时期最难忘的回忆之一。

小学二年级时，从乡下农村转到县城去上学，随后从爷爷家搬出，跟父母在一个木材厂后面租了间房居住，而这正是梦隐梦境世界第一次发生转变的节点。

梦隐曾经在歧梦谷里，分享过自己小时候暗恋同班小女生的故事。那是小学四年级时，处于懵懵懂懂的年级，梦隐遇到了一个很特别的女孩子，她是我们班的班长，一个很漂亮的小女生。

梦隐住的地方离女孩儿家不远，在学校整整一年的时间，他们都是前后桌，她总是坐在梦隐前面。说实话，在那个阶段，还只是一个懵懂无知的孩子，还不懂得什么是暗恋，也不知道什么是喜欢，只知道自己喜欢跟她玩，也只愿意跟她玩，是单纯地享受和她在一起的快乐。

有时候，为了引起她的关注，梦隐总是会去扯她的头发，拉她的凳子，或者搞一些其他现在看来很幼稚，但当时却觉得很快乐的恶作剧。

然而，当我们对某样事物开始痴迷的时候，情况就会发生转变。

就在我们最开心的时候，总有一件令人讨厌的事情，每天都在不可避免地发生，那就是放学。即使关系再好，放学后还是要各回各家。

不过，幸好还有梦境的存在，有效缓解了放学给那时梦隐幼小心灵带来的伤害。

这种不想分开的念头，也在无形中成为一种催化剂，促使梦隐的梦境要去完成第一次自动升级。

慢慢地，梦境中的内容逐渐从最开始的随机模式，变更为固定模式，而这个小女孩儿也就理所当然地成为梦隐梦境里的常客。

他们有时候一起在学校、有时候结伴去春游、有时候在河边打闹、有时候在沙滩堆砌属于自己的城堡……

慢慢地，这个女孩儿就成为一个梦标，每次只要看到她，梦隐就会自然而然地意识到自己在做梦。然而，这也成为梦标使用错误的一个反面教材，在那一年的时间里，梦隐进入了一种特殊的状态，开始分不清世界的真假，就好像一直没有入睡，又一直没有苏醒一样。

因为，闭上眼的梦境世界里，有她存在；睁开眼的现实世界里，依然有她存在。

在此，也给梦友们一个忠告，尽量不要选择现实中经常会见到的人作为自己的梦标，这并不是一个明智的选择。

当然，虽然选择了错误的梦标，却没有影响到梦境的进程。只不过，梦境的进化并没有真正完成。此时的梦境世界，就如同前文所讲的游戏进化史一样，依旧停留在第一代的模式，醒来就结束，睡着后一个新的梦境又重新开始。

就在这个时候，一个神奇的助攻手出现，它顺势推动一切自然而然地前行，帮助梦隐真正完成了第一次梦境世界的大升级。

20世纪90年代初的小县城，应该都有一个共同之处，那就是街道旁的电线杆上通常都装着一些广播电台的播音喇叭，梦隐所住房间的窗户外面，大概只有一米的位置，恰好就有这样一根电线杆和这样一个播音喇叭。

广播站每天会进行早、中、晚三次播音，早上的播音是从5点45分开始的。刚开始一般会先播放一首歌曲，然后是广播体操、再加上一些广告，到了早晨6点钟，就是每天的第一次早间新闻，一年365天天天如此，雷打不动。

长大后，曾经向一个从事广播工作的朋友询问，在我们那个年代，为什么每次广播开始的时候，播放的音乐永远都是那两首，朋友给的答案是可能当时台里经费紧张，他们常用的备播带就只有这两首歌。

在 12~14 岁的记忆里，或者说整个梦境进化的过程中，有两首歌一直伴随着梦隐，一首是任贤齐的《心太软》，另外一首则是周华健的《花心》。

各位猜得没错，这个所谓的助攻手，就是窗户外面的播音喇叭。

一次偶然的机会，正在梦中沙滩上玩耍的梦隐，突然听到了一首熟悉的旋律响起，那是任贤齐的《心太软》。

莫名其妙的，梦隐心中就泛起了一个念头："再过几分钟，老妈就要叫我起床了。"

于是，梦隐拉住正准备跑去河边洗手的小女孩，告诉她："今天我们就先玩到这儿吧，马上要去上学了，咱们晚上再继续玩。"

小女孩儿没有反驳，只是平静地点点头说："好！"

就是这样一个小小的约定，引导着梦隐的梦境世界，走向了另外一条道路。

果不其然，没过多久，老妈就开始喊梦隐起床，然后她自己已经在厨房开始忙碌，帮忙准备早餐了。如同往常一样，洗脸、刷牙、拿了早餐就匆匆跑出家门。

路过小女孩儿家门口的时候，她恰巧也从家里出来，没有任何交流，她对着梦隐笑了笑，点了点头。就是这样一个简单的动作，几乎改变了梦隐接下来的整个人生。

当看到她对自己点头时，梦隐呆呆地愣在原地，感觉一切都没有发生过，又好像什么都已经发生了。

这也是梦隐第一次感觉到自己可能跟她做了同样的梦，而且梦里的事情不仅是我记得，她也记得。虽然一直到现在也没有去求证过，但当时的梦隐对此深信不疑。

整个白天的时间，梦隐都在走神、发呆，并在恍惚中度过，一直到放学回家都还是心不在焉，完全无法全神贯注。

当天晚上，毫无征兆地重新回到之前的梦境，梦里的小女孩儿依旧看着梦隐在笑，给她讲述了白天的经历，她居然告诉梦隐，让梦隐别想那么多，发生的一切她都知道。

　　已经过去多年，为何记忆还如此清晰？正是因为这个梦境，就是梦隐第一个初始地的原型，它是一切开始的地方，也是一切发生改变的地方。

　　后来，这个梦境就逐渐演变成一个持久存在且固定的场景，每次入睡之后，梦隐都会准确地来到这个地方，即使偶尔在无意间进入其他场景，梦隐也会很快意识到不对，然后重新回到这里。

　　在这里，他们亲手按照《大力水手》里经常出现的城堡，建造了属于自己的房子……

　　在这里，他们亲手种下的紫藤花，爬满了整个城墙……

　　在这里，梦隐正式踏上了梦境的探索之旅……

　　在这里，保存了太多珍贵且有趣的记忆……

　　而存档，每次进入梦境就像在现实中苏醒一样，让梦境变得具有连续性，正是筑梦的秘密所在。可以说，这是一个撞上奇迹的机会，也是改变整个梦境世界的契机。

第三章　初始地的存在

前文我们曾多次讨论过，梦境和现实的相似之处，例如五感的相同、都是由经历和记忆组成的、离开的方式也都只有三种，等等。

现在，让我们进一步思考一下，除了这些相同的地方，梦境和现实究竟又有哪些不同呢？答案其实很简单，梦境和现实唯一不同的地方，就是其连续性。

为什么这样说呢？

在日常生活中，虽然我们可能会遗忘白天发生过的事情，但是在每个人的记忆中，我们的生活都是连续的。从前天、昨天、今天，到明天、后天、大后天，这一切都随着一种惯性在不断前行。而在梦境中，现在我们可能在上海，下一瞬可能就去了深圳，今天的梦境是古香古色的时代，明天可能就到了科技感爆棚的未来……

梦境的无序和不确定性，导致了绝大部分不太好的体验。

然而，如果有这样一个地方，它能够把梦境和现实串联起来，让所有的世界都变得可持续发展，都变得具有连续性，那时我们就拥有了一个真正属于自己的游乐场。这个梦境中的游乐场，被梦隐称之为：初始地。

初始地就是一个起点，指的是一切事物最初开始的地方，也是连接梦境和现实的关键所在。

细心的梦友可能会好奇，梦隐为什么不说初始地是梦境最初开始的地方呢？

那是因为，我们每个人在现实世界中，也都天生地自带了一个初始地。正是现实中初始地的存在，我们的日常生活才会如此稳定。正是现实中初始地的存在，哪怕我们在经历失去亲人、公司破产、分手、离婚，等等，众多容易引起情绪大起大落的场景后，却依然能够生活在世上最重要的原因。

猜猜初始地是什么，在什么地方？

"家……房间……"

　　每个人都会给出自己心中的答案，但是恐怕很少有人能够猜对，现实中的初始地，其实并不是单独指某个固定的地方，而是我们今天晚上睡觉时的床。

　　试想一下，今天晚上洗漱之后，你很清楚地知道自己躺在北京家里的床上，然后开始入睡。但是第二天醒来，你却发现自己回到了河南，是在老家房间里的床上醒过来的。

　　这个时候，会出现什么情况呢？

　　"难道我在做梦？不是做梦吧？我穿越了？怎么会这样？……"

　　在一种混乱和困惑的情绪中，绝大部分的人，都会在第一时间寻找答案，并试图找到一个合理性的解释。

　　例如，

　　自己可能喝多了，昨天晚上有些特殊的情况，所以别人就把你抱上车带了回来……

　　或者自己生病了，已经昏迷好几天，是医生把自己转回老家的……

　　……

　　这个时候，只要我们能够接受这些解释和理由，无论多么离奇、多么离谱，只要我们能够接受，并找到支撑这一切的合理性，我们的生活就能继续下去。

　　然而，如果我们无法接受这些解释，并且找不到其中的逻辑和合理性，很有可能就会出现崩溃、疯狂，甚至是掉线死亡。

　　这还仅仅是在能够接受的范围内，我们苏醒在一个自己熟悉的地方，才会发生的状况。

　　试想一下，今天晚上洗漱之后，你很清楚地知道自己躺在北京家里的床上，然后开始入睡。但是第二天醒来，你却发现自己来到了非洲，在一个完全陌生的环境中苏醒过来，身边没熟悉的人，甚至语言不通没办法与人交流。

　　这个时候，会出现什么情况呢？

　　依然是："难道我在做梦？不是做梦吧？我穿越了？怎么会这样？……"

　　然后我们同样会在第一时间寻找真相、答案或者一个可以自圆其说的合理性解释。只要能够找到一个可以让自己接受的理由，无论多么离奇、多么离谱，只要你能够认可，生活就能继续下去。反之，你可能就会感到崩溃、疯狂，甚至是掉线死亡。

通过简单的对比，我们会发现，只有当天晚上我们躺下那一刻睡觉的地方，和我们第二天早晨起床苏醒的时候处于同一个场景下，我们的生活才能够被串联起来，同时具有了连续性。一旦这种连续性被中断，事情就会是另外一种结果，发生截然不同的改变。

当然，许多喜欢喝酒并且会喝断片的梦友，可能会有类似的经历。这时候，他们可能会反驳，说自己经常喝醉后睡觉和醒来的地方都不一样，为什么没有出现疯狂，也没有发生崩溃呢？

其实，答案已经在他们自己的话语中透露出来了。他们喝酒了、喝醉了、喝断片被朋友送回家、在朋友家醒来，或是在一个完全陌生的环境中苏醒，这些早就是他们习以为常且可以接受的理由。

然而，这也是一个很好的范本，不要管最近一次断片的经历，试着去回想第一次断片时的场景，那种莫名其妙又神秘的感觉，你还记得吗？

现实中的初始地，并不需要我们去打造和创建，它原本就在，并且会一直在那里。它是我们几十年的人生里最为熟悉的事物，它是我们生命旅程中最为常见的元素，它给我们带来了连续性和稳定性，无论我们在梦境经历了什么样的冒险，无论现实生活如何改变，只要能够回到自己的床上，我们就能找到内心的宁静和力量，并在修整后重新踏上旅程，去追寻自己的梦想和目标。

那么，梦境中的初始地，又是一个什么样的场景呢？

在最初的前言里，梦隐已经提到过，清明梦就是一款超越现实的思维游戏、一个软件，是我们每个人天生就拥有的一项技能。我们要学习的，就是怎么来正确并且频繁地激活这款游戏，怎么使用这个软件，怎么利用这种能力，来达到梦友们各不相同的学习目的。

梦境中的初始地，是我们进入清明梦世界的传送门，是我们在梦境中的落脚地。它可能是我们童年的老家，可能是我们曾经旅行过的地方，也可能是一个我们内心深处的幻想之地。无论它是一个怎样的存在，无论梦中场景如何转变，只要能够回到这个梦境开始的地方，我们就能找到内心宁静和力量的源泉，就可以借助梦境的力量，开拓自己的思维，拓宽自己生活的边界。

第四章　初始地的形象

　　如果清明梦真的成为一款游戏，或者类似微信、抖音这样的软件，我们应该怎么去打开它呢？

　　闭上眼睛，让我们一起去想象一下，平日在玩游戏时的相关步骤。

　　当我们想玩游戏时，无论是电脑游戏还是手机游戏，第一步要做的，就是打开电脑或者翻出手机。这一步，就相当于我们在入梦期，想要学习清明梦、学习控梦的具体操作，首先要躺在床上，准备去睡觉，只有在入梦后才能启动这个游戏。

　　电脑从黑屏到进入系统，手机从黑屏到出现画面，有的电脑或手机需要几十秒才能开机，有的电脑或手机只要拿起就能看到内容。这就像有些人进入梦境很快，有些人则需要等待更多时间，无论等待系统开机时间的长短，这就像是我们睡着后，从浅睡到深睡的过程，都类似于在等待系统正常运行。

　　随着电脑或手机的正常运转，我们看到了系统桌面。这时候，就像我们在睡着后，梦境中黑幕里突然出现了图像，我们看到梦屏里的内容，开始做梦了。

　　当我们拿着鼠标或是双手滑动，准备点击桌面上那个代表着游戏的图标时，就像在普通梦里突然看到了梦标，我们拥有了自我意识，知道自己正在做梦，知道接下来要玩什么了。

"做梦与做梦的区别，就在于其目的性。"

　　玩游戏，就是我们现在打开电脑或是进入这个梦境的目的。

　　然后，接下来是重点，也是梦友们遇到区别最大的地方。我们在电脑或者手机上玩游戏时，每个人喜欢的游戏都不会太多，大部分都只钟爱一款，最多不会超过三款。而我们的梦境，就像是有着无限副本的特殊游戏，每次进入时都会随机为我们分配场景和剧情。

不过，梦境初始地存在的目的，就是让我们调整自己的状态和频率，从而在每次进入梦境时都能像打开电脑一样，始终都在相同的界面登录。

好久没尝试玩游戏了，梦隐还是用自己曾经玩过的一款游戏，来作为案例讲解吧。如果你没玩过，可以试着去玩一下，这款游戏虽然已经存在相当长的时间，算是很老的版本，但是依然充满了趣味，还挺有意思的。

我们要提到的这个游戏，名字叫作《魔兽争霸：冰封王座》，在游戏中有一个特别的竞技地图，被称为"澄海3C"。

简单点说，这是一款竞技游戏，大概讲述的是双方对战、彼此进行厮杀、相互推塔，等等。

在玩游戏的过程中，梦隐通常会在高级选项里关闭地图，让它变成黑色的迷雾，等待游戏开始后再慢慢去探索地图，自己一步步蹚开所有地方。

设置好相关选项，点击开始后，经过漫长的加载，我们就正式进入了游戏。

根据你选择的阵营不同，屏幕上会出现一只小白羊或是一头小黑猪。

当你把属于自己的小白羊或小黑猪，拉到你所选中英雄面前的传送阵中，游戏便正式开始了。

在这个游戏里，还有另外一个有趣的设定，在光明和黑暗两个势力的老巢中，都有一个神奇的池子，我们通常都称之为"血池"。

血池最主要的作用就是帮助游戏角色恢复血量和魔法值。如果在游戏的过程中，当自己操作的英雄受伤了，我们就可以选择使用回城卷或者沿着最安全的路线撤退，一路跑回家去。只要让我们的英雄在血池边站一会儿，所有状态很快就能恢复过来。

当然，如果在战斗过程中，我们控制的英雄意外死亡了，也不用担心，经过一段固定的时间，他就会自动在血池旁边复活，因此也有很多人称之为"复活池"。

整个游戏的进程时间长短不一，有些几十分钟就结束了，有些却要打上一两个小时，而整个游戏的过程就像是一个完整的清明梦一样。

不过，很多梦友可能会发现一个问题，我们是来做什么的？我们是来参观初始地的，怎么直接就变清明梦了？这款游戏中的初始地在哪里？

其实，在这个游戏中，初始地并不是可以帮助我们复活和恢复状态的血池，而是在最初点击游戏图标，游戏运行后的第一个画面，那个可以选择单人模式或局域网，显示选项、鸣谢和退出等功能的画面。

对于那些没有玩过，甚至没有听说过这款游戏的梦友们来说，无须担心，毕竟现在市面上大部分的游戏，尤其是竞技比赛类的游戏，应该都有类似的设定。

至于，为什么梦隐会选择以这款游戏作为案例，来讲述初始地的故事，最主要的原因，就是被梦隐连续打造了 10 年之久的第一代初始地，在玩了这款游戏后，第一次被彻底推翻重建，梦隐的梦境也因此进入了 2.0 的版本。

在这里旧事重提，也算是怀念一下吧！

初始地的原始模型很多，不过在深入研究之前，我们还是应该先了解一下初始地真正的作用。

在梦境中，初始地是我们主动寻找或自主创造的一个固定场景或是入口。它的外在形象可以变化多端、绚丽多彩，我们可以根据每个人的需求设置成任何样子。

初始地是现实和梦境的分界点，用于帮助我们确定自己身处何处；

初始地是现实和梦境的连接点，可以帮助我们打通两者之间的壁垒；

初始地是一种具备特殊属性的梦标，可以是场景、物品或任何其他事物；

初始地是我们进入梦境后必须经历的一个场景，却并非每次都是第一个出现；

初始地是进入其他梦境的跳板，它是所有梦境的集合体；

初始地是我们在梦里的家园，是我们忆梦、记梦的存档点，也是梦境任务的领取点；

初始地是我们在梦境中的血池，能够帮助我们恢复各种不稳定或其他未知状态，还能帮助我们关闭和打开各种想要经历或不想经历的梦中场景。

......

初始地的功能极其丰富，作用很多，兼容性也非常强，梦友们可以根据自己的需求，来灵活调整它的状态。

就像那个被梦隐亲手推翻并重建的第一代初始地，就是以儿童时期的各种经典动画场景为参照和背景建造的。里面除了最初大力水手中的城堡，后来还加入了圣斗士星矢里面的圣域和其他各种场景。

然而，无论是第几代初始地，其中有几个场景都是至今仍在被沿用的。

·主卧
这是一个供我们在梦里休息、继续睡觉的房间。

·观影室
一般会被梦隐设立在地下二层的房间里，当自己不想外出闲逛的时候，梦隐都会来到地下室，打开投影仪，随机选择一部电影观看。

·储藏室
这是一个存储过往梦境的地方。如果没有新的场景想要探索，梦隐也会来到这里，选择曾经历过的某个梦境，重新进入并体验其中的情节。

三代之前的储藏室都位于地下室的最底层，而随后的版本由于有了新的模型，便更换了地点。

·练功房
这是一个供我们在梦境中练习各种技能的地方，可以想象成一个巨大的健身房，里面有用于锻炼的各种器械和设备。

·飞行器储藏室
这里是各种飞行器的收藏馆，小时候某个梦境中的宇宙飞船至今仍在这里保存着。

第五章　初始地存在的意义

当然，为了更容易让人理解，我们还可以用更为简单的模型，来帮助梦友们了解初始地。

让我们再次闭上眼睛，重新回到刚刚，打开电脑或者翻出手机，等待它们进入系统或激活屏幕的步骤。这一次，让我们跟随手机屏幕里的画面，来看看初始地的基础运行模式。

随着手机屏幕亮起，我们会习惯性输入屏保密码，或是让它自动使用人脸识别技术解开锁定，进入首页，在这个时候，我们就已经开始了梦境的旅程。

然后我们无意识地看一下推送信息，再滑掉几个广告，就像平常在做普通梦那样。

现在，让我们回忆一下，我们拿出手机是为了做什么？是要玩游戏，还是看电影，又或是刷微信、玩 QQ 呢？这些就是我们在入梦前就设定好的目的性。

这次不玩游戏，我们来看个电影吧！（游戏对于大部分没玩过的梦友来说，可能有点不太友好。但是用于看电影的 APP 几乎所有梦友的手机上都会有吧？）

回完消息，滑动屏幕，当看到视频 APP 的图标时，我们突然意识到，刚刚拿起手机，就是想选个电影看看。（这个"突然意识到"就是所谓的疑梦意识，而那些视频 APP 应用的图标就是梦标。）

随着视频 APP 的名字一闪而过，也许还会伴随着几秒钟的随机广告，我们进入了这个手机应用的首页，这就像回到了我们自己初始地的客厅，在这里你可以看到上次没看完的电影，正在关注的电视剧，还有一些新片推荐，等等。最上面的导航目录有直播、推荐、电视剧、电影、综艺、儿童等各个选项，就像初始地内功能各不相同的房间或楼层。

今天，我们做梦可能是为了完成某个目标，或者纯粹地放松娱乐一下，就像每个人喜欢的节目各不相同，我们可以根据自己不同的需求，来选择接下来要做的事情。

一般情况下，在没有特殊目的的时候，梦隐会来到位于地下的影音室，舒舒服服地坐在沙发上，然后拿着遥控器，点开视频播放的功能。

一个类似选择电影的页面就会出现，用遥控器上下翻动，里面的画面会自动切换，就和我们在视频 APP 里选择电影的步骤一模一样。

当看到一个喜欢或者感兴趣的画面出现，梦隐会短暂地停留几秒钟，认真地看一下这是不是自己需要的梦境。如果是自己喜欢的类型，就点开等待它自动播放，如果不是就继续切换选择。

选中某个场景，故事开始自动播放，一场神奇的观梦之旅就此展开。（前文曾经讲过"观影入梦"的原型就出自这里。）

刚开始，梦隐安然地坐在沙发上，只是单纯地去观看屏幕里播放的内容。这时的故事情节里，可能有自己，也可能没有自己，我们可能是第一视角，也可能是第三视角。

随着时间的流逝，剧情在不断地自动发展。也许不知在什么时候，我们已经彻底进入屏幕，成为故事中的一部分。（此时，我们可能已经进入了一场普通梦，也可能依旧保持着清醒。）

几十分钟或是几个小时过去，剧情终于演化结束，或者是我们的生物钟在提醒，外面世界的天已经亮了，该起床了。

通常情况下，梦隐会自动退出所在的梦境，重新意识到自己仍旧坐在影音室的沙发上，好似一刻都不曾离开。

然后是最神奇的事情，尽管已经离开刚刚经历的那个梦境，但它却并没有完全消失，仍然在墙壁上的荧幕中继续自动播放着，只是整个故事已经接近了尾声。

一般情况下，梦隐不会急着离开，会选择在这里稍作停留，再等上几分钟。

随着剧情逐渐淡化消失，电影的片尾曲会开始播放，屏幕里也会出现滚动的字幕，是演员表等一系列有趣的东西。

这个功能是在影音室创造之初就自动完成的，后来随着深入研究发现，可能与小时候电视只能接收两个频道，没有其他选择的情况下，在那个年代，每次都要被迫看完字幕有关，也可能与大部分电影的片尾曲都很好听有关。在物资匮乏的年代，孩子们总是用各种各样稀奇古怪的方式，寻找自己喜欢的事物。当然，说被迫有点违心，电影创作不易，梦隐还是建议梦友们在观看电影的时候，能坚持把最后的片尾曲听完、字幕看完再离开，这是对幕后工作者最起码的尊重，同时也有可能会给我们带来意想不到的收获。

早在中学时期，梦隐就有一个专属的小本本，不是用来记梦，而是用来记录梦中片尾曲的，梦里一些好听的歌曲都会被认真地记录下来。毕竟，在那个录音磁带占据主要市场的年代，抄歌词是中小学生最爱做的事情。可惜，后来几次搬家，那个本子便不知所踪了。

至于字幕和演员表这些内容，就是梦隐所说的最神奇的事物，至今仍然不清楚其最根本的运行机制和原理。就像是一个人工智能在帮忙自动总结一样，它会把梦境里出现的人物和现实中的人物连接、对应起来。

例如，我弟弟在梦中扮演了我的同学，我的某个同学在梦里扮演了我的发小，某个不太熟悉的人在梦里扮演了我的老师，等等……

面对梦境中的种种奇妙，尽管弄不懂其中的原理，但梦隐相信存在即有道理。也许正是由于这个原因，梦隐的初始地虽然数次被推倒重建，但是影音室却每次都会被保留下来。

关于初始地的创造和存在方式，因人而异，幸运的是梦境给了我们无限的可能性，让这些听上去像是科幻电影里的场景，能够在梦境中被我们还原成真。而初始地的功能和发展，也同样因人而异，幸运的是梦境的多样性和包容性，给予了我们一个可以肆意施展的自由空间，使我们能够完成现实中一切不可能实现的事物，并体验现实中一切不可能的体验。

而这一切，正是梦境的魅力所在，也是控梦师们一直在追寻的事物。

第六章　白日梦和醒着做梦

初始地作为一个特殊的存在，可以增加梦境的娱乐性，但却并不是学习控制梦境所必需的。

就像前面提到的游戏进化一样，严格来说游戏只有两个类别，一类是单机游戏，另一类是网络游戏。只不过，在单机游戏中，又可以进一步细分为可存档和不可存档两个类型。

然而，这些都只是根据个人的需求和未来的发展方向来决定的，具体要选择哪种类型，完全取决于梦友们自己的决定。

因为，保持梦境的原始特性，包括混乱、无序和不合逻辑，等等，也并非不好。

就像是有些人喜欢无限流的游戏方式一样，每次进入梦境都面临不同的场景和挑战，每个梦境都有着不同寻常的独特意义。在混乱的梦境中，寻找有序的线索和规律，这样的探索过程是非常有趣的。而另外一些人则喜欢稳定可靠的种田流玩法，他们会在游戏中购买属于自己的土地、勤恳地劳作、开垦荒地、亲手建造住处并寻找耕种的乐趣。每个人对于游戏方式的偏好不同，所带来的意义也各有不同，没有什么上下高低之分。

不过，梦境世界中影音室的存在，却可以帮忙完美解决这两个流派的融合问题，让单机可储存游戏与即时游戏有了同时存在的可能。拥有了自己的初始地，无论选择无限流、种田流还是其他玩法，都将不会受到任何影响。这正是初始地的根本，也是筑梦篇设立的意义，更是《控梦师》这个体系中的核心所在。

通过前面几个小故事，可能会引起部分梦友对控制梦境的兴趣，并迫切地想要知道初始地的训练方法。

　　然而，可能会让梦友们感到失望，初始地的创建方法千差万别，每个人所需要使用的方式都不相同，并没有一个固定的准则或技巧可以随意应用。

　　继续分享一个小故事吧。

　　有个小男孩儿，跟父母一起从乡下搬到城里，踏上了新的生活旅程。抵达城市的第一天下午，父母忙着在家整理新居，小男孩儿自己出门玩耍。偶然间，他来到住所隔壁服装批发市场的二楼，看到了一个皮肤黝黑，梳着长马尾的小女孩儿，坐在一个卖字画的店铺门口写作业。

　　只因多回头看了两眼，这简单的动作竟让两人之间萌生了一段莫名的缘分。

　　然而，随后的日子里，命运似乎在故意戏弄这个小家伙，虽然他和那个小女孩儿在同一所学校，但却被分在了不同的班级，两人几乎没有任何接触的机会。

　　小男孩儿居住的地方，是一个单位的家属区，那里宁静而宜居。前面的院子是大人们的办公场所，往后则是几栋整齐划一的家属楼。

　　每天放学后，小男孩儿喜欢跑到办公区的院子里，在一个造型奇异的水池前发呆。水池中央竖立着一座巍峨的人工假山，工匠们的手艺堪称绝伦，假山上修建了几条向上攀爬的迷你石道，靠近山顶的位置隐藏着一些山洞，还有一座古香古色的亭子，而亭子旁边展翅欲飞的几只仙鹤，更是为这一景象增添了不少神秘色彩。

　　正处于异想天开的年龄，好奇心旺盛的小男孩儿，喜欢每天对着那座假山发呆。有时候他会好奇地想象着山洞里面究竟隐藏了什么，有时候他会想知道亭子里的小桌子上是否放着美食，有时候他觉得山洞中藏着一艘可以载着他到达未知领域的船只，还有的时候他眼中的那些仙鹤好像真的可以翩翩起舞。

　　每天盯着假山，小男孩儿不仅仅是简单地发呆几分钟，而是沉醉其中数个小时。对于他来说，那座假山不只是一个静态的装饰物，还是一个令他心灵迸发奇想的宇宙。

　　已经记不清楚这是他第几次坐在假山前发呆，一切都跟往常一样。他只是自己一个人玩耍，默默无言地欣赏着假山的美景。毕竟，在那个特殊的年代，小孩子能够玩耍的东西并不多。

突然间，小男孩儿有了一瞬间的恍惚感。他感觉自己好像变小了，周围的一切都消失了，眼前的景色也发生了变化。仿佛他真的站在那条蜿蜒登山的石道上，周围的一切都被放大，变得无比真实。

小男孩儿兴奋地沿着山路向上奔跑，一直跑到靠近山顶的亭子。

亭子外的仙鹤真实得宛如活物，高声鸣叫着，在原地起舞。小男孩儿就依靠在亭子的围栏旁，目不转睛地注视着它们，笑容一直挂在脸上。

"你在这里干吗呢？"

不知何时，小男孩儿突然被人拍了一下，原来是两个小朋友来找他玩。

这是一对兄妹，住在不远的地方，也喜欢来这个办公区的院子里玩耍，三人在偶然的情况下认识了彼此。

刚才在问话的，正是兄妹里的小妹妹，小男孩儿努力回想刚才那美妙的经历，兴奋地与两个小伙伴分享着这次的奇妙之旅。小妹妹好像对此非常感兴趣，一直闹着要变小，也想去假山上一探究竟。

然而，具体该如何变小，小男孩儿也说不清楚，只能支吾地干着急。

但是自从有了那一次如"南柯一梦"或"黄粱美梦"般的经历之后，小男孩儿就开始更频繁地跑到假山前发呆。渐渐地，发呆似乎成了一种习惯，一直伴随着他的成长。

没错，故事里的小男孩儿，依旧还是小时候的梦隐。

后来，回想那次的奇遇，可能并不是什么特别神奇的事情。或许它只是某种白日梦的变种，是白日梦伴随了某种幻觉，带来了那种逼真效果。而且，其中一个非常重要的元素，就是那种强烈的要变小的欲望，在那个时间段是异常强烈的。而这个想法的源头，源自当时正在电视台热播的一部动画片，名字叫作《邋遢大王奇遇记》。

故事讲述的是一个叫邋遢大王的小男孩儿，平时不注重卫生，随意丢弃废品，即使再脏的东西也敢吃下去。有一只老鼠看中了他，于是在一瓶汽水里下了药。邋遢大王喝完后，就突然变成了老鼠般大小的小人，然后与小老鼠一起经历了一系列在老鼠王国的冒险。

那年梦隐九岁，正是对一切事物都抱有幻想，并期待着各种奇迹发生的年纪。

或许正是如此，才有了那次进入特殊梦境的神奇经历。后来虽然不是每次都能进入那种状态，但是梦隐却学会了另外一个技能，那就是醒着做梦。

刚刚转学到城里，没有什么朋友，只能自己一个人玩。所以在那个时候，梦隐眼中的世界就成了两个。

一个是正常视角里所看到的世界，而另外一个则是类似于游戏世界，那个世界里面总会有各种各样新奇好玩的事物。当走路的时候，道路上的地砖缝，好像变成一道道激光墙，如果踩错位置就会受伤；当路上看到一个长相奇怪的人，就会想对方可能是个妖怪，然后在脑海中想象着和他打斗的各种场景……

这个习惯一直延续，等上了初中，第一次被同学带进网吧，并学会了玩《95红警》这款游戏，从此梦隐脑海中的各种幻想就变得更加一发不可收拾。

那时候网吧还算奢侈品，零花钱不多、去网吧的次数也不多，但是这一切并不影响梦隐继续玩游戏的进程。

在学校上课时，老师讲课用的黑板，在梦隐眼中就变成了《红警》游戏中的各种地图，随着老师的书写和擦拭，一切随机变化，就像游戏进程中的玩法和策略。

那时的梦隐，看上去是整个教室里学习最认真的那个，但是却没人发现他的右手一直在模拟鼠标移动和点击的动作，他眼中的世界正在跟老师写在黑板上的文字或图画进行着对战。

第七章　白日梦与续梦

白日梦的出现，让梦隐变得更加没有心思关注学习，甚至大部分时间连作业都不愿意去写。9岁之后的梦隐，从班级前三名、三好学生、班长的位置一落千丈，一度成为班级倒数第一、第二的学生。

每次被罚叫家长，是梦隐上学时期最讨厌的事情，其最主要的原因，就是回家真会挨打。

时间线回到了小学三年级的时候，在第一个真正的初始地出现之前，经常被罚叫家长的梦隐，开始学会了逃学。

作为小学生，逃学没有地方可去，就只能在大街上闲逛。当时的县城也不大，转了没几天，梦隐就发现一件事情，整个县城的地图都好像被刻印在了脑海中，哪条街有几户人家，谁家门上写的什么对联都能被记住。

有天晚上，梦隐做了一个不同寻常的梦。那是一个跟现实中县城很相似，又完全不同的陌生镇子。

梦隐从一条小巷里面走出，对面是一条宽阔的小溪，小溪从中间流过，将街道一分为二，隔在了左右两边。站在溪边，对面是热闹的人群，他们正随着舞狮的队伍走向左手边的广场。于是，爱凑热闹的梦隐，就隔着小溪，一路跟随舞狮的队伍，来到了广场上。这才发现原来这里是个庙会，庙会上人山人海，到处都是捏糖人、卖玩具的小摊位。

梦隐正准备到处去看看，突然被尿憋醒，起来上了个厕所，躺下的时候，还在想着刚刚的庙会，也不知道那个糖人好不好吃。不知不觉中，梦隐很快就睡着了。

结果重新入梦后梦隐发现，自己又站在了上次梦境开始的地方，在一条小巷子里，热闹的锣鼓声隐约从前面传来，应该是舞狮队伍正在从远处走来。

走出小巷，果不其然，舞狮队伍也刚好到了对面。这个时候一股莫名的熟悉感涌上心头，让梦隐突然意识到，现在的场景，自己好像在哪里经历过一样，接下来会发生什么，仿佛都已经提前知道了。

一瞬间，梦隐就知道自己正在做梦。（当时还不知道什么是疑梦，更不知道所谓的验梦，一切全凭感觉。）

在梦里，梦隐做了一个决定，不再跟着人群去凑热闹，而是独自去右边看看，看看那边的街道上有什么。逛了一圈，发现一条小路通向广场，梦隐又回到了正在举办庙会的广场之上。

这一刻，神奇的一幕发生了，画面又回到了刚刚的小巷子，又是隐隐约约的声音再次传来。这时候，已经知道自己正在做梦的梦隐，选择直接向后走，想去看看后面有什么。

就这样，一个晚上，同样的梦境重复经历了七八次，梦境中犄角旮旯的地方，都被梦隐用像逃课时的做法那样，全都探索了一遍。

如果说，第一个初始地的改变，是因为跟小女孩儿的约定，从此梦境有了存档的功能。那么，在存档出现之前，还有一个重要步骤，那便是续梦。

当时经历的这个奇妙梦境，不仅仅是续梦的杰作，甚至可以说是初始地的前身，如同一个实验室版本。

为什么这样说呢？

续梦在此之前，也偶尔会发生一些类似的情况，不仅仅是当天晚上苏醒后的续梦，让梦境成为一个连续剧，连续几天内的梦境都变成连贯相同的故事，这也并不是难以实现的事情。然而，这个特殊的梦境的出现，让梦隐发现了梦境另外一个秘密。

随后，在歧梦谷教授梦友们一同探索清明梦的时候，梦隐也会有意识地引导他们不断体验相同的梦境。

通过不断地重复和尝试，终于确定了一件有意思的事情，只要你能够深入探索一个梦境，并把所有处于迷雾区域的地图蹚开，踏遍其中能够行走的任何地方，触达每一个角落，那么这个梦境就会转化为一个稳定的场景，供你在其中自在地畅游、长时间地玩要。

至于为什么会产生这样的效果，梦隐总结出以下几个原因：

·熟悉感

随着我们不断地在这个梦境中探索，对于这个世界的了解越来越趋于完整，我们对于这个梦境的地理结构、景物布局以及其中的人物关系等方面变得越来越熟悉。这种熟悉感使我们感觉像是回到了自己熟悉的家园，不再感到陌生和不安。

·安全感

在现实世界，当我们对自己所在的环境了如指掌时，会产生一种基本的安全感。就像选择居住在一个我们熟悉的城市，因为我们了解那里的小区、楼层、街道和人群，这样我们会感到更为安心。

同样，当我们在梦境中不断地探索和了解时，会逐渐培养出对这个梦境的安全感，因为我们已经熟悉了其中的规则和可能发生的情况。

安全感是个很神奇的东西，就像大部分人在出门打工时，都会有个习惯，那就是选择要去的这个城市，一定要有自己认识的人，亲戚、朋友、同学都有可能。哪怕两人打工的地方距离很远，很久都见不到一面，人们还是会优先选择去有熟人的城市。

·归属感

当我们深入了解和接触一个梦境世界时，我们会越来越感觉自己就像是原本就属于这个世界的一部分。慢慢地，我们开始对周围的人物、事物产生亲近感，甚至能够叫出梦境中邻居们的名字。这种归属感会让我们觉得这个梦境是我们的家园，我们和这个世界有了一条特殊的纽带。

有了熟悉感和安全感，慢慢没有了陌生感，产生了归属感，这个梦境的稳定程度就会不断提升，最终达到一个不容易崩溃的地步。而我们能够在这个梦境中停留的时间，也会被无限延长。

还记得我们前文讲过的，现实中的初始地吗？

如果，当我们醒来发现自己身处一个陌生的地方时，我们就会感到紧张，并迫切地想要弄清楚发生了什么。然而，如果我们在醒来时发现周围是熟悉的环境，这种紧张感就会迅速减少。

这样的情况恰好符合初始地的基本要求，初始地就是一个我们熟悉的地方。只要我们待在这个熟悉的地方，我们的梦境就会一直持续下去，直到我们不想再玩、自愿退出为止。

因此，学会探索梦境和蹚地图，是拥有一个属于自己的初始地，所需的基本步骤。

而在学会探索地图之前，我们还必须熟练掌握一个技能，那就是续梦。只有能够将梦境变成连续的，我们的控梦之旅才会更加有趣。

那么，如何续梦呢？

有一个简单的技巧，在梦隐小时候，流行这样一首歌曲，叫作《枕着你的名字入眠》。

这首歌的歌名就可以转化成一种技巧，它属于祈梦的一部分。

简单来说，我们可以提前将自己想要梦见的场景或想要做的梦境写下来，然后将它们压在枕头下面，枕着自己的梦境进入睡眠，并期待晚上可以拥有一个类似的梦境。

同样的，我们也可以将昨晚或刚刚经历过的梦境写在纸上，压在枕头下面，期待晚上重新回到昨晚或刚刚的梦境中，这样可以提高续梦的成功率，还可以有机会在梦境中重新体验之前的经历。

第八章　穿越时间和空间的能力

当对某个环境产生熟悉感、安全感和归属感之后，在这种地方生活下去，我们就不会时常跳出想要逃离的念头。

想要让一个梦境变得稳定和持久，学会如何续梦是件必须要做的事情。

那么，怎样才能把梦续上呢？

寻找冲突点，养成临睡前阅读昨天梦境的习惯，学会孵梦、祈梦等相关技巧，都是不错的选择。

经过入梦期的训练，梦友们应该都养成了记梦的习惯。但我们之前提到过，仅仅只是单纯记录并不具有太大的意义，而重复回看与阅读则成了忆梦日记另外一个最重要的作用。

在《做梦的艺术》这本书中，有这样一段非常有趣的文字，我们来简单解读一下。

作者在书中写道："巫士对这种奇异的记忆及回忆的任务的解释是，每次当一个人进入第二注意力时，集合点会在一个不同的位置。要重新回忆，就代表必须使集合点，回到那些回忆发生时的同一位置。当巫士使集合点回到那特定的位置时，他不仅能有完全的回忆，事实上他会重新经历发生的一切。巫士会奉献一辈子，来完成这项回忆的任务。"（卡罗斯·卡斯塔尼达.《做梦的艺术》.深圳报业集团出版社.2010 年 1 月）

《做梦的艺术》是卡罗斯在经历了 30 多年的巫士生涯之后总结的一本书，主要集中讨论了一个重要的巫术主题——做梦，即有意识地对梦境进行控制和探索。

从神秘学的角度来看，梦的控制与禅定、观想等修持法门有着异曲同工之处；而从心理学的角度来看，梦境是人类潜意识的直接投射。因此，对于梦境的控制，其内在意义就是实现一种理性与非理性、显意识与潜意识的统一，也就是我们前文经常提到的"潜显合一"。

在卡罗斯的书中，巫术并不是追求超自然力量和神秘现象的事情，而是我们个人心理健全和意识完整发挥的过程。

在进行阅读时，我们会跟随他的梦中探险之旅以及充满理性的阐述，逐渐进入一个充满神奇和奥秘的世界，从而体验到灵魂和意识层面的无限自由。

对于那些关注梦境、热爱做梦、想学习清明梦和控制梦境的梦友来说，《做梦的艺术》是一本非常有趣的参考资料，是值得花费时间认真研读的书籍。

曾经，梦隐就耗费大量的时间和精力，给一位喜欢做梦的朋友，单独改写了一版《做梦的艺术》这本书的注释和详解，再融合了另外一个控梦体系，重新简化了书中的内容和训练方法，得到了很不错的反馈效果。

但是，对于刚刚接触和了解到清明梦这个领域的新手玩家来说，上面摘录的这段内容，已经算是《做梦的艺术》一书中最初阶段的真正核心，或许也是他们在前期能够学会并掌握的唯一东西。

在进行完整解释之前，我们需要简单了解一个名词：巫士。

书中提到的巫士，并不是指民间传统意义上的巫师、巫婆或巫祝等存在，他指的是战士的士，就像我们控梦师一样，是一群喜欢做梦，愿意耗费时间去探索梦境、了解解梦、追逐梦境和解析梦境的特殊人群。

"巫士对这种奇异的记忆及回忆的任务的解释是……"

这里所谓这种奇异的记忆及回忆的任务，实际上指的是我们在入梦期所练习的几件事情，也就是梦友们在记录忆梦日记和回忆梦境的任务及过程。

"每次当一个人进入第二注意力时，集合点会在一个不同的位置。"

简单来说，就是每次当你进入梦境并开始经历梦境时，你的意识所在的位置，或者说你的注意力所在时空的位置，都与现实世界完全不同，它是一个独属于梦境的虚拟空间。

"要重新回忆，就代表必须使集合点回到那些回忆发生时的同一位置。"

这句话的意思是，当我们在清醒状态下想要重新阅读或回忆某个梦境时，我们就必须使自己的意识、记忆、视觉或注意力回到梦境发生时所处的时空位置，回到故事发生的那一刻，回到那个跟现实世界不同的，独属于梦境的特殊空间。

"当巫士使集合点回到那特定的位置时，他不仅能有完全的回忆，事实上他会重新经历发生的一切。"

到了这一步，一切就更容易理解了。

这句话的意思是，当我们在阅读和回忆梦境时，我们会回到故事发生的那个瞬间，重新回到独属于梦境的虚拟世界。此时，我们能够体验到的不仅仅是回忆或想起当时的情景，实际上我们会重新经历一遍梦境中发生过的所有事情。

这也解释了为什么很多梦友在后来阅读曾经记录的忆梦日记时，完全不记得自己曾经做过这样一个梦，即使文字明明是自己写的，也会感到无比陌生。还有一些梦友则会回忆起一些在日记中没有记录的文字和场景，就像身临其境又重新经历了一遍似的。

这主要是因为，有些人能够通过回忆梦境来重新经历故事发生时的那个瞬间，而有些人却只能凝视着陌生的文字，在记忆中找不到故事发生时的坐标和本应出现的任何情景。

梦隐曾经说过："学习做梦和控梦，我们会在无意间培养出两个强大的能力、两个关键点。一个是空间思维，另一个是时间思维。"

《做梦的艺术》这本书中的这段话，也从侧面证实了这种说法。

简单来说，这是控梦师独有的对于时间思维和空间思维的一种诠释。同时，也是一种我们现代人能够拥有和体验到的，穿越时间和跨越空间这两种超能力的最简单的方法。

而这两个看似高大上的超能力，使用方法只有简简单单两个字：回忆。

"巫士会奉献一辈子，来完成这项回忆的任务。"

这句话并不仅仅是一个决心的表达，更是再次告诉我们，记梦和回忆梦境是控梦师整个控梦生涯中不可或缺的一部分，是一切基础中的基础。无论你练习多久，达到了什么程度，在他人眼中是多么厉害的人物，记梦都是每天必须坚持的功课之一。

"巫士对这种奇异的记忆及回忆的任务的解释是，每次当一个人进入第二注意力时，集合点会在一个不同的位置。要重新回忆，就代表必须使集合点，回到那些回忆发生时的同一位置。当巫士使集合点回到那特定的位置时，他不仅能有完全的回忆，事实上他会重新经历事情发生的一切。巫士会奉献一辈子来完成这项回忆的任务。"——《做梦的艺术》

现在，把答案结合起来，这段话的核心意义就是告诉我们，作为一个热爱梦境、喜欢做梦、渴望探索梦境的控梦师，进入梦境、回忆梦境和记录梦境是我们必须经历和完成的任务。当我们进入梦境时，我们的意识会处在一个和现实世界截然不同的位置，一个独属于梦境的虚拟空间。

而当我们苏醒后，要在清醒时阅读或回忆起某个梦境，我们就必须努力将自己的意识、注意力或视觉重新带回到梦境发生时的那个独特时空。当我们真正用心回忆梦境，回到属于它的特殊空间时，我们能够体验到的不仅仅是记忆或回忆，而是重新回到梦境中，重新经历那时发生的一切。

因此，对于梦境的回忆和记录是控梦师们要维系一生的任务，需要我们不断坚持和努力。无论花费多长时间，我们都必须全身心地投入，来完成这项永不停歇的任务。

只有这样，我们才能真正领略到梦境和现实之间的奥秘，并让梦境成为我们生命中不可或缺的一部分。

第九章　无限循环宝石

当具备了穿越时间和空间的能力，就像拥有了《奇异博士》中的时间宝石一样，我们便拥有了随心所欲地到达任意时间点的力量。

无论是远古的过去、眼前的现在，还是遥远的未来，只需要以我们的忆梦日记作为入口，学会使用和掌握这种技能，我们就能够观看和体验任何一个时代。这或许对于大部分梦友来说，应该是他们持续关注清明梦这款游戏最大的乐趣所在。

拥有了无限的时间和空间，拥有了完全拟真的试炼场，我们就获得了与过去和解的能力，就像小时候体弱多病的梦隐一样，可以自行选择脱离原来的状态。

由于身体原因，致使梦隐在很长一段时间内，一直都处于一种频繁的压床状态。尽管现在能够和梦友们愉快地聊梦、分享梦境，却很少有人能理解，在幼童时期，睡眠和做梦对梦隐来说，是多么恐怖和害怕的一段经历。可以毫不夸张地说，在梦隐童年成长的记忆中，每当夜幕降临要上床睡觉的时候，那都是一天当中最紧张和恐惧的时刻。因为只要躺在床上，顺利进入梦乡，毫无例外的"鬼压床"就会如约而至。

通常情况下，一个人3~5天经历一次压床状态，就已经算是频率很高了。然而，梦隐的情况与他们又略微有些区别，最大的不同就是每天晚上，梦隐都在以3~5次不间断的频率经历着压床。

正如前文所述，压床，俗称鬼压床，是指在睡觉时，做梦者突然意识到自我存在，但身体却无法动弹的一种特殊现象。

长大后，随着知识的不断累积，梦隐才了解到这其实是一种特殊状态，医学上称之为睡眠瘫痪症，也意识到这是进入清明梦的天才状态之一。

　　然而，在 20 世纪 80 年代的农村，可以毫不夸张地说，几乎没有一个人能够获得并了解这些知识。因此，想象一下，当一个两三岁的孩子刚刚学会走路和说话，还不能完全表达自己的经历时，每天都面临着压床带来的极度紧张、恐惧、无助和接近崩溃的情绪，那会是一种怎样的体验。

　　在黑夜里，梦境中。

　　当一个莫名的怪兽袭来时，紧张的全身不受控制地颤抖，在惊吓中猛地睁开眼睛。

　　此刻，他可以清楚地看到或感受到，自己最亲近的家人、父母就在他身边坐着说话或睡觉。

　　然而，无论他如何挣扎都无法移动，无论他如何呼喊都发不出声音，无论他如何寻求帮助、努力争取，多么渴望父母和家人能够帮他赶走怪兽，都没有任何人会理会他的请求。在这种情况下，那是一种何等痛苦和绝望的结合。稍微大了点，他能够完整地复述和表达自己的经历，可以告诉父母和朋友的时候，他们却都给出了整齐划一、几乎一模一样的答案——你做了个噩梦，别害怕就行了。

　　家人、父母和小伙伴们，无人能够理解或感同身受，一个年幼孩子那幼小的心灵，每天都在独自承受着这一切，一次又一次被怪兽吞噬、撕碎，而他能够选择的只有默默忍受。

　　这是一个真实存在的故事，是梦隐在与清明梦结缘之前的童年中最初的经历，也是和清明梦最大的缘分。在很长一段时间里，梦隐独自生活在一个充满未知、怪异而无法描述的世界中，独自面对着绝望和无助。这段刻骨铭心的经历，也是后来创建歧梦谷最重要的原因之一。

　　让所有被困在噩梦和压床状态中、被恐惧所困扰的人，学会如何改变梦境、控制梦境、享受梦境；让所有喜欢做梦、想在梦中探寻未知、寻找灵感和收集素材的人，学会如何观察梦境、游历梦境、创造梦境，就是梦隐创建歧梦谷的初衷和动力。

　　改变人们对梦的敬畏和误解，通过记梦、聊梦、分享梦境的形式推广清明梦，让每个人都能享受梦境带来的愉悦和改变，体会梦境存在的意义和价值，这也成了歧梦谷的责任和义务。

曾经在网上看过这样一句话："被狗咬了，难道你还反咬它一口不成？""咬了，恶心；不咬，闹心。"

在歧梦谷里，许多梦友应该曾经看过梦隐分享童年时期解压床的情景，就与上面这句话有关。

一个简单的小故事：

小时候的梦隐常常在梦里遭遇到一只神秘的怪兽，那怪兽时而浑身燃烧着熊熊火焰，时而又恢复正常形态。

被它盯上没多久，梦隐就被动养成了一个固定的习惯，那就是每次在怪兽降临之前，梦隐的身体就会进入一种应激状态。这种状态类似于现在所说的出体信号，身体紧绷、伴随着耳鸣和震动，等等。

只要感受到这种状态出现，紧张的气氛便会弥漫开来，梦隐会提前做好规避准备，通过各种目前看来很幼稚，甚至滑稽的躲藏方式来抵挡怪兽的侵袭。

说白了，这其实也是一个小孩子，在自己能力范围内最大程度的反抗。

然而，令人遗憾的是，所有一切的努力最终都变成了一场彻头彻尾的悲剧。无论是躲在被窝里、床下、门后、柜子里，还是其他地方，无论藏得多好、多隐秘，哪怕捂住嘴巴、屏住呼吸，梦隐依旧会被怪兽找出来，然后撕碎或吞噬。这样的场景一直循环往复，并持续了很长很长时间。

许多人认为小孩子的行为幼稚，思想单纯，却常常忽略了他们的韧性和争强好胜的本性，以及强大的想要报复的心理。虽然每天都注定了悲剧收场，但每次看到怪兽出现时，梦隐还是会使出吃奶的力量，不遗余力地试图去反抗。

坚持，永远是最好的努力。

这一切，在后来某一天的夜里，终于有了新的变化。那怪兽如约而至，仍照例出现在梦隐的梦境世界，迈着六亲不认的步伐，毫不迟疑地从黑暗中逐步走出。而梦隐感到一股神秘的力量将自己压制住，无法动弹，只能躺在床上束手无策。

随后，怪兽将一只脚踩在梦隐胸口，压得梦隐几乎无法呼吸。就在它准备如往常一样揉虐梦隐的时候，不知从何而来的一股力量涌出，梦隐用尽全身力气，抬起头，在怪兽的腿上狠狠地咬了一口。

时光流逝，虽然已经数十年过去，梦隐依然能够记起，梦境第一次在自己面前，在怪兽流露出陌生和错愕的眼神中，仿佛一面镜子碎裂一样炸开，那种震撼是无论如何都无法用言语表述的。

也正是从咬住怪兽的那一刻起，在压床状态的梦境中作出了反抗的动作，梦隐才真正意识到梦境原来是可以被控制的。

也是从那时起，拿到了时间宝石（学会控制梦境）的梦隐，开启了另外一种享受梦境的全新旅程。

在梦里，他会一次又一次找到那个怪兽，欺负它，甚至虐待它，无论它怎么躲藏，梦隐都会千方百计地找到它、拎它出来；时至今日，怪兽仍然存在，只不过他们早已和解，它也成为梦隐梦境中一个长期存在且固定的伙伴之一。

曾经有许多梦友向梦隐询问，那个怪兽的真实形象，它是一只火麒麟，然而至今也无法找到原型出自哪部动画片或是电视剧。

在梦友们的线下聚会上，梦隐曾戏谑地开玩笑道："小时候经历的那段至暗时刻，没有让我在长大后完全黑化，变成一个无恶不作的坏人，这或许就是'清明梦'最大的成就了。"

第十章　想象力练习

回首往事，那些曾经轮番出现在我们生活中的梦境，无论是频繁压床、白日梦，还是后来的续梦、稳定梦境，其实都离不开一个神奇的力量，那就是我们每个人的想象力。

无论我们身处何种价值观的框架中，想象力的练习对于学习清明梦和控梦都起着至关重要的作用；无论我们身处何种状态下，想象力的练习都能够在我们的生活和梦境中发挥巨大的作用。

想象力就像是开启梦境奇幻之门的钥匙，它让我们在融入梦境的瞬间，将无限的可能展现在我们眼前。它是激发创造力和思维灵活性的源泉，让我们超越现实的束缚，去探索未知的世界。它就像一只翩翩起舞的蝴蝶，在真实与虚幻的宇宙间穿梭，引领我们穿越时空的界限，去寻找属于自己的精彩冒险。

想象力就像是一艘可以横跨虚空的光明之船，它载着我们驶向未知的海域，让我们在梦境与现实的交织中绽放出璀璨的光芒。它是我们梦境真正的导演和摄影师，创造出一个个如电影般的梦境，让我们身临其境地体验各种令人叹为观止的场景和故事。它为我们打开一扇通往奇妙世界的大门，让我们拥有自己独特的灵感和平台，也为我们创造出一个属于自己的梦境世界，让我们可以焕发出无限的力量和智慧。

珍视和发展自己的想象力，是我们踏入控梦之门必备的技能，它让我们拥有无限的可能性，使我们能够成为自己梦想的主人。无论我们身处何地，想象力都能为我们指引方向，让我们在探索梦境和实现梦想的路上不再迷失，而是充满自信地前进。

·想象力练习

·墙纹

不知道你们有没有过这样的经历，在上厕所或是被老师罚站的时候，盯着面前的墙壁，沿着上面各种自然形成的纹路，我们能够从中看到各式各样被隐藏起来的画面。

有的墙上是一辆气势磅礴的汽车正在高速行驶，有的墙上则是一名优雅婀娜的女子在轻盈地漫步，有的墙上在叙述着一场惊天动地的神话传说，还有的墙上则在跌宕起伏地讲述着一段可歌可泣的爱情故事……

正是因为墙壁上线条的变幻，能够快速地在杂乱无序的纹路里，找到其中最有意思的画面，就是我们日常生活中最常见的想象力练习。这种练习不仅仅需要我们的眼睛有着敏锐的观察力，更需要我们的大脑能够跳出常规思维，从各种纹理中挖掘出更多的可能性。

例如，当我们盯着墙面上的纹路时，突然在混乱的线条中看到一座庄严而华美的宫殿，它似乎隐藏在墙纹的背后。我们可以试着想象，宫殿里住着一位威严的国王，他统治着整个王国，每天都面临各种政治与军事的考验。这个纹路给了我们足够的空间，去构建一个独特而绚烂的故事，幻想着国王的命运和王国的未来。

除了墙壁上的纹路，地砖、办公桌的桌面，等等，都能成为我们练习想象力最佳的媒介。平凡中蕴含着无限的创造，很多平日常去的地方，也能成为我们发挥想象力绝佳的场所。

只要用心去观察，用思维的翅膀去探索，根据不同的图案去散发思绪，我们就能在这些平凡的事物中创造出属于自己的奇妙世界。

·看云卷云舒

不知道你们有没有过这样的经历，一个晴朗的白天，在公园找到一个舒适的位置，躺在地上，仰望着天空。

天上飘浮的云彩，时而形如一只顽皮的小狗，时而又仿佛一头威武的雄狮，它们时而盘旋如巨龙，时而展翅欲飞如彩凤。

时不时，天空中显现出一场史诗级的史前大战，强者与强者在云海中相互搏击，气势磅礴，令人目眩神迷；时不时，天空又仿佛上演着一部令人叹为观止的科幻巨片，超凡的场景和神秘的故事情节扣人心弦。

坐看云卷云舒，同样可以成为我们日常生活中，最常见也是最简单的想象力训练之一。借助眼睛的聚焦和心灵的放飞，我们可以充分利用天空云彩的形状和变化，展开我们的想象力，去探索云层里无限的可能性。

云龙图

· **看图讲故事**

看图讲故事，是幼儿园小朋友最早掌握的技能之一。在平日里，老师会拿着一幅静止的图画，引导孩子们展开自由的想象力，让他们以自己丰富的思维去讲述画面中发生的故事。

这项练习不仅能培养我们的表达能力和想象力，更重要的是，它能教会我们如何进行联想。

联想，正是想象力练习中不可或缺的一课。

·一叶一菩提

树叶，是我们日常生活中最常见的事物之一，每一棵树、每一片树叶都有其独特的构造、纹理和虫咬的痕迹，这些细节同样能够组成一个个生动有趣的故事。

无论是上学还是下班的路上，我们都可以随手捡起一片掉落的树叶，并将其变成一个神奇的白日梦之旅。

观察树叶，同样是想象力训练中不可错过的一项技能。

·白纸中的世界

无论是墙纹、云彩、图片抑或树叶，都因纹路的各种变化而形成了一个个独特的图案和故事。

而在一张完全空白的白纸上，同样可以勾勒出我们需要的场景和梦境，但这需要梦友们坚持去观察，试图融入其中，才能真切地体验到其中的奇妙。

在这个空白的画布上，我们需要驾驭自己的想象力去创造无尽的可能性。只有通过不断地观察和实践，才能逐渐掌握如何将空白的白纸化作繁花盛开的景象，如何将平凡的图案演绎成令人惊叹的艺术。

白纸中的世界，可以说是想象力练习中地狱级的难关，它对梦友们的要求更加苛刻，我们也能依此作为考验，来判断自己想象力的进展和变化。

·续梦的练习

·祈梦

临睡前的暗示练习，可以阅读自己过往的某篇日记，然后以一种不同的方式为它续写一个截然不同的结局。当我们躺在床上，轻闭双眼，期待着梦境自动延续下去。

这个简单而奇妙的仪式，将我们带入一个超越现实的领域，帮我们实现心灵与梦境的相互交融。

· 孵梦

我们自己主动创造一个场景，将其不断在脑海中静静孵化，然后默默地等待梦想成真那一刻，期盼幻想成为实像，并自动融入我们的梦境。

这就像是在思维的花园中播种梦想的种子，然后用心灵的力量滋养和孵化，努力让它们在不久的将来绽放成为真实。

· 稳定梦境的练习

· 蹚地图

在蹚地图的探险历程中，我们可以选择一个自己喜欢的梦境作为固定的场景，然后像玩游戏一样，去寻找游戏地图中所有隐藏的细节和秘密。

蹚地图既是一次冒险，又是一次探索自己内心世界的旅程。通过不断了解场景内的一切，我们可以更轻松地融入其中。

· 最简单的初始地

· 以画为梦

我们可以寻找一幅自己喜欢的山水画作为起点。画中可以包含房子、森林、河流、仙鹤、小狗，等等各种你喜欢的事物，但要注意，千万不要选择带有人物的绘画作品。

将这幅画放在客厅或者挂在床头，当我们在知梦或出体时，可以主动投身进入画中，以此来开启一场美梦之旅。

当我们踏足画中世界，沉浸在其中时，就仿佛置身于一个神奇的梦境之中。

　　山林间的清风拂过脸颊，河水潺潺流淌，仙鹤翩翩起舞，小狗欢快嬉戏。无论我们关注什么样的画面，每个细节中都蕴藏着无穷的力量和魅力。

　　在这个美梦之旅中，我们的想象力能得到完全的释放，我们能够与自然和谐相处，与画中的事物进行互动；我们可以在房间里安静地阅读，或者在森林中漫步，感受大自然的勃勃生机；我们可以随着河水的流动，舒展我们的身心，拥抱无尽的宁静；我们可以与仙鹤共舞，感受飞舞时自由的心情……

第五部 · 控梦篇

好的控梦师不是教出来，而是带出来的。

第一章　梦境的规则

无论是转恨为爱，转恶为善、转黑暗为光明，转沮丧为快乐，还是转绝望为信心，梦的可塑性始终是无限的，它总是能给我们带来意想不到的惊喜。

然而，对许多人来说，他们不能深刻理解，控梦究竟是个什么样的概念。

网络上曾经有这样一个笑话：

故事发生在一个深夜，一个单身汉入睡后做了一个噩梦，他梦到一个穿着白裙、披头散发的女鬼一直在后面追赶，单身汉被吓得四处逃窜，不停地寻找地方躲藏。

他拼尽全力逃跑，却发现女鬼似乎始终跟随在他的身后，这时，一个奇特的想法涌入他的脑海："我至今还是单身，从没有交过女朋友，要是就这样被吓死，可就太亏了……"

这个怪念头升起后久久不愿散去，莫名地让单身汉产生了一种奇特的勇气，他突然决定停止逃跑，而是转身面对女鬼，并把其推倒……

于是，一个原本恐怖的噩梦，竟然在单身汉的心念转变中，变成了一场春梦。

这个笑话看似轻松幽默，但却也道出了一个深刻的道理。

虽然，在这个梦中，单身汉并不清楚自己正在做梦，但他却在无意之间展现了最简单的控梦能力。

前文曾经讲过，控梦可以分为潜控和显控两种。潜控是指在梦中并不知道自己正在做梦的情况下，由潜意识帮忙完成的控梦过程；显控则指的是在知道自己在做梦的情况下，由显意识去主动控制和改变的梦境。由此可见，上面这个小故事就是一个经典的潜控案例。

能够成功进入控梦期，对每个梦友来说都是一件令人欣喜的事情。在这个阶段，我们已经习惯了入梦、知梦和观察梦境，并且配合现实中的想象力练习，开始尝试在筑造一个属于自己的特殊梦境、一个独一无二的梦境世界——初始地。

在入梦篇时，我们学会调整自己的生活节奏，改变自己对梦境的看法和认知；在知梦篇时，我们学会跟潜意识谈恋爱，尝试与潜意识建立更深的联系；在观梦篇时，我们学会探索每个梦境的规律和规则；在筑梦篇时，我们学会创造属于自己的梦中基地；现在到了控梦篇时，我们需要学会的就是放松自己，并在梦境中尝试各种可能性。

那么，大部分人的梦境世界，最初的本质是什么样子呢？让我们一起来看看。

· 梦中的观察者效应

观察者效应源自物理学的双缝实验，它指的是由于观察者的存在会改变物质的状态。通俗地说，就是被观察的现象或事物会因为观察行为而受到一定程度的影响。

实际上，我们几乎没办法不影响我们观察的事物，只不过是影响程度不同而已。

声音、姿态、表情、动作、手势等都会或多或少地影响到被观察者。当然，更多时候，我们作为观察者可能产生的影响根本微不足道，甚至可以忽略不计。但是，这个效应的存在，是我们必须了解的，尤其是在观察我们身边的人或者事物的时候。

因为，我们往往只能通过观察了解这个世界，而我们的观察结果，以及对观察结果的理解，决定我们的行为、状态以及下一步思考。（以上内容来自百度百科）

事实上，在梦中我们同样只能通过观察来了解梦境世界，而我们的观察结果，以及对观察结果的理解，同样决定我们梦中的行为、状态以及下一步思考。

因此，在控梦的过程中，我们要更加注意自己作为观察者的角色，以及对梦境中各种元素和情节的观察方式。我们应该学会更加客观地观察，不让个人情感和偏见影响我们的观察结果。同时，我们也要试着去理解梦境中可能存在的一切事物。

就如同前文所述，当进入梦境之后，我们就像置身于无尽的黑暗和混沌之中，在周围同时存在着无数个大小不一的梦境。它们就像小孩儿在玩泡泡机时，吹出漫天飞舞无数大小的泡泡，这些泡泡有些是单独存在的，有些则两三个粘连在一起。最终，我们会进入哪个梦境，都取决于我们的注意力和观察力会停留在哪个泡泡上。

然而，虽然我们顺利找到一个感兴趣的梦境，进入并观察到一个奇妙的梦境世界，但这个梦境世界真的是完整存在的吗？

曾经，梦隐在歧梦谷发布过这样一个任务。当某天我们突然意识到自己正在做梦时，不要急着飞出去玩，也不要急着去做其他任何想做的事情。相反，此时我们可以尝试站在原地或飞到半空中快速旋转，不停地旋转，转到自己有点发蒙，转到周围场景开始有点不太稳定，在梦境即将崩塌之际，突然停下来，然后再去观察眼前的一切。

这个时候，我们会看到一个奇怪的现象。原本在人们眼中比现实世界更美、比现实世界更清晰的梦境里，远处的山峦、近处的水面、身边的花草树木和人物，此刻却像是电影拍摄现场用泡沫制作的粗糙模型，显得虚假且单调无比。

只有当我们停下来的一刹那，整个场景才会重新开始渲染和上色，并且变得生机勃勃。

然而，这一切虚幻的景象几乎是转瞬即逝，仅仅在瞬间就能完成所有转变。这种瞬息万变、转瞬即逝的假象，或许能使我们更深刻地认识到梦境的脆弱和不稳定。

这个小实验有什么作用呢？

或许，这个小实验可以用来证明我们梦境世界的虚假性。当我们处于高速旋转的过程中，潜意识无法确定我们将会在什么位置停顿下来。因此，此时的梦境有可能是不存在的，或者是以一种节省能量（省电模式）的形式存在着。只有当我们突然停下来，注意力重新停留在某个场景上时，这个梦境才会因为有了观察者的存在，而重新恢复清晰和散发生机。

对于那些充满好奇心的梦友来说，可以将这个实验作为控梦期的第一个小任务，在清明梦中尝试一下。通过亲自体验，我们可以更深入地了解梦境的特性和机制。

第二章　控梦学徒

作为一个刚进入控梦期的小学徒，我们在梦中能够展现的能力和实现的事情已经多如繁星。

然而，为了更好地适应梦境，更方便地发现梦境中独特的神奇规则，我们的控梦之旅可以从简单到困难，再从困难到地狱级慢慢增加难度。我们可以先从最初只去完成某个动作、寻找某样物品，然后再逐渐增加到去某个特定的地方、去见某个特定的人、去做某个特定任务。最终，我们可以提升难度，融入更多复杂的情节和剧情，从而创造出更加浩大的梦境世界。

举个例子：如果你喜欢猫咪，就可以从最初只是在梦中完成疑梦、验梦的训练。然后，慢慢可以尝试在梦中寻找一只特定颜色的猫咪，再逐渐增加到前往某个猫咪咖啡厅或宠物店给猫咪洗澡。最终，你可以让整个梦境发展出一个连贯的剧情：你拥有一只可爱的猫咪，今天的任务是带着它陪伴闺蜜逛街，顺便到咖啡厅一起享用一杯香浓的咖啡，之后还可以去宠物店为猫咪做个舒适的沐浴和按摩……

在清明梦游戏的任务体系里，梦友们可以从现实生活的吃穿住行中，罗列出自己的愿望清单。然后，按照简单、中等、困难和地狱级四个类别进行划分，并制定出独属于自己的任务列表。有兴趣的梦友，甚至还可以设计自己的积分体系，用来增加游戏的趣味性和可玩性，例如梦隐经常提及的减二加一，等等。

下面给梦友们介绍几个进入清明梦境，完成梦境停顿术的训练后，可以尝试的有意思的小任务，供梦友们作为参考：

·简单任务

·宠物

在你的梦境中，各种奇怪或可爱的动物会不期而至，如小猫、小狗，甚至飞龙、彩凤，等等，它们或是躲在角落里，或是在岩石上晃动着尾巴，引人注目。你可以静静地观察它们的颜色、毛发的质地，甚至它们的习惯性动作，并将这些特征细致地记录下来。

这是一个非常有趣的小任务，当你遇到自己喜欢的动物时，还可以尝试让它化身为你的宠物，在梦境中一直陪伴在你左右。

·放松

人有时候会感到疲惫，身心仿佛被无尽的重压压得喘不过气来，内心更是苦涩而力不从心。这种状态是一种无法用言语表达的疲倦，它深深地刻在我们的心里，使我们变得对一切都失去热情和兴趣，不想与任何人交谈，更不愿再与人争执和计较。

此刻，我们只想找到一个地方，独自静静待着。或许是一个荒凉的山谷，听着风的呼啸和鸟儿的歌唱；或许是来到宁静的海边，聆听海浪拍打岩石的声音，观赏海鸥自由翱翔的姿态。

在这样的地方，我们可以让自己的内心得到释放，让紧绷的神经得到放松。

在梦中独处，是我们未来在探索梦境时不可避免的一道关口，提早适应会让随后的某些任务变得更加容易。

·水果

无论是苹果、橘子、香蕉，还是芒果、榴莲，每个人对于水果的钟爱都各有不同。

在梦境中，我们可以追溯至童年的回忆，寻找一棵神奇的水果树。这棵树上长满了各种各样的水果，它们散发着迷人的色彩和诱人的香气，等待着我们去慢慢品尝。

当你摘下一个苹果，咬下去，你会发现那完美的酸甜交融在口中，让你仿佛回到了儿时。而当你剥开一颗橘子，清香四溢，那熟悉的味道令你心生欢喜。又或者，你拿起一根香蕉，细细品味，融化在口中的柔滑与甜蜜，让你迷醉其中。而到了芒果和榴莲，它们的香气令人陶醉，每一口都带给你无尽的满足……

此时，这些水果在梦中出现，你是否能够分辨出，它们与现实记忆中的味道，有什么区别呢？

·中等任务

·飞行

可以在天空中自由翱翔，几乎是所有人类的渴望之一。拥有稳定长效的清明梦，如果不亲身体验一把无拘无束的飞行任务，那就真是太可惜了。

还记得小时候，不太会飞的梦隐，经常站在一个高处，有时是山顶，有时是大树枝头。梦隐总是手舞足蹈地试图给自己一个起飞的机会，并不拘一格地寻找各种方式。

有时，会找到一个高高的石头，毅然跳下，用一瞬间的飞行助力自己脱离地面；有时，会抓起一根棍子，把它当作飞行器，努力撑着自己，在蓝天中飞翔；还有时，就仿佛在上楼梯，一步步踏空，晃晃悠悠地朝着天空前进……

飞行的姿势多种多样，我们可以横着飞，像鸟一样自由地在空中滑行；我们也可以竖着飞，像仙人一样挺拔而自信地穿越云霄；我们还可以向上飞，突破重力的束缚，去接近太阳；或者像水滴一样向下飞，体验自由落体的刺激。

我们可以尽情展开想象之翼，去尝试各种新奇的飞行方式。

毕竟，在梦中的飞行，是一种超越现实的冒险，也是每个控梦师都要掌握的基本技能。

· 穿墙

小时候在学校里学过一篇令人着迷的课文，它讲述了一个人跟随崂山道士学会穿墙的故事，这个故事应该很多梦友都还保留着一些印象。

故事里的穿墙技能，在梦境中怎么可能会被错过，无论是面对坚固的铜墙铁壁，还是面对高耸入云的高楼大厦，甚至是天空和地下的边界，只要我们相信自己，就能够轻松地穿过一切障碍。

· 切换场景

转场、换景，也是每个新手都必须学习和掌握的科目之一。

梦隐推荐的转场方法非常简单：只需要在周围找到一扇门，然后充满期待地想象自己想去的地方，推开那扇门，我们就会瞬间来到一个全新的场景。

门的应用非常神奇，它是初始地中最特别的装置之一，后面我们会专门详细介绍。但在此之前，梦友们可以提前熟悉一下这个奇妙的工具。

· 困难级任务

· 侠盗飞车

无论你在现实生活中是否学过驾驶汽车，在梦境里你都可以进行尝试体验。

那种极速驾驶的快感，那种自由自在地掌控着庞大机器的力量，会让你感受到前所未有的刺激和满足。

在梦境中，我们可以选择一条崎岖的山路，挑战自己的速度极限，体验一下赛车手的非凡感觉。

每个弯道、每个起伏，我们可以尽情地加速、漂移、超车，无拘无束地驰骋在风景壮丽的山脉之中，去感受速度和自由的魅力。

·重回过去

人生没有橡皮擦，过去的青涩时光似乎无法改变，那些曾经懵懂、无忧的日子也仿佛永远离我们而去。

然而，在梦中，我们可以重新回到那个令人怀念的少年时代，变回那个最纯真、最自由的自己。

走进梦境，让我们去寻找年少时的点点滴滴，重新感受那些美好时光的味道。

或许，你曾经心中的那个他（她），至今仍在梦里等你。

·家人重聚

每个人心中都有一个独特而温暖的家，这是我们能找到真正归属感的地方。有家人的陪伴无疑是世界上最幸福的事情，他们的存在会让我们感到安心和温暖，无论是在欢乐时刻还是面对挑战。

此时，在梦境中，我们可以发出邀请，让自己最亲爱的家人齐聚一堂。

我们可以邀请父母、兄弟姐妹、亲密的爱人，让他们在梦中再次与我们相聚。他们可能是已经离世的亲人，或者是因为种种原因而分隔两地的朋友。无论是哪种情况，梦境都给予了我们一个特殊的机会，让我们能够再次享受与他们在一起的幸福时光。

在梦中，我们的任务不是主持聚会或担任任何角色，而是默默地观察并感受眼前发生的一切。

·地狱级任务

·挑战副本

梦境中存在着许多高难度的场景，就像是一座座地狱级的副本，只有梦友们亲自踏足其中，进行认真探索和独立开发，才能解开其中的谜团。

　　随着清明梦次数的增加，玩家们不断积累了足够多的经验值。此时，我们可以将任务逐渐从简单的吃穿住行过渡到更为复杂的领域，如科技、音乐、绘画、电影、歌剧、诗词、小说、设计、医学、健身和强体，等等。

　　梦境的广阔空间给予了我们无限的可能，让我们可以在梦中探索各种知识和技能，不断提升自己的素养和能力。

　　我们可以选择在梦中学习科技知识，掌握编程技巧，或者体验音乐创作的乐趣，甚至通过梦里的冒险来提升自己的领导能力……

　　简而言之，清明梦就像一瓶万金油，或是一个万能的小工具，无论你从事何种职业，都可以借助梦境来积累经验，从而降低通关的难度。

　　当然，具体的操作方式和注意事项，需要梦友们根据自己的意愿进行。

第三章　控梦师的天敌

早些时候，无意间看到过这样一份引人注目的报告。

据中国睡眠研究会的数据显示，中国成年人的失眠发生率高达 38.2%，这意味着有超过 3 亿中国人面临着睡眠障碍的困扰。值得一提的是，在这些失眠的人群中，90 后、95 后、00 后为代表的年轻群体的睡眠问题最为突出。

此外，令人担忧的是，报告还指出 69.3% 的年轻人表示 23 点之后才会入睡，而 34.8% 的年轻人常常需要花费半个小时以上的时间才能入眠。

那些注重身体健康的人都知道，睡眠质量直接关系到生活质量。而对于每个失眠的人来说，他们深知失眠会导致睡得晚、睡得少，对人体机能的损伤是巨大的。虽然精神不佳、肤质变差、头发逐渐变稀这些问题可能看似不算大事，但是因失眠而导致的身体危害往往是长期积累的，一般情况下很难一下子觉察。

例如，有研究表明，睡眠不足的人更容易发胖，也更容易产生压力，容易失去自我控制能力。

此外，由于经常加班、熬夜导致猝死的案例也屡见不鲜。也正因此，各种药物助眠产品逐渐进入我们的日常生活，就连褪黑素这样的助眠保健品也开始备受关注，并成为一个网红产品。

曾经有不少爱做梦的梦友来问梦隐，褪黑素是否有效，是否能够帮助我们改善睡眠，甚至有人询问褪黑素是否能够促使清明梦的产生。梦隐始终保留着一贯的回答："对于我们这些热爱做梦的控梦师来说，依赖外物，尤其是药物的辅助，无疑是不可取的。无论这种产品是否真的有效，仅仅是从依赖性和抗药性等方面考虑，这些不可避免的副作用，对身体和心灵造成的巨大风险都是不容忽视的。"

当然，除非迫不得已，否则没有人会拿自己的身体开玩笑。因此，只能说不到最后一步，只是单纯改善睡眠，我们完全没有必要依赖药物。既然药物不能乱吃，许多人就开始将目光转向物理助眠的方法，这就像我们玩砸地鼠的游戏一样，刚按下一个，那边又冒出一个新的地鼠。

总的来说，比起依赖药物辅助，选择一些特制的助眠精油、欣赏悦耳的白噪音音乐、挑选舒适的寝具，等等，效果要稍微好上一些。

梦隐一贯的口头禅是："绝大部分生病的人，都是三观病了。"

简单来说，就是很多患病的人，通常都是由于他们的认知系统出现了一些微小的问题。这里的三观，主要指的是心态问题。只要能够找到根源，就能从根本上解决问题，这才是最简单、最直接、最有效的方法。

作为控梦师群体最大的天敌，失眠虽然是一种疾病，但并非一定需要通过打针、吃药才能治疗。

如果你真的长期受到失眠困扰，并且已经严重影响到正常的生活和学习，那么，你可以尝试一下梦隐提供的这个"馊主意"。

之所以称之为"馊主意"，主要是因为它与市面上一些常见的方法相比会有所不同。不同于要寻找安静的环境、戴耳塞、使用眼罩，或者更换枕头和床垫等方式，这个小技巧可以说是一个与众不同的非主流方法。

说起这个技巧，还有很多有趣的小故事。

在　次线下聚会上，有　个梦友问梦隐，既然我们关注的都是睡眠问题，那么对于睡不着觉的人来说，该怎么办呢？对于失眠的人来说，又该如何学习清明梦、如何控制梦境呢？

梦隐笑着说："其实很简单，治疗失眠只需要去做一件事情就可以了。"

这引起了其他梦友的兴趣，纷纷询问具体如何操作。既然它能够治疗失眠，为什么歧梦谷没有专门的内容和教程来介绍和讲解呢？

梦隐当时笑着回答："因为我暂时还没那个本事，也没有足够的能力和知识储备，可以把一句话就能讲清楚明白的东西，形成一个复杂的体系，让你们用两三天的时间来学习。"

……

究竟是怎样一句话，竟然会有如此神奇的魔力，可以用来治愈失眠呢？其实很简单："想要不失眠，睡觉时不要关灯就行了。"

是的，就是如此简单，只需不关灯就可以治疗失眠。

或许很多人难以理解，为什么不关灯可以治疗失眠呢？

不知道你们是否遇到过这样的情况，躺在床上翻来覆去无法入眠，但起床打开灯坐在沙发上，打开电视没看一会儿，不知不觉就睡着了。

此外，还有一些人喝了牛奶、泡了脚，做了充分的准备，关灯躺在床上开始入睡，结果脑海中各种念头此起彼伏，如雨后春笋般不受控制地一个个往外冒出来。这导致的结果是，越是想困意越是兴奋，越是想入眠越是精神，最终会导致自己根本没有入睡的欲望。

对于偶尔暂时性的失眠，完全不必担心。但如果这种状态持续的时间很长，已经给你带来困扰，即使勉强入眠，第二天也会感到昏昏沉沉，没有胃口，甚至身体状况越来越差。

那么，你可以尝试一下晚上睡觉时不要关灯。如果在床上有看书、刷手机的习惯，可以继续保持。如果在看书过程中感到累了和困了，直接闭上眼睛，随书本自己掉落，无须管它，让自己沉入睡梦，不必理会睡姿如何，就保持当前姿势不要移动，然后直接入睡即可。（当然，在后期最好可以改掉在床上看书、刷手机等习惯。）

经过简单的尝试，你就会发现自己在不知不觉中，已经睡着了。

这个小技巧，无论是针对轻度失眠还是重度失眠，无论是由身体原因、心理原因、生理原因还是病理原因引起的，都会有一定的效果。甚至可以说，"不关灯睡觉"这五个字，可以解决市面上 95% 的失眠问题。

起初，很多梦友对此感到难以置信，甚至开玩笑说自己晚上睡觉绝对不能有一点光亮，否则就会无法入眠。

然后梦隐会问他们，平时有午睡的习惯吗？

大部分人点点头，说："有"。

那么，一个奇怪的疑问就随之而来，除非使用完全遮光的窗帘，否则即使关闭门窗、拉上窗帘，房间里的亮度与晚上开着夜灯时差别也并不太大。

为什么午睡时可以有光亮，晚上就连一丝光线都无法忍受呢？

还有梦友会开玩笑地询问，开着灯睡觉有强烈的光线，不会影响褪黑素的产生，甚至对身体健康造成影响吗？

每次梦隐都会微笑着回答："如果你连入眠都无法做到，已经睡不着了，还需要关心在意褪黑素吗？身体已经受到了影响，现在最重要的是能够入睡、要获得充足的睡眠才行。"

再说，待失眠问题缓解后，你可以继续关灯睡觉，没有人规定要你必须一直睡在有灯光的环境中，不是吗？

第四章　神奇的失眠

　　估计，许多梦友对这个技巧产生了好奇心，觉得不关灯睡觉就能治疗失眠太不可思议，会怀疑这个方法的真实性。

　　失眠形成的原因千差万别，解决方法也有很多，如呼吸法、催眠法、按摩法、针灸、中药调理，等等。仅仅是梦隐知道的方法就有数十种可以缓解失眠症状，但"不关灯睡觉"却是梦隐唯一会推荐的方法。

　　这个技巧背后的原理非常简单，有以下几点：

·消除杂念

　　曾经体验过失眠的人应该知道，在晚上关灯躺在床上睡不着的时候，脑海中就会涌现出无数念头，几乎是完全不受控制的。

　　今天老师布置了什么作业？领导给安排了什么任务？上次旅行时遇到了什么情况？刚刚玩吃鸡游戏时有个装备没捡，等等。

　　然后，散发性地向外扩展，变成：明天老师检查作业怎么办？谁谁谁肯定又没写完；上次剪头发时店里放的那首歌挺好听，等等。

　　相关或不相关的各种杂乱念头，从各个方向涌现而来又散发出去。

　　那么，睡不着的你有没有想过，这些念头是怎么冒出来的？它们又是从什么时候开始冒出来的呢？

　　大部分人的答案可能都是：没有注意到。

　　那么，当你今晚再次失眠时，认真仔细地观察，你会得到一个简单的答案，这些念头大多都是在关灯后才会涌现出来的。

　　有趣吧？

　　现在，梦隐可以告诉你一件更有趣的事情，那就是光，能够帮助你驱散

60% 以上的杂念。（这个数据是我猜测的，可能更多也可能更少。）

此时，你可以尝试把灯打开，你会发现自己又能够专注地看电视、刷手机、追剧、读小说，思维不会乱跑，大部分人都可以重新将注意力集中在一件事情上。

只有当你关灯，老老实实躺在床上准备睡觉的时候，那些念头才会再次冒出来，并且不受控制地来回乱跳。

· 姿势

在之前讨论回忆梦境时，我们讲到过姿势的重要性，也就是常说的：姿势不对，努力白费。

很多梦友可能没有注意到，正确的姿势不仅对于回忆梦境、记录梦境有所帮助，对睡眠也同样有着不可忽视的作用。

就像刚才提到的故事，有些人虽然严重失眠，但却能坐在沙发上，拿着手机、报纸或者遥控器，看着吵闹的电视剧安然入睡。

然而，当他们被家人叫醒，重新回到卧室躺在床上时，却又睡不着了。

实际上，归根结底，这样的情况是因为我们在无意中破坏了一种三者合一的状态，破坏了身体内的某种平衡，才导致了这个结果。

很多刚开始经历失眠的人都会遇到这种情况：刚刚靠在床上刷手机，明明感到困意涌现，手机已经在无意中滑落了几次，他们确信自己是真的快要入睡了。

这时，他们会将手机放好，侧身按下开关，关闭灯光，脱掉衣服，并调整枕头将其放平，自己也微调一下位置，躺平、睡好。

结果，他们会发现刚刚还在激烈争斗的上下眼皮，似乎突然和解了一样平息下来，不再吵闹也不再打架。此时，自己只能躺在那里，又一次无法进入睡眠。羊都不知道数了多少只，结果还是无法入睡。

这个时候，我们需要了解，想要入睡并不仅仅是表面上的意识感到困倦，潜意识开始活跃并准备接管身体的控制权。

实际上，除了我们之前提到的内部和外部两个系统之外，还有第三个管理系统存在，那就是肌肉意识，也就是身体意识。只有当三个系统达到某种平衡时，我们才能真正进入梦乡。而绝大部分失眠者，往往是身体意识和其他两个系统之间的协调性出现了问题。

简单来说，就是我们刚刚在半躺的姿势下培养的睡意，在经历放下手机、关灯、脱衣、调整枕头、躺平等动作的影响后，已经完全消失了。

此时，我们需要在新的姿势中培养全新的睡意，才能达到三者合一的状态，从而顺利进入梦乡。然而，这个需要重新培养的睡意，往往需要耗费大量的时间，这也是很多人躺下后辗转难眠的原因之一。

但是，大部分不了解内情的人往往误以为自己失眠了，在内心深处产生了紧张或害怕的情绪，而这种心理状态则会进一步加剧这种情况的发生。

（当然，这仅仅是梦隐的个人认知，目前还没有相应的科学实验和研究来支持这个观点，希望这个设想在未来可以被接受和证实。）

实际上，除了之前提到的原因外，还有另一个方面需要考虑，即大部分持续失眠的状态与我们之前谈到负面死循环的压床状态有些类似。

只是在这个三角模型中，压床变成了失眠，状态也成了想睡却无法入眠，而无法入眠会引发焦虑，担心影响第二天的生活和学习，这时候我们就更加渴望入睡，但渴望入睡却越来越难以实现，这又使焦虑感进一步加剧。

想睡→睡不着→焦虑→想睡→睡不着→焦虑……

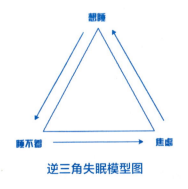

逆三角失眠模型图

发现这一状态后，我们所需要做的就是阻止并打破这种循环，让它暂时停顿下来，然后就像解除压床一样，去探索失眠，直面失眠，学会不要抗拒，即使真的无法入眠，起来玩玩游戏、看看书、刷刷剧，或者干脆将工作安排在晚上进行，都是可以的。只要能够让这个循环暂时停下来，然后推动其中某个点顺时针转动，它就会变成一个正向无限循环。

在这里，既然有三个点，我们就有三次选择的机会，从想睡入手，从焦虑入手，或者从其他方面入手也是一样的，如果你自己实在无法做到改变，可以暂时选择依靠外物。但是，无论是不关灯睡觉、使用睡眠辅助药物、采用物理辅助入眠，还是其他方式，都要记住一个原则，即只要打破原有的循环结构，推动它向着正向发展，一切就会发生转变。

可能很多梦友想象不到，梦隐对失眠的关注，同样是源自对控梦领域的相关研究。

在长期的探索中，梦隐发现了一个极其特殊的现象，在众人眼中如同洪水猛兽般凶猛恐怖的失眠，和之前带给无数梦友恐惧的压床一样，两者实际上都是一种非同寻常的存在。

不过，与压床所带来的显性状态不同，这个神奇的失眠，又被梦隐称之为清明梦的隐性天才状态。

第五章　隐性的天才状态

讲一个简单的小故事。

在歧梦谷的山庄里，曾经住过各种各样的梦友，他们每个人都有着独特的经历。这个故事的主人公有两个，我们姑且称他们为小杨和老刘。

山庄里的房间都是类似宿舍的上下铺，通常需要几个梦友共住一间。小杨和老刘一同来到山庄，当分配房间的时候，询问得知他们都有打呼噜的习惯。为了不影响到其他梦友的睡眠，他们就被安排在同一房间居住。

一夜无话，第二天一早，梦隐询问小杨昨晚的睡眠如何，小杨告诉他，老刘一直打呼噜，吵得自己一夜都没有睡好。

笑了笑没说话，等到老刘醒来后，梦隐同样问起他昨晚的睡眠状况。令人惊讶的是，老刘的回答竟与小杨的描述异常相似，他说小杨整晚打呼噜，吵得他一直无法入眠。

这时，梦隐笑了起来，召集了小杨和老刘，三个人坐在一起聊天。

梦隐说道："你们俩都声称自己没有睡好，一直被对方的打呼噜声干扰，那么到底是谁在打呼噜呢？"

这时，小杨笑嘻嘻地拿出手机，播放了一段录音，里面记录了老刘昨晚打呼噜的声音。声音不大，但却平稳有力，确实是入眠后的表现。看到这个证据，老刘顿时愣住了。

于是问题就来了，他们两个人的记忆中，都没有睡着过，一直受到对方打呼噜的干扰，那么为什么在对方的记忆中，自己却在打呼噜呢？

这时候，我们不得不提到另一种失眠形态，被称为假性失眠。

·假性失眠

许多人对外宣称他们深受失眠之苦，而实际上却没有半点失眠的迹象。

当仔细询问他们时，才发现原来他们每天的睡眠时间都比常人要少，因此才认为自己处于失眠状态。这种失眠被称为假性失眠，实际上只是当事人在心理上有睡眠障碍的感觉而已。

那么，为什么会有人出现假性失眠的感觉呢？

主要原因是这些人没有意识到睡眠需求存在个体差异，有的人每晚只需要6小时的睡眠，而有的人则必须要睡够9个小时。这些人按照通用的睡眠时间标准来衡量自己的睡眠，因为自己的睡眠时间少于正常水平，所以才产生了失眠感。

此外，睡眠需求也会随着年龄的增长而发生变化，青年人不需要像儿童那样多的睡眠时间，中年人则不需要像青年人那样多的睡眠时间。因此，一些人由于身体衰弱或年纪增长而产生睡眠不足的感觉，这也是导致假性失眠出现的原因之一。

（以上内容来自百度百科）

综上所述，许多人的失眠状态，其实是心理原因造成的，只是主观上认为自己失眠而已。实际上，他们每晚都能够正常入睡，甚至比别人睡得更好。

那么，为什么我们会将失眠定义为控梦领域的一种隐性的天才状态呢？

就像上面故事中的小杨和老刘一样，由于主观认为自己会被室友的打呼声所干扰，因此断定自己没有入睡，这是不科学的。

事实上，这只是现实照进梦境的一种正常状态。就像小时候梦隐就拥有的一个特殊能力，可以在梦中听到外界传来的音乐，并在梦中作出相对的反应一样。

如果此时使用脑电波检测仪或多导睡眠检测仪来观察睡眠者的状态，我们将会发现他们的脑电波虽然呈现出类似清醒时的状态，但实际上他们已经处于睡眠之中。然而，这种状态与单纯的快速眼动期并不相同，他们的眼前没有梦境图像的出现，大部分时间只会看到黑屏或残缺的图像。

这也是许多人自我判断失眠的重要依据之一。虽然他们确实入睡了，但意识还保持着清醒状态，眼前出现的也是一片杂乱无序的黑屏，完全没有梦境的图像和迹象出现。

此时，我们只要从身体和视觉两个方面着手，唤醒做梦的感觉，梦主就能直接进入清明梦的状态，这是一种非常特殊且另类的清醒入梦的技巧。

· 两个简单的方法

· 翻身起床

既然有些人可能会觉得自己没有入睡，那么我们就可以试着抬起手，来验证一下此时的真正状态。如果能够弯曲手指，验梦成功，那我们就可以翻身下床，开门出去玩。至于接下来要怎么玩，就不需要多做介绍了吧？

如果无法验梦成功，发现自己真的没有入睡，那就起床走动一下，上个厕所，或者坐在床上发呆，尝试通过不同的姿势，重新培养入睡的意愿。也可以尝试打开灯，不关灯睡觉，说不定一会儿就能进入梦乡。

· 视觉找回

既然无法入睡，傻傻看着面前一片黑屏，无所事事，反而不如利用这段时间来复习一下白天做过的想象力练习。

深呼吸后，仔细观察眼前的黑屏有几种颜色？是纯黑色还是杂色的花屏？试着在其中找到一个个闪亮或昏暗的点，就像网络上的星座图案一样，将它们连成线，然后看看这些图案连在一起会形成什么形状，是一头雄狮还是一只兔子。

在与自己玩游戏的过程中，你可能很快就会看到一些模糊的画面出现。这时，我们只需要想象与这些画面进行互动，就能够置身于梦境之中。

至于怎样互动，最简单的方法就是想象眼前有一个把手，伸手去拉，然后扭动把手，就能推开一扇大门，走进去，从而进入梦境。

此外，在网络上还有一些其他技巧，诸如奔跑法、隧道穿越法，等等，都可以帮助我们在黑屏状态中，重新找回做梦的图像。

除了上面提到的两种方法，对于失眠的人群来说，梦隐还有一个小建议，可能也会对他们有所帮助。

如今市面上有很多关于睡眠监测的辅助设备，比如一些智能枕头、床垫、手环和手表，等等。通过连续观察几天的数据，我们可以了解到自己是否入睡、睡眠时间长短、睡眠质量等相关信息，并依此而判断自己是否真的整夜失眠。

如果发现自己昨晚其实不但成功入睡，并且还被设备检测到几个正常的睡眠周期，那么至少从心理上我们要明白，自己可能进入了一种全程清醒的状态。（在控梦领域，全程清醒是很多人练习很久都未曾经历过的一种体验。）

这时候，我们只需要每十分钟或者半个小时就稍微抬抬手、扳扳手指，进行一下疑梦、验梦的练习即可。

而如果监测设备真实地提醒我们整晚都没有入睡，那么我们就可以按照前面介绍的治疗失眠的方法，打开灯，甚至打开电视，找一个自己不太感兴趣的节目或电影来看，说不定很快就能睡着。

毕竟，既然在安静的环境中依然无法入眠，我们为何不大胆尝试一下，在喧闹的环境中入梦呢？

特别提醒：

①我们应该了解这些辅助设备的真正价值，它们的存在是为了帮助我们准确判断自己的睡眠状况：是否经历了浅睡、深睡和 REM 期。只要我们的睡眠过程中包含了这些阶段，就说明我们的睡眠是健康的。

②有些设备可能会显示出过低的评分，甚至可能还会给使用者带来一定的心理压力，从而加重其失眠的症状。在这种情况下，最好的选择就是暂停使用这些设备，不再依赖它们，以便观察可能的改善。

③我们需要在心理上意识到，评分结果只是一种机器算法的产物，它们并不能完全代表我们的真实睡眠质量。将其视为一种游戏娱乐的数据尚可，但将其作为睡眠健康医学的评判数值，几乎没有任何参考价值。

前些年，歧梦谷就曾设计并开发过一款以睡眠检测为主题的网络游戏。这款游戏可以让梦友们将自己夜晚的睡眠过程、睡眠质量，白天的游戏体验、清明梦的学习和控梦的相关训练结合在一起。这样，既可以增加现实生活中的乐趣，又可以提高睡眠的可玩性，同时还能改善绝大部分梦友的睡眠健康问题，是一款既能玩、又能学习的健康类游戏。

第六章　真正的神之态

通过一些设备的辅助监测，我们会发现一个令人惊奇的事实：明明已经入睡了，我们的显意识却依然存在。这种状态犹如我们已经检完票，坐在电影院的椅子上等待放映师播放影片，却一直迟迟不见他的身影。

实际上，我们已经在清醒状态下进入睡眠之中，只需要再意识到自己已经入睡，并开始激活梦中场景，那么，此时我们在做的就是一个真正的清明梦。

也正因此，失眠并非百害而无一利，毫无用处，至少在控梦领域，失眠是清明梦的第三个天才状态。毕竟，很多失眠的人实际上原本就正在经历"清明梦"，只是他们没有明确意识到这一点而已。

压床、春梦和失眠，是我们目前所知的三种清明梦的天才状态。

然而，认真分析这三种状态存在的原理以及转变为清明梦后的情景，我们会发现它们有一个共同点，这个点我们称之为神之态。

·压床转知梦

压床，俗称鬼压床，是指在睡眠过程中，我们的意识突然醒来，但身体仍然处于沉睡状态，出现动弹不得、喊叫不出的情况。

要想从压床状态成功进入清明梦，只需要了解压床的特点，放弃抵抗，深呼吸之后，开始慢慢尝试重新拿回身体的掌控权，我们就能够直接从床上起来，并按照清醒入梦的步骤，进入一场有趣的出体之旅。

这里需要注意的是，我们的意识骤然清醒，但身体仍然处于睡眠之中。

·春梦转知梦

在睡眠过程中，伴随着梦中的情景，如牵手、接吻，甚至性行为等画面，我们的身体会进入遗精前的亢奋状态，或是由于阴道湿润引起的身体异常。如果希望这些情景继续下去，我们就需要在梦中向身体发送控制信号，阻止射精、高潮等状况的发生。随着我们对身体掌控力的增加，意识和身体之间会产生一种短暂的冲突，这种身体的不适感同时带来了意识的瞬间清醒，一个知梦点就在此时快速形成。

然而，很多人在这个阶段却会放弃反抗，他们可能觉得反正无法控制，湿了就湿了，早晨起床清洗一下就好，或是单纯地只想享受当下的进程。于是他们会再次滑入普通梦境，从而错过那个自动形成的知梦点。

这里值得注意的是，同样是意识短暂地清醒，但我们的身体仍然处于睡眠之中。

·失眠转知梦

通过睡眠监测的手段，我们可以确认自己是否真正进入睡眠状态，以此来判断是否整夜失眠。如果确定自己在睡眠状态，在接下来的睡眠过程中，我们只需每隔半个小时进行一次疑梦、验梦的练习，便能够成功体验到清明梦的奇妙。

需要注意的是，此时尽管我们的意识还保持在清醒状态，但我们的身体实际上早已陷入沉睡之中。

以上三个睡眠现象之间的共同特点在于，虽然意识都是清醒的，但身体却仍在睡眠之中，而在此之前我们都没有真正意识到自己正在做梦，这种现象被我们称之为：假醒。

假醒：是指做梦者在睡眠时，做了一个生动逼真的从睡眠状态醒来的梦，而现实中梦主的身体仍在睡觉，然后又再次醒来的一种特殊的睡眠现象。

一个简单的例子：

某天清晨，当你醒来后，穿好衣服，洗漱完毕，一切看起来和往日起床后的流程并无二致。

然而，当你吃完早餐离开家去上学或上班时，才发现自己再次从床上醒来，刚才发生的一切只是一场梦境。于是乎，你需要重新穿衣、洗漱、吃早餐，再次离开家去上学或上班……

身处假醒状态时，我们仿佛真的苏醒过来，但实际上我们还沉浸在梦境中，并经历和体验了一次非常真实的起床后的程序。

另一个简单的例子：

某天清晨，当你正在熟睡时，突然被闹钟的声音吵醒，于是你起床关掉闹钟，穿衣、洗漱。然而，在凉水泼到脸上的那一刻，你突然意识到自己是在做梦，然后开启了一场有趣的清明梦之旅。但是，还没过多久，你又被闹钟吵醒，继续起床、关闹钟、穿衣，在洗漱的过程中，又发现自己仍然在做梦。

又经历了一场清明梦之后，再次被闹钟吵醒，继续发现自己还在做梦……

直到真正在现实中苏醒，才发现刚才经历了无数次假醒的循环。

以上两个案例是假醒最常见的两种状态。第一种情况下，在梦中经历了一次假醒，进行正常的起床和洗漱，梦主可能会注意到周围环境的异常，从而获得一个清明梦；但也可能没有注意到周围环境的异常，一切如同真实的苏醒一样进行。

第二种情况下，在梦中经历多次假醒的循环，梦主可能会注意到周围环境的异常，从而体验一个或多个清明梦；但也可能没有注意到周围环境的异常，他能感受到一丝不寻常的预感，却无法说出哪里不太对劲。

细致地对比参照，我们可以发现，压床、春梦、失眠和假醒状态之间有一个共同点，都是在身体苏醒之前，意识进入了一种虚假的清醒状态。

因此，在整个控梦期的练习过程中，除了进行常规的训练和任务之外，假醒的体验也是最重要的组成部分之一。

至于为什么会重点提起假醒，原因很简单，因为它就是我们之前所提到的清明梦领域的"神之态"。

然而，很多人只是关注假醒醒来后的起床、穿衣、刷牙、洗漱等行为动作，根本没有意识到假醒的真正特性。

·假醒具备以下几个特性

·稳定性

在梦中经历假醒后，我们会看到一个与现实极其相似，同时又非常稳定的场景。

·现实的复刻

在梦中经历假醒后，我们所处的场景会复刻出现实房间内的大部分物品，其中包括但不限于床、枕头旁的手机、衣柜、桌子以及电脑等物品。

·意识的清醒程度

在梦中经历假醒后，虽然大部分人并没有意识到自己仍然身处梦中，但是大脑此时的清醒程度却是最接近现实的。你能够回答自己的名字是什么、电话号码是多少，以及昨晚睡前吃了什么东西等诸多问题。

此时，回过头来，我们可以回顾一下创建和稳定初始地所需要的几个要点，即熟悉感、安全感和归属感，然后进行对比。

你是否熟悉自己的房间？毫无疑问是 100% 熟悉的，否则你也不会一时没有注意到自己仍在梦中。

你的房间对你来说是否存在安全感和归属感？在很多人的潜意识中，自己的卧室可能是世界上最安全，也是为数不多能够完全属于自己的地方。这个地方可以让我们肆无忌惮、尽情发泄，让我们毫无保留地展示最真实的自我。

不论在外受到何种委屈或困扰，我们都会习惯性地躲到自己的房间里。例如，与男朋友分手了，我们会躲到房间；被领导批评了，我们会躲到房间……

总之，无论在外经历了什么困难，我们总是会认为躲到房间是最安全、最可靠的选择，这几乎是刻在我们基因中的对家的依恋和信任。

正如前文所提到的，我们积极去探索地图，就是希望通过熟悉感、安全感和归属感，来创造一个长久稳定的梦境，一个让我们熟悉而安心的地方。

也正因此，我们才在此基础上提出假醒是清明梦的神之状态。因为它是一个天然的、最简单的初始地，是我们进入梦境的过渡区域，也是我们探索梦境世界的基石。

第七章　关于假醒的日常练习

简单来说，假醒在无意中为我们提供了一个极其拟真的初始地的样板房，它具有极高的稳定度、熟悉度和清醒程度。此时，我们只需要有意识地培养一个简单的习惯，便能从此拥有一个最初版本的初始地。

·醒来后的疑梦验梦

我们首先要养成的，就是在每次醒来时，也就是从梦境中苏醒的第一时间，进行疑梦和验梦的练习，以确认自己是否真的回到了现实世界。

实际上，疑梦、验梦的练习，并非只存在于现实生活，同样可以适用于梦境世界。

需要注意的是，这里的第一时间，并非一定是醒来后的第一件事，这并不冲突于其他醒来后的行为，如回忆梦境、记录梦境，等等。事实上，刻意养成醒来时回忆梦境、记录梦境和验证梦境的习惯，也可能会主动引发假醒的发生。

许多人可能有过类似的经历：在夜晚从梦境中醒来后，迅速回忆梦境，并记录下来。然后再次入睡，直到早晨醒来时，才发现自己在半夜的苏醒只是一次假醒，日记本上什么记录都没有。

·在梦中记梦

在实际应用中，记梦有四种方式：在现实中记录现实、在现实中记录梦境、在梦境中记录梦境和在梦境中记录现实。前两种方式是真正苏醒后，在现实中进行的。而后两种方式则需要在梦境的初始地中完成。

而假醒为我们创造了一个极其稳定的房间，身在此处，我们可以轻松地坐在桌子前，悠闲地进行最后两种记梦方式的训练。在这个完全拟真的初始地中，我们能够专注、有条不紊地记录现实或梦境的细节以及经历的点点滴滴。

· 有意识地区分现实和梦境

和梦境停顿术与装傻的做法相似，当我们意识到自己正处于梦境世界时，第一项任务就是停下来，静心观察梦境，尽量不要着急离开自己的舒适圈。与潜意识谈恋爱，不是为了控制和命令它为我们服务，而是互相扶持、协同合作，共同去完成一项任务。

假醒给我们创造了一个各个方面都十分契合的地方，我们绝对不能无端端地浪费这个机会。

许多梦友在经历假醒时，确认自己身处梦中后，便会迫不及待地推开门，或穿过墙壁，离开自己的房间，去体验自己临睡前设定的任务。

其实，留在原地，亲手改造自己的房间，也是一个不错的选择。我们可以根据房间内的物品数量和大小，重新规划房间布局。

需要注意的是，重新规划并不是为了掌控房间，变出一些原本不存在的东西，而是对现有物品进行重新摆放和简单地归纳处置。例如将床挪一个位置，将桌子从窗户边移开，等等。在尽量不被潜意识察觉的情况下，最大程度地改变房间内的格局。

或者，你可以拿起一支笔，在墙面画上自己喜欢的图案，或写下"我在做梦么"几个大字。

虽然在日后再次经历假醒时，房间可能会被重置，但只要你不遗余力地整理和建设，每次知梦后，就按照新的装修风格，对自己的房间进行改造。

终有一日，你假醒后苏醒的地方，就会变成被你重新改动过的新房间。

当这一结果出现时，恭喜你，你从此就拥有了自己的第一个初始地，一个梦境中的桥头堡。

在这里，你的意识清醒程度接近于现实，梦境的稳定程度也接近于现实。只要你不主动想要醒来，这个梦境存在的时间会比你其他清明梦更长。

经过漫长地重建和熟悉，当这个初始地趋于稳定，你可以慢慢向外扩展，推开房门，去建设其他房间、楼层、小区、街道和其他场景。我们的梦境就像是一部种田流的小说或养成系的游戏一样，拥有自己的土地后，其他事情只需要按部就班、循序渐进地进行即可。

当然，除了在现实中养成醒来时回忆梦境、记录梦境和验证梦境的习惯，还有许多其他技巧可以主动诱发假醒的出现。

一个真实发生过的小故事：

曾经有一位女孩儿在北京跟梦隐学习控制梦境，女孩儿有过清明梦的体验，学习的速度很快。于是，梦隐就教了她一种方法，让她尝试反复从梦境中苏醒。

第二天，女孩儿来向梦隐抱怨，说能不能换个方法，这个技巧太折腾，总是在半夜频繁苏醒，影响了她的睡眠。

梦隐就笑着问她昨晚苏醒了多少次，她说大约有二十多次，总是不停地苏醒，每次刚入睡就醒来，这让她感觉有点不太舒服。

梦隐告诉她不要着急，晚上继续训练，但是要加一个任务：在每次苏醒后，就给梦隐打个电话，只需拨通后响一声就可以挂掉，在手机上留下一条通话记录即可。

又过了一天，女孩儿告诉梦隐，仍然觉得太折磨人了，一晚上醒来了十八九次，自己也没能好好睡觉。

梦隐笑着拿出手机，让她亲自查看通话记录，结果显示，她打进来的电话只有 7 个。

梦隐再次问她，另外那十几次拨打出去的电话，最后都打给了谁呢？

……

很多时候，我们以为自己已经醒了，但实际上仍然身处梦中，仿佛迷失在一片真实的幻境之中。只有当我们学会分辨和区分梦境与现实的界限时，我们才能真正拥有向外发展的基地，梦境也将带我们进入另外一个更为辽阔的世界。

因此，如果不想凭空创造，我们可以主动在现实中寻找容易诱发假醒的事物。毕竟，控梦从假醒入手也是一个不错的选择。

总的来说，假醒可以分为三类：被动触发的假醒、主动创造的假醒和自然而然发生的假醒，这些假醒方式各具特色，都有着自己独特的魅力与机遇。

无论是被动触发的假醒，让我们无意识地陷入梦境之中；还是主动创造的假醒，让我们通过自己的努力创建出属于自己的舞台；又或者是自然而然发生的假醒，让我们不经意间发现自己已经进入梦境；这些都是我们探索梦境世界的一种方式，值得我们深入去研究和开发利用。

第八章　瞬间移动

很多小朋友在看完动画片《哆啦A梦》后，都会羡慕大雄身边有一个这么能干的小伙伴。他们常常幻想，如果自己也能拥有哆啦A梦的百宝袋和任意门就好了。

毕竟，百宝袋里面有取之不尽的宝物，无论是小型玩具、高科技装备还是任何我们能想象到的其他物品，只要需要，百宝袋永远能给我们带来意料之外的惊喜。而任意门则是接通两个地点的传送门，只需迈步踏入门中，就能瞬间出现在另一个我们想去的地方。这种神奇的传送工具让我们可以随意穿梭于不同的场景之间，无须耗费时间与精力。

只有当学会清明梦，并真正进入控梦期，我们才会发现童话故事也并非全都是骗人的，至少在梦境里，我们就能够拥有哆啦A梦标配的两件宝物。

无论是通过筑梦主动去创造，还是通过购买样板房的形式，或利用假醒的方式来变身为梦境中的主人，我们都能够在梦中拥有属于自己的第一代初始地。而在家里待的时间太久之后，我们常常会感到厌倦，这时候外出刷刷副本，去探索一下外面的世界可能会是一个不错的体验。

然而，出门之后，大部分梦友往往会遇到另一个关卡，那就是梦境的稳定性。有时候，我们在探索的过程中会突然出现掉线的情况，梦境就这样消失。而有些人可能会在不经意间被潜意识重新拉回普通梦中，从而失去清醒意识。

因此，对于那些还没有完全离开新手村的梦友来说，在探索梦境的这个阶段需要注意一个细节。虽然随着经验的积累和体验的增多，进入清明梦的机会也会越来越多，但来到控梦期的我们仍然处于浅尝辄止的阶段。

我们还在慢慢适应梦境的存在，并学习如何在梦境世界中掌握最基本的生存能力。

所以，在这个时候，我们的基础任务仍然需要遵循循序渐进的原则，让难度缓慢增加。就像玩游戏一样，当我们创建一个新的角色时，通常会选择从最简单的任务开始，以培养自己的熟练程度，并增加自信心。然后，出了新手村，我们才会逐渐提升任务的难度，挑战自己的极限。在探索梦境的旅程中，我们也应该以此为指导，逐渐提升自己的控制能力和梦境的稳定性，以便更好地探索和享受梦境世界。

例如，刚开始我们可以只去完成某个简单的瑜伽动作，或者仅仅是找到一个苹果。然后慢慢发展到我们可以去体育场，购买门票，观看某个明星的演唱会。最后，我们还可以增加更多的场景和剧情，让我们的梦境体验变成一个完整而丰富的故事。

特别提醒一下，在出门探险之前，有两个最基本的技能，是我们需要率先点亮、学会并熟练掌握的。

第一个技能是瞬移，也就是转场的技巧。第二个技能是回城，也就是让自己重新回到在梦境初始地家中的技巧。

瞬移，又叫瞬间移动，在超心理学领域被定义为超感官知觉的一种现象和能力，指的是将物体传送到不同的空间或者把自己在一瞬间移动到另一个地方。

在探索梦境的过程中，我们同样可以运用瞬移技巧来实现转场。关于转场，梦隐有两种方法可以教给梦友们，第一种是在梦里闭上眼睛再睁开。

·闭眼换景

在梦境中，我们每个人都拥有超出想象的能力。当我们在一个梦境中苏醒，梦中的五感开始迅速下滑，梦境变得极不稳定，甚至出现眩晕、画面晃动或者消失的情况时，我们可以主动闭上眼睛，心里默念一个想要去的地方，然后重新睁开眼睛，就会发现眼前的景物已经变了。

所有一切就像是刷新了一样，场景重新变得稳定，画面也会重新出现。理论上，只要是我们想要去的地方，就没有到不了的。如果刷新失败，或者来到一个不一样的地方，这时候我们可以再次闭上眼，默念想要去的地方，就能重新转场。

· 闭眼换景的原理

容易造成梦境不稳的主要原因，是由于新手梦境中潜显意识还不够熟悉，两者之间的默契和配合度不高所导致的。在两者磨合期间，难免会出现相互冲突的现象。而闭眼换景能够将这两种意识短暂分离，并给自己充足的时间来恢复状态。

就像是夫妻吵架时，双方你一言我一语一直争吵，最终结果只会让彼此都不开心。但如果其中一方能够短暂地退一步，可能就会带来完全不一样的结果。

当我们在梦中遇到场景不稳、画面模糊的情况，或者想主动从一个梦境转移到另一个梦境，开启一个全新的梦境之旅，掌握转场的技巧就变成了必修的功课之一。

说实话，关于梦中切换场景的技巧，可供选择的方法不计其数。为什么梦隐唯独推荐闭眼换景的练习呢？原因有以下两点：

①眨眼、睁眼、闭眼等动作是我们日常生活中最常见且最熟悉的事物。利用熟悉的事物作为转场技巧的练习对象，无疑是最方便的方法。我们不需要额外去训练，只需借助日常常见的动作就能够进行练习，这样可以使其很轻松地融入我们的生活和梦境中。

②对于我们而言，闭眼换景这个动作最关键的并不是成功率和效果，毕竟每个人的心态不同，所导致的结果也会有所不同。然而，这些并不是我们所关注的重点，因为这个技巧的隐藏属性，才是我们真正需要的。

在梦境中，这个技巧可以非常轻松地让人从梦中苏醒，这也是我们所追求的目标。很多尝试过的梦友都有这样的经历，有时候，明明知道自己还在梦境中，只是想要切换到另外一个新的场景来体验，结果闭上眼睛后，画面却突然消失，重新睁开眼睛，会发现自己已经在现实中真的醒来。

当然，这种时候会遇到两种可能存在的清醒状态，一种是真的在现实中苏醒过来，而另一种则是我们所说的，被称为清明梦神之态的假醒。

如果，你已经多次体验过假醒，甚至借此而不断建立了最初版本的初始地，那么闭眼再睁眼的技巧，就可以成为一种有效的回城方法，让你可以轻松地重新回到梦境中的初始地。

第九章　开门法

在上文介绍了闭眼换景的用法后，梦友们如果在实践过程中每次都会在现实中苏醒，进而影响到自己的睡眠状况，那另外一种备选技巧——开门法，或许可以帮到你。

· 开门法

开门法的使用非常简单：在知梦后，随便找到一扇门，然后拉开或推动它，同时想象自己想要去的地方即可。

门，是我们日常生活中最常见的物品之一，简直无处不在。不论是房间门、厕所门、电梯门，还是车门、大门或小门，只要你想，随时随地都能找到。甚至当找不到门时，我们还可以像哆啦A梦一样，从口袋里掏出任意门，或者像奇异博士一样，在空中绘制出一道传送门。

然而，在实践过程中，我们也会遇到一些常见问题：

· 门后面并不是新的场景

有时候，在梦中使用开门法切换场景，结果推开一扇门后，却发现自己只是进入了另一个房间，并没有到达一个新的场景。

如果遇到这种情况，不要着急。你只需要心里想着自己想要去的地方，重新关门，再次打开，就有可能进入到新的场景中。

此外，开门法和前文介绍的闭眼换景一样，同样可以作为一个回城的技巧来使用，这样可以让我们更加灵活地在梦境中穿梭，并掌控自己的梦境体验。

·上锁了

一些梦友在梦境中尝试使用开门法时，会遇到门被锁上而且怎么也无法打开的情况。

如果遇到这种情况，不用着急。我们可以在身上找找有没有钥匙，这把钥匙可能藏在口袋里，也可能挂在腰间，又或者镶嵌在一枚戒指上……

当然，或许作为最后的手段，在找不到任何钥匙的时候，我们也可以尝试着破门而入。

门被上锁的情景，在梦境中并不罕见，或许这是梦境中的某种阻碍，也可能是对于我们继续前进探索的一种考验。

·推开一条缝，人却进不去

另外一些梦友在梦境中尝试使用开门法时，可能会遇到了一扇门，无论如何努力都只能推开一条缝隙，自己完全无法通过。

对于这种情况，我们可以尝试一种比较有创意的方法来解决。

想象自己变小后，站在一扇巨门下面，然后从门缝中进入。这种变身的技巧能够帮助我们顺利通过那扇门，或是重新寻找另外一扇可以打开的门，也是个备用的选择。

·门开了，人醒了

有些梦友在尝试开门法时，终于找到一扇门，门缓缓地敞开。但当他们正准备迈步进入门内的那一刻，却突然感受到莫名的震动或清醒感涌上心头，从而使他们瞬间从梦境中苏醒过来。

这种情况主要是熟练程度不够所致，开门被踢是一种非常罕见的情况，但并非不可避免。

此刻，我们需要做的第一件事，就是怀疑自己是否还在梦里，同时需要进行一些常用的验梦方法，如扳指、捏鼻、咬唇等，以确定自己是否仍然身处梦中。

· 独属于自己的一扇门

当熟练掌握开门换景的技巧后，梦隐会给予梦友们一个建议：尝试在梦境世界中寻找一扇独一无二的门，作为自己专属的传送门。

梦境中的门，就像现实世界一样，有各种各样的大小、材质和颜色，有金属的、木质的，有红色的、绿色的，样式各异，种类繁多。

在某次知梦后，我们不必急着去切换场景，可以在当前的梦境中四处走走、转转，仿佛在观赏一场华丽的展览，漫步在当前的梦境中，静静地欣赏每一道风格迥异的门，找到一个自己最喜欢的样式，去尝试打开它，看看门后面是什么样的场景。

一旦进入新的梦境，我们还可以继续在那里逛逛，看看是否能够找到一扇与之前完全相同的门，再次打开它，继续探索门后的世界……

只要确认这一切都是我们想要的，以后的梦境中，当我们想要切换场景时，只需要在周围寻找，你就会发现这扇门一直伴随着你，它就是一扇属于你的独一无二的传送门。

· 初始地大门的进化史

初次注意到梦中的大门，也是梦隐第一次在梦中获悉门的奥秘，并由门知梦。

那时，梦隐还是小学四年级的学生。梦境中的梦隐在阳光明媚的操场上玩耍，耳边响起上课铃声，就匆匆赶往教室。然而，在准备推开教室门的那一刻，梦隐却蓦然停下脚步。

只见门上镶嵌着一个生动活泼的图案，那是一朵鲜活如真实的红玫瑰。当梦隐凝望它时，玫瑰花的花瓣开始迅速转变颜色，从鲜艳的红色转变成温暖的黄色，再转变成神秘的紫色，变幻无穷……

见到玫瑰的颜色不断变幻，梦隐突然意识到自己正身处梦境之中，便自然而然地知梦了……

从那时起，梦隐开始留意梦境中各式各样的门，却发现总能在梦中找到类似的花门，这些门就像活物一般，仿佛有一朵真实的玫瑰在门上盛开，且变化时的特效制作非常出色，给人以强烈的视觉冲击。

随后，这个特殊的大门成为梦隐第一个独一无二的传送门。

不久后，梦隐便养成收集习惯，并在梦境的地下室中收集存放了许多各式各样的门，用于记录和保存不同的梦境，这也是地下室那些门的来源和起因。

然而，这些只能算是第一代的大门，一种相对笨拙的方法。最贴切的应该是在电影《雷霆沙赞》和《超级的我》中，都有一个类似的场景，一个地下山洞中摆满着各种大小、款式各异的门，每道门的背后都通向不同的世界和地点。

当然，这一代的大门使用的时间最长、也最久，一直延续到后来梦隐看了宫崎骏的动画电影《哈尔的移动城堡》，看到移动城堡的木门像密码锁一样，可以根据转动的频率不同，目的地也各不相同。那时，梦隐开始第一次整理地下仓库，并对所有大门进行了升级改造。

然而，万变不离其宗，无论怎么转变，这些大门存在最终的目的始终是为了更方便地切换场景，并给我们的梦境带来更为丰富的体验。

此外，小小地剧透一点，我们每个人的梦境中都可能还存在一道自然形成或其他形式的门，打开后就可以进入歧梦谷所在的梦境空间。在那里，梦友们可以进行短暂地聚会和交流，而这扇门的样子同样千奇百怪，各种可能性都存在。有兴趣的梦友，可以试着在自己的梦境中自行寻找。

第十章　回城卷的使用

　　回城卷，这一名词通常用来指代回城卷轴。

　　回城卷轴是一种在部分 RPG 游戏和即时战略类游戏中常见的小道具，它可以让玩家瞬间返回自己的出生点或者己方城镇。

　　这个道具的作用非常强大，其特点是可以直接传送玩家角色到指定位置，或者在玩家角色身边打开传送门，提供快捷、方便的回城功能。（以上内容来自百度百科）

　　然而，在清明梦这款游戏中，并没有以具体的卷轴形式出现的回城卷存在，也不需要玩家到商店去购买获取。在这个游戏中，回城卷主要是指一些用切换场景来实现回城功能的技巧。

　　也正因此，在前文中，当我们介绍闭眼换景和开门换景时，都提到过它们可以被当作回城的技巧使用。这里所谓的"城"，指的就是我们在梦境中的家园——初始地。

　　在梦境之中，我们可以通过一些技巧和方法，灵活地切换梦中场景，回到令我们感到熟悉和舒适的家中。

· 练习回城的意义

　　我们在前文中，详细论证了现实与梦境的相似与不同之处，连续性也是我们目前所能找到两者之间的唯一区别。

　　现在，想象一下，当我们养成一个新的习惯，每次进入梦境时都会有意识地主动来到自己的初始地，并将梦境存档后再继续新的冒险之旅。

　　在梦境的探索过程中，当我们遇到突然掉线、画面不稳、黑屏或意外死亡等情况时，我们也会自动回到初始地复活，而不是在现实中苏醒。

初始地将成为一个特殊的存在，将我们的所有梦境连接在一起，令梦境世界变得更加连续。可以说，它是一座连接无限空间的桥梁，汇聚着所有梦境的力量。

每次回到这个地方，我们都能够看到熟悉的场景和装饰风格，它就像一个特殊的梦标，自带独特的疑梦和验梦功能，会时刻为我们提供充沛的能量，补充我们在梦境中的消耗，并自动刷新我们身体的各种状态。

它就像是我们之前提到过游戏里的血池一样，只要我们能够顺利回到初始地，梦境就会有无限的可能被延续下去。而初始地就像一个无限容量的包裹，像是哆啦A梦的百宝袋，又像是玄幻小说里储物空间，抑或是游戏中的仓库设定，我们可以将在梦中遇到的所有美好、有趣、好玩的物品都带回来存储，它是我们梦境中的珍贵宝库，一个拥有神奇力量的宝匣，让我们能够收集和保留所有的回忆和体验。

·回城的练习

就如同我们在控梦篇开头所讲的任务一样，在离开新手村之前，我们需要不断地重复试验，并且反复进行回城技巧的练习。

例如，

·在知梦后，当我们在梦境中完成一个既定任务，找到一个梦境中的苹果时，此刻我们不要继续操控梦中的情节进展，而是应该迅速运用回城的技巧，返回初始地。

前文曾经讲过，当我们在梦境里过多地干预情节的发展时，潜意识会察觉到异常，并做出相对的反应，从而导致掉线的发生，这也是许多新手玩家感到清明梦不稳定的主要原因。

因此，在潜意识察觉到异常之前，完成一个简单的任务，并在之后迅速撤退回城，就变成了一个最佳选择。

·在知梦后，当我们意识到自己处于一个陌生的环境，一个全新的梦境时，我们应该第一时间使用回城技巧，而不是继续探索梦境。在成功回城并进行存档之后，如果还想进入之前的梦境，我们只需要打开初始地的传送门，即可切换场景，回到刚才知梦之前的那个梦境之中。

·无论何时，在怀疑梦境和验证梦境完成之后，第一件要做的事情就是回家（回城）看看，只有养成这样的一个习惯，初始地的存在才会变得越来越稳定。

·在苏醒前，无论在梦境中身处何处，当我们意识到自己即将在现实中苏醒时，最后一件要做的事情就是努力传送自己，把自己送回初始地。

回到初始地后，我们要将今天在梦境中的经历记录下来。如果时间不允许，至少也要尽量让自己以现实中睡觉的姿势在梦境中的主卧里躺下，让梦境自动存档，然后再退出登录，离线并进入现实中的清醒状态。

只有有意识地养成这个习惯，我们梦境中的记忆才会变得连贯，并且容易被遗忘的部分也会变得越来越少。

这种习惯就像是我们在游戏中经常练习回城技巧，以便确保在危险时能够快速返回安全之地一样重要。

通过不断地练习回城，我们在梦境中可以更加自信和从容地进行探索。因为，我们知道无论在梦中遇到什么样的困难或者危险，我们都能够随时回到初始地的怀抱，恢复状态、重整旗鼓后继续前行。

然而，在梦境中回城的意义要超出游戏内的便利性，它代表着我们对自己梦境探索和扩展的决心。

当然，在梦境中的回城并不仅仅是一个技巧和工具，一种逃避和预防的手段，一种在梦境中生存下去的策略，一种自我疗愈的方式，它更是一种在梦境中打破束缚、追求内心自由的象征。

回城是一种特例，引导着我们在梦境中寻找归属感和安全感，它可以帮助我们及时补充体力和精神力，调整状态，重新规划行动路线，并收集和储存梦境中的宝贵资源和经验。回城是我们在梦境中提升自己、成长和探索更大世界的关键路径之一。

此外，在现实生活中，回城技巧同样存在，也同样有着类似的意义。

有时我们会感到迷茫和失落，无法找到前进的方向。此时，回归自己的内心和根源可以帮助我们平静下来，重新审视自己的价值观和目标，寻找真正的自我和内心的平衡，重新收集精力和信心，以便让我们更好地应对生活中的挑战和困惑，并勇往直前的继续前行。

无论是在梦境里还是现实中，回到初始地都是回归我们心灵的港湾和家园，它可以为我们提供力量和支持，让我们真正面对自己，接受自己的一切。

第六部 · 造梦篇

人生就像诗歌和音律，梦也一样。

第一章　做一个快乐的民工

在经历控梦期的相关训练后，我们逐渐提升了对清明梦境的控制能力，这将使我们真正成为一名合格的控梦师。

要确定自己是否能够成功晋级，我们可以根据以下考核标准的完成情况，来进行自我评估：

1. 快速入梦

不管何时何地，都能够在 5 分钟内快速进入梦境，无论环境如何、场地如何，都不受其任何影响。

2. 抗干扰能力

一旦进入梦境，几乎不会轻易被外界的干扰所影响，即使偶尔醒来，也能迅速回到梦境之中。

3. 脱离梦境的能力

不论入睡时间是早是晚，第二天都能轻松醒来，且不会感到困倦。

4. 精神状态

无论睡眠时间是长是短，第二天的精神状态都不会受到任何影响，甚至还会更好。

5. 记梦能力

在一周的时间内，能够清晰地记住至少 10 个相对完整的梦境。

6. 知梦频率

在一周内至少有 5 天时间，都能够轻松地进入清明梦的状态，一天内进入多次也算一天。

7. 梦境稳定性

每次进入清明梦的时间，不少于 8~10 分钟，清明梦境稳定且不容易崩溃。

8. 技能的使用

在清明梦中，能够熟练使用转场、换景和回城等技巧。

9. 任务完成度

每晚临睡前的预设任务，都能够轻松地在梦中完成。

只要我们能够在自我评估中轻松通过以上考核科目，那么恭喜你已经成功晋级，成为一名合格的控梦师，终于可以离开新手村，踏上新的征程，在浩瀚无垠的梦境世界中，开始自由地进行探索之旅。

同时也祝贺你，终于从一只勤劳的小蜜蜂，成功地晋级成为打工人。从此，你将开启为自己打工的日子，搬砖、修房子，并迎来全新的控梦生活。

在造梦期，我们最重要的目的就是创造，所有的一切都在一个"造"字上面。当然，这里的创造不仅仅是指建立一个专属的初始地，并完善其中的各种功能，更多的是为自己打造一套独属于我们的任务系统。

在不断地创建和完成任务的过程中，梦友们还需要快速适应梦境带来的各种变化，并及时做出调整。

梦境任务的参考对象，可以根据个人的兴趣爱好来确定，可以是来自书籍、电影、游戏中的任务，也可以是自己内心渴望实现和体验的事物。

例如，我们可以参照某个游戏的任务体系，将梦境打造成一个游戏场景，在里面每天领取任务、打怪、升级，等等；或者根据自己白天的兴趣爱好，完成指定的瑜伽动作、太极拳、健身等内容，以满足我们的实际需求。

此外，处于造梦期之后，我们将会面对两种完全不同的路径，需要梦友们自行选择。

一些梦友更喜欢探索未知的领域，在各个梦境世界中漫游，成为自由自在的旅者；而另一些梦友则更喜欢打造和完善自己的初始地，亲自为其添砖加瓦，使家园的功能和设施变得越来越完善。

就像前文提到的无限流和种田流一样，这两条路并没有上下高低之分，一切都只是取决于每个人的兴趣点和选择而已。当然，如果你有足够的时间和精力，让两者并行发展，也不失为一个完美的选择。

在我们正式踏上属于自己探索梦境的征程之前，在造梦期有几个固定的任务，希望梦友们都能够去刷一遍或者抽出时间去完成。在这个阶段，我们任务的目标会从稳定梦境转变为提升个人能力，从吃喝玩乐转变为改善生活习惯等方面，整个梦境也会随着我们的改变，而发生质的变化。

在这个时候，我们首先需要确定自己未来的主线任务。如前文所述，做梦与做梦的区别，就在于目的性。我们会选择控梦这个领域来学习和探索，每个人都有自己独特的目标和希望在梦境中实现与体验的事物。

是想在梦中学习，提高自己的学习成绩？

是想在梦中锻炼身体，改善现实生活中的身体状况？

是想在梦中练习瑜伽，体验那些在现实中无法完成的动作？

是想在梦中寻找灵感，让其成为音乐和绘画素材的来源？

是想在梦中进行创作，提前预览完成后的作品效果？

是想在梦中拓宽视野，提高现实中的知识和智慧积累？

是想在梦中进行科学研究，探索各种分子和粒子的可能性？

还是想在梦中尝试其他各种活动，让自己的生活变得更加丰富多彩……

梦境给予我们无尽的不确定性，清明梦带给我们无限的可能性，而控梦则为我们提供了无数次试错的机会，让所有的梦想都有实现的可能。

正因如此，在进入造梦期之前，我们需要再次确认自己的目标，就像在游戏中到了觉醒技能的阶段，必须重新选择一样。现在，我们拥有一个全新的机会，重新点亮自己的技能树，刷新并重置所有的技能点。只要按照自己的喜好重新设置，我们就能够使一切发展成为另外一种更美好的状态。

第二章　存档和读取方法

真正的高手为了进入梦境去创造各种方法，而新手则依靠寻找各种方法来进入梦境。

无论如何变化，所有方法和技巧的核心，其实都有迹可循。在前文中，我们学习了如何运用瞬间移动、开门法和回城等技巧，但此时的清明梦大多都仍处于第一代单机游戏的阶段。无论我们在梦中能够停留的时间有多长，玩得有多开心，或者初始地的稳定程度有多高，都无法改变一个事实，那就是当我们苏醒后所经历的梦境，依旧会消失不见。

当我们再次进入梦境时，即使拥有初始地，我们也需要重新打开一个不一样的副本（梦境），重新去体验全新的游戏场景。

虽然梦境的创意和资源永远是无穷无尽的，但也总会有一些玩腻、玩累的时候。或者曾经一段刻骨铭心的爱情，随着梦境的消失而彻底消逝，这些已经过去的往事，就真的无法回头吗？

实际上，并非如此。

只要我们学会并掌握正确的方法，所有的一切都能拥有重新开始的机会，而这个正确的方法，就是学会存档和读取。

然而，在学习存档和读取之前，我们需要先学习一种全新的记梦方法：结绳记事。

结绳记事，指远古时代的人类，摆脱时空限制记录事实、进行传播的一种手段之一。它发生在语言产生以后，文字出现之前的漫长岁月。

在一些部落，为了把本部落的风俗传统和传说以及重大事件记录下来，流传下去，人们使用不同粗细的绳子，在上面结成不同距离的结，结又有大有小，每种结法、距离大小以及绳子粗细代表不同的意思，由专人（一般是酋长和巫师）遵循一定规则记录，并代代相传。

我国古代文献对此有所记载。《周易·系辞》云："上古结绳而治。"《春秋左传集解》云："古者无文字，其有约誓之事，事大大其绳，事小小其绳，结之多少，随扬众寡，各执以相考，亦足以相治也。"

马克思在他的《摩尔根〈古代社会〉一书摘要》中，曾说明了印第安人的结绳记事，他们的记事之绳是一种用各色贝珠穿成的绳带。他记载道："由紫色和白色贝珠的珠绳组成的珠带上的条条，或由各种色彩的贝珠组成的带子上的条条，其意义在于一定的珠串与一定的事实相联系，从而把各种事件排成系列，并使人准确记忆。这些贝珠条和贝珠带是易洛魁人唯一的文件，但是需要有经过训练的解释者，这些人能够从贝珠带上的珠串和图形中把记在带子上的各种记录解释出来。"（《马克思恩格斯全集》第45卷451页）

（以上内容来自百度百科）

简单来说，古人为了要记住一件事，就只需在绳子上打一个结，以后看到这个结，就能想起那件事。如果要记住两件事，他们就会打两个结；记三件事，就打三个结，以此类推。

当然，也有人认为这种方法虽然简单，却不可靠。他们担心如果古人在绳子上打了很多结，可能他们就无法记住自己想要记录的事情。

然而，事实上，结绳记事是一种相对于那个时代而言非常先进的记录方式。结合语言使用，它可以起到事半功倍的效果。一旦掌握了结绳记事的方法，实际上是终生难忘的。不会像上面所述的情况那样，随着时间的推移而忘记某个结的含义。结绳记事实际上非常复杂，甚至比起现代的某些文字系统更加烦琐。

随着对记梦习惯的培养和保持，我们会发现自己能够回忆和记录的梦境内容会越来越多，也会越来越详细。甚至有时需要花费一整天，或更长时间才能把一个完整的梦境记录下来。

此时，我们就需要学会简化记梦的方法，而结绳记梦，为我们提供了一个很好的方向。例如，我们可以赋予不同颜色不同的含义，并用来记录事情的主题和属性。美梦可以用红色表示，而噩梦就可以用黑色表示，以此类推。我们还可以使用不同材质的绳子来区分不同的事件，例如用铁丝绳表示战斗，用毛线绳代表爱情，用塑料绳表示其他事物，等等。甚至，我们还可以使用不同的味道或香气来记录梦境，并结合当时的心情和意境，在结绳的过程中，将事物的细节和情感赋予其中。

随后，在读取的时候，我们可以根据颜色、材质、味道以及配合回忆当时的心情，等等，重新回到事情被记录时的状态，并从中回忆起事物的所有内容。

当然，作为一个控梦师，已经拥有了清明梦境这个超级作弊器，我们可以把大部分需要记录的事件，储存在初始地所在的梦境世界。

社会在不断进步，科技也在不断发展，我们并不需要完全效仿古人，拿绳子作为梦境和现实的载体来记录事物。最简单、最直接的方法，应该是在梦境中还原出一台电脑或一部手机，并将梦境记录在其中，只不过在读取的时候，类似于现实中的阅读习惯，需要我们一步一步慢慢地去寻找。

因此，梦隐给出两种更为简单的方法供梦友们选择。具体使用哪种方法，完全取决于每个人的喜好和需求。

· 实况照片

实况照片，不仅仅是照片，更是能够让拍摄的内容活起来，并具有 3D 效果的图片。

这是 iPhone 手机独有的一种照片格式，它能够记录下拍照前后 1.5 秒发生的一切，当拍摄后，我们所能获得的不仅仅是一张照片，还有拍照前后的动作以及当时的声音。

当我们查看这些实况照片时，只需要轻轻点击其中一张，并长按屏幕，就能够看到照片变成一个动态的画面，其中还包含声音等元素，就像是一个小视频一样。

正如前文所述，除了用文字记录梦境外，能够将自己的梦境画出来，也是一个很好的方法。

就好比我们出门旅行，一路上拍拍拍，拍个不停，虽然没有详细记录旅游日记，却留下了很多有趣的照片。随后的日子里，通过这些旅行照片，我们就可以重新回忆起当时在哪里玩耍，与谁结伴，路途中发生过哪些有趣的事情，等等，几乎所有的细节都栩栩如生地铭刻在记忆当中。

绘画和照片的效果类似，只不过绘画更适用于现实生活中的记录。而在梦境中，我们可以直接使用更为简单方便的照片形式。

操作方法：每当我们要从梦境中苏醒，可以试着想象这个梦境在我们离开时由远到近，缩小变成一张实体照片，或者我们可以拿出随身携带的手机或相机，把自己感兴趣的风景拍摄下来带走。

读取方法：根据自己保存梦境的方式，我们可以拿出实体照片，将其放大后重新进入其中，或者可以拿出手机或相机，点击打开照片，然后仿佛瞬间穿越般飞身进入其中。

·化梦为门

化梦为门，这是梦隐更为偏爱的一种方式，与实况照片相比，操作步骤并没有太大差异，只是将变成照片的画面换成了门，这样一个实体。而这也是梦隐在初始地地下室底层，一直保留一个巨大仓库的原因，那里就是用来收藏这些风格迥异的各种传送门的。

操作方法：每次在离开当前梦境时，想象这个梦境逐渐远去，越来越小，最后缩小变成一扇大门形状或类似手机挂件般的门状玩具，随即飞回我们手中。回到初始地，进入存放传送门的地方，我们可以把这些大门按类别和内容进行分类，并将其放置到各自所属的区域。

读取方法：当不想探索新的梦境，想要回顾往事或重新体验某个梦境时，我们可以来到储藏梦境的仓库，选择位于固定区域内的某个大门，推开门，便可进入我们想要经历的梦中场景。

第三章 　梦中的小精灵

其实，实况照片和化梦为门还可以相互融合，从而创造出一种新的技能，也就是门的新应用。

·操作方法

在使用化梦为门的同时，在每个门的中部，设置一个类似相框或显示屏的区域，在那里将梦中的特色景观、人物形象、故事情节等转化为一张张循环播放的照片。这些照片还可以制作成有声的小视频，与相应的传送门绑定在一起。

那么，当你下次再回来体验时，只需要站在仓库里，在选择传送门的同时还可以观看上面的视频，就好像在观影前，我们都会先查看一下电影介绍，以确定是否符合自己的胃口，是不是自己想要的内容。

而这一切又回到了原点，我们在一系列的短片中寻找自己感兴趣的场景并进入体验，就像打开视频 APP，在电影栏目中选择想要观看的电影一样。

除了照片和门这些我们日常生活中常见的元素之外，宠物市场的迅猛发展也成为现代人生活中至关重要的组成部分。

宠物是指人们豢养的生物，目的并非经济，而是出于精神上的需求。通常，我们饲养宠物是为了观赏和陪伴，比如猫、狗、观赏鱼以及某些昆虫，等等。通过养宠物，人们能够亲近自然，并满足心理需求，这是一种非常健康正向的爱好，宠物的陪伴还可以在很大程度上，有效地减轻人们的精神压力。

随着时代的发展，宠物的范围也越来越广泛。除了哺乳类动物、鸟类、爬行类、两栖类、鱼类、昆虫、节肢动物和植物，还出现了虚拟宠物和电子宠物，等等，各种各样的宠物成为许多人生活中不可或缺的必需品。

那么，你是否曾经想过，在梦中豢养一只自己喜爱的宠物，这将是一段怎样的体验呢？

在梦中，我们的宠物或者伙伴，被统称为"梦中的小精灵"，也可以简称为"梦灵"。

梦灵的种类繁多，不仅限于现实中的动物、植物、物品，甚至还可能是某种奇特的人形或非人形生物。它们可以是我们在梦中最亲密的伙伴，在探索梦境世界时与我们并肩前行；它们也可以成为我们的智能管家，在我们离开梦境时，负责照料初始地内的起居琐事。

当然，梦境世界的独特性决定了任何不合理的事物，在这里都可以变得合理。在梦中，化腐朽为神奇，变不可能为可能，才是最底层的运行规则。因此，我们在选择梦中伙伴时，并不一定非要受限于现实世界的分类。

上古神兽、机械战士、会开口说话的鸟儿、懂得飞行的精灵，甚至是小说中那些拥有智慧的兵器，能自行活动的剑、会四处奔跑的车子，等等，这些都是我们可以选择的对象。只有在这种时刻，我们才能真正体会到，在梦境中只有我们想不到的事物，没有梦境做不到的事情。

当然，如果你不懂得如何凭空创造，那从自己的梦境中捕获一只也是个不错的选择。就像一直陪伴着梦隐的小麒麟，就是从梦中获得的梦灵之一。

当拥有梦灵之后，我们需要为它们取个名字，方便在以后的生活中进行正常交流。至于每个梦灵的性格和能力，就需要我们自己慢慢培养了。

到了这一步，梦境就真的变身成为一个游乐场，一个独一无二的养成系游戏，在接下来的梦境世界中，我们会与梦灵一同成长，共同探索奇妙的冒险之旅。

初始地就像一个未被开垦的领域，需要我们用想象和创造，填满每一个无人涉足的角落，打造属于自己的奇迹所在。

在这里，我们需要学会领养宠物，将它们培养成忠诚的伙伴，需要出门打怪、探索秘境拓展自己的视野，需要回到家中休养，整理日程以应对下一个冒险的到来。在这属于我们的一亩三分地中，会逐渐建立起一套属于自己的运行规则，而我们的探险之旅也会因此变得越来越有趣。

然而，很多人或许从未意识到，在领养宠物之前，我们早已拥有一位与我们同行的伙伴。这个伙伴默默地存在，我们却一直忽视，就像现实生活中我们总在追求并不需要的事物，而经常遗忘身边那个最重要的存在。

这个最早的伙伴就是初始地，它就如同一个梦境中的小世界，一个我们亲手创造的秘境。它虽然看似辽阔无边，但同样也可以变成一个实实在在的物品，伴随我们的身体出现。

例如，一颗珠子、一枚戒指、一个手环、一条项链或者一幅文身图案，等等。

我们可以赋予它智慧，给它一个婉转动人的名字，让它拥有具体的形象与灵性，甚至变成梦境中的某个独特存在，永远陪伴在我们身旁。

· 梦灵的作用

· 疑梦验梦

梦灵是我们在梦境中主动创造的梦标，是现实中没有，只能在梦中才能找到的独一无二的存在。每当在梦中看到它时，我们就会自动觉察到自己仍然置身于梦境之中，疑梦及验梦的能力由此得以增强。

· 延时

梦灵具有延时的特性。只要有梦灵的陪伴，我们就能感知到自己仍沉浸在梦里。这种感知让我们更加自信，就如同随时随地都在主动地疑梦、验梦，从而提升我们在梦中的稳定性和持续时间。

· 陪伴

梦灵还能给予我们陪伴与安慰，就如同现实生活中有朋友和家人的陪伴，会让我们感到幸福和喜悦一样，有了梦灵的陪伴，寂寞和孤单将不再困扰我们。

· **安全感**

梦灵可以随时随地帮助我们打开初始地，从而触发回城功能，使我们能够快速回到自己的家园，为我们的冒险带来更多的趣味和多样性。

· **提高知梦率**

最重要的是，通过与梦灵的互动，结合光团法的训练，在探索梦境的旅程中，我们的知梦率将从最初凭借运气碰撞逐渐提升到近乎 100% 的成功率，这也是为什么会推出控梦师这个体系最主要的原因之一。

在造梦期，无论是初始地的扩建，还是梦灵的培养都是极为重要的，它们会使我们的梦境变得更加有趣，充满惊喜和无限的可能性。

文身图

第四章　乐此不疲的尝试

在控梦期，我们已经开始尝试过一些简单的任务，例如寻找一只猫、一个橘子、一棵树或一条鱼，等等。

在造梦期，任务的难度会有所提升，我们也将接触更多有趣的任务。

·控梦期任务的延续

·找猫

不仅要找到一只你喜欢的颜色的猫咪，还可以问问猫咪的名字，尝试与猫咪进行对话，甚至给它洗个澡、按个摩。

这个任务不仅是简单地找到一只猫，更可以让我们与梦中的动物们建立亲密的交流和联系。

·橘子

找到一个橘子，我们可以细细品味橘子的味道，试着分析它与现实中的橘子有什么不同之处。

或许在梦中，橘子的味道会更加鲜美，或者它会有令人惊讶的额外特性，通过这个任务，我们可以体验到梦境中食物的独特魅力，感受到与现实世界的差异，并逐渐恢复对梦中味觉的感知力。

·一棵树

寻找一棵高大的树木，让它变成树人。我们可以与这个树人聊天，探索植物世界的奥秘。

或许，树人会告诉我们它曾经见证的岁月，分享它对自然的深刻认知，通过与树人的对话，我们可以拓宽自己对自然界的理解，感受到大自然的神秘力量。

· 更高的晋级任务

· 小说

寻找一部自己喜欢的小说，无论是爱情、玄幻、商业、仙侠还是其他各种题材，只要是自己喜欢的就行。

我们可以化身为小说中的某个人物，或者从一个路人开始，踏入小说的世界，我们可以选择与男主对抗，或与他并肩作战，根据故事情节的发展，探索小说世界的各种设定，尽情享受梦想成真的感觉。

在探索的过程中，我们要勇于多次尝试。一次成功可能只是偶然，两次或三次也可能只是运气好。只有经过更多次的实践，成功了十次、八次，甚至是二十次、三十次、三百次，我们才能确信某项技能已经被完全掌握。

在某件事物上，坚持不懈地尝试和练习，才能达到对梦境更深入的理解和探索。

当我们完成了上述任务后，对于那些有浓厚兴趣的梦友来说，还可以尝试一下歧梦谷官方提供的几个任务，这些任务都适用于在造梦期进行。

通过不断挑战自己，追求更高级的任务，我们将进一步提升自己在梦境中的能力和控制力。

· 上帝的七天

《创世纪》是基督教经典《圣经》开篇之作的第一卷，也是旧约摩西五经的组成部分。它详细地描绘了宇宙的起源和天地万物的创造，等等。

在这七天造物的过程中，我们可以逐渐挑战更高级的版本，来体会自己对力量和创造力的掌控。

1. 要有光

·初级版

在知梦后，如果当前所处的环境是黑夜，我们可以大声说："我要白天。"尝试将整个梦境从黑夜转变成为白天。

同样的，在知梦后，如果当前所处的环境是白天，我们也可以反过来大声说："我要夜晚，我要看星星。"

通过简单的尝试，我们可以让梦中的天气随心而变，如果没有成功，那就继续多次尝试，直到我们能够轻松改变梦境的天气为止。

·高级版

当我们能够轻松改变梦中的天气，就可以进一步挑战更高级的任务。

寻找并来到一片虚无之地，我们可以大声说："要有光。"

通过将光明与黑暗割裂开来，使这片虚无的世界拥有白天和黑夜的区分。

2. 要有空气

我们可以将大地和天空分开，让万物有生长的土地，我们可以尝试让天空下雨、飘雪，给大地带来无限生机。

3. 要有海洋

我们可以让所有的水汇聚在一起，形成广阔的海洋，让大地展现自己的真实面貌；我们也可以创造山川、河流，让梦中的世界具备更多的地理特征。

4. 要有宇宙星辰

创造一片独属于自己的星空，我们每天夜晚都可以躺在院子里数星星，欣赏流星雨……

5. 要有生命

除了现实中见过的花卉植物，我们还可以尝试创造一些小说、神话故事中的奇异物种，让梦中的生态更加多样化。

6. 要有人和动物

当宇宙万物都已实现，我们可以在梦中召唤或创造各种各样的人和动物，甚至是科幻电影中的外星生物，等等。我们可以与这些虚拟的存在交流、探讨，为梦境中的生物世界增添更多的色彩与乐趣。

7. 好好休息

在完成前 6 个任务后，我们可以休息一下。

但在休息的时候，不妨抽出一些时间，认真思考自己究竟是谁，对自己的身份和存在进行一番深入的探索。

这样，我们可以更好地理解梦境中某些事物存在的意义，也为我们控梦的旅程增添更多的深度与启发。

· 大圣的神通

《西游记》几乎是每个中国人都必看的电视剧之一，也是全球重播率最高的电视剧之一。

回忆小时候，你是否曾经憧憬过像孙悟空一样，做个斩妖除魔、匡扶正义的英雄呢？

现在，我们有机会根据《西游记》中的各种场景、法术、神通和技能作为参考目标，尝试以下练习，去发掘属于大圣的神通妙法。

1. 七十二变

这个必须排在第一位，它是梦隐小时候最期待掌握的技能。能够自由变换身形，化身为千千万万种形象，掌握七十二变，是令多少人向往的能力。

2. 法天象地

七十二变能够使身形巨大，而法天象地则是更高级的神通，可以爆发出更大的力量，化身为万丈高的巨人，拥有这种能力，是不是会带给你一种无尽的快感呢？

3. 身外身

孙悟空可以通过一根毫毛变化出一个小悟空，你有没有兴趣试着拽一下自己的头发，看看会不会有另一个复制的自己出现。

4. 三头六臂

很多人的印象里，三头六臂是哪吒的看家本领，但其实孙悟空也精通这项神通。哪吒变身后浑身是宝，每条胳膊拿的兵器都不一样，而三头六臂的孙悟空，用的则是三根金箍棒。

5. 隐身术

孙悟空的"隐身术"并不属于七十二变的范畴，它是一种独立存在的神通。想象一下，自己能够随意隐去身形，无声无息地遁入虚空，是不是会感到一种神秘与自由呢？

6. 定身法

比停顿术更像停顿术的定身法，一个"定"字可以束缚万物。试想一下，你是否有兴趣尝试用自己的力量来定住一切呢？

除了以上提到的能力，还有钻肚子、兵器化雨、火眼金睛和画地为牢，等等，都是孙悟空的独特技能。那些对探索梦境充满兴趣的梦友，不妨一一尝试，看看自己是否能够掌握这些神奇的能力。

· 道家的法术

《崂山道士》是梦隐上小学时学过的一篇经典的语文课文，里面描写了一些非常有趣的道家法术，现在我们可以在梦中尝试一下这些奇妙的术法。

1. 永远倒不完的酒壶

如果不喜欢饮酒，那么我们也可以试着将这个法术换成永远倒不完的饮料。只需在梦中想象一个酒壶或是杯子，每次喝完一杯酒或是饮料，它就会自动续满，这样的法术确实神奇无比。

2. 邀嫦娥共舞

我们可以试着在梦中找根筷子或者其他物品，抛向月宫。如果运气好的话，或许真的会有一个美丽的仙女从月亮中走出，与你共舞一曲。

想象一下能与嫦娥轻舞飞扬，是不是充满了浪漫和神秘感呢？

3. 穿墙术

还记得《崂山道士》里有句话是这样说的："俯首辄入，勿逡巡！"

大概意思是说："低着头猛然朝里进，不要犹豫。"

小时候的梦隐，可是真的在墙上把脑袋撞了一个包……

在梦境中，穿墙术是一种经常会被用到的技能之一，梦友们可以主动尝试这个任务，在梦境中穿墙而行。

当然，除了这些"官方"任务之外，现如今的网络小说中充斥着各种各样的故事，玄幻、仙侠、奇幻、科幻、都市、言情等分类繁多，其中各种新奇的事物都让年轻人痴迷。玄幻仙侠故事里神佛横行，都市灵异故事则展现着各种异能之妙，奇幻故事中充满了无穷的想象力，科幻故事则描绘着星际战争和古武机甲，每一种新鲜事物都让人向往不已。

查看自己的书单，拿出一个记事本，将正在追更小说中的各种技能、法术和超能力记录下来，它们很可能将是你未来在梦境中经常使用的技能之一。通过这种方式，你可以将小说中的神奇世界延伸到自己的梦中，尽情探索和发挥自己的想象力。

除此之外，我们还可以利用清明梦来完成一些哲学上的辩论和验证。

例如，

你可以变成一只蝴蝶，试着去理解《庄周梦蝶》中的哲学思考；又或者变成一条锦鲤，去体会"子非鱼，安知鱼之乐"的思想；

你可以变成一只小狗，真实地感受"狗眼看人低"的趣味；或者变成一只苍蝇，亲身去体验复杂的"复眼"世界；

你还可以变成男人或女人，去体验异性生活的不同；又或者变成花草树木，去感受植物们的乐趣。

不怕辛苦和乐此不疲地尝试，这是控制梦境的本质。孜孜不倦的练习和坚持不懈的实践是造梦的核心，只要是你喜欢并在小说中看到的，都可以在梦境中尝试。这不仅是对控梦能力的锻炼，更是充实梦境内容重要的素材来源。

第五章　人为创造的环境

梦境初始地，作为我们探索梦境世界的根基，犹如一座巍峨的桥头堡，为我们开启了探索梦境无限可能性的大门。

每晚的梦境，都仿佛是一段别样的迷你假期。只要能够熟稔梦境的规则，适应梦境的存在，让自己能够长时间且稳定地留在同一个梦中，不容易断线。然后，我们就可以投身于打造自己梦中家园的过程中，尝试为初始地增添新的娱乐设施和完善各项基础功能。

例如，最初版本的初始地仅有一个房间，现在我们可以勇敢迈出这个房间，突破舒适圈的限制，将原本的房间变成别墅中的一个角落。从这里开始作为起点，我们可以逐渐改造其他房间，打造一个属于自己的梦中小别墅，创造一个属于我们自己的温馨家园。

每个人的兴趣爱好不尽相同，也决定我们对风格的喜好也会有所不同。有些人热衷于科技感十足的现代风格，而有些人则追逐着古老园林和传统庄园的宁静与古朴。当初始地的版图不断扩大时，我们可以在院子里创造一些自己所钟爱的场景，作为独特的点缀。

例如，我们可以构建一个精致的池塘，清水荡漾着光影的斑斓，倒映出梦境中的绚丽色彩，其中游弋着舞动如梦的锦鲤，为梦境增添一份宁静与恬淡。或者，我们可以塑造一个婆娑多姿的假山，借山川之势，将梦境打扮得如诗如画。或者，我们可以打造一个充满古典气质的园林，精心种植花草树木，让我们在梦中领略自然的魅力。又或者，我们可以建造一个浪漫的玫瑰花墙，让香气和色彩在梦境中绽放，带来一份浪漫与温馨。

不止于此，我们还可以设想在初始地的室内设计中加入充满个性的元素。例如，在我们的梦中建造一个具有未来科幻氛围的实验室，放置着高科技的装置和设备，让我们仿佛置身于未来世界的奇妙之中。又或者，我们可以创建一个怀旧的书房，摆满古旧的书籍和文物，让我们在梦中感受到岁月的沉淀和智慧的流淌。

……

在前文中，我们已经讨论过在造梦期，每个人都有无数次重新开始的机会。然而，这一切的前提是我们需要静下心来，认真思考并确定自己真正的想法。为什么我们会选择探索梦境世界？为什么会选择控梦这个领域？为什么我们喜欢清明梦，并来学习控梦？学习清明梦这款游戏，我们内心深处最渴望得到的东西到底是什么？

当我们认真观察的时候，会发现这些问题几乎贯穿整本书的所有阶段。只有真正了解自己的真实愿望，确定我们初始地的第一属性，我们未来的探索之路才会变得更加充实和有意义。

让我们再次确认一下，在整个清明梦的游戏中，你是想让自己的梦境世界变成一所学校，用来学习那些在现实生活中无法抽出时间学习的技能，还是希望用梦境来锻炼身体、练习瑜伽，让自己保持良好的身材？你是想通过梦境来影响现实，改变自己的真实生活，还是希望通过在梦境中调理病情，从而在现实中获得一个健康的身体？你是想让梦境世界成为一个科学实验室，用来实现你对科技的种种幻想——进行实验，创造发明，还是……

我们曾多次提及梦境的兼容性是无限的，只要是我们能够想象到的事物，梦境都能够帮助我们实现。它可以成为我们的梦幻舞台，在那里我们可以实现自己的愿望，帮助完成无法在现实中完成的事情。

然而，所有这一切的前提是，我们在梦境设计的初期就要赋予它一点点特殊的属性，好让初始地自然而然地沿着我们需求的方向自由发展。

事实上，直到现在，许多梦友仍然认为梦境只是一种虚幻，不真实的存在。他们认为即使能够在梦中 100% 真实地还原现实，一切依然不具备任何意义。

事实真的如此吗？

有科学研究表明，我们在梦境中所经历的一切，其实与在现实世界中的消耗是极为相近的。

就像在梦中感到恐惧时，我们的肾上腺素水平会上升，这与在现实中面临危险时产生的激素水平几乎没有差别；而在梦中体验一场充满激情的春梦时，我们身体的自然反应和激增后的生理指标，也和在现实中经历一场精彩的性爱如出一辙……

如果连接相应的身体监测器，我们会发现当自己在清明梦中进行深蹲、跳绳、跑步、瑜伽和健身等运动时，监测装置将显示我们的心率升高，呼吸变快，这一切就仿佛我们真的在进行实际的运动一样……

与此同时，如果我们在清明梦中练习空翻、街舞、武术和拳击，我们在现实生活中相同技能的熟练程度也会显著提高……

而这一切证据无不表明，我们在梦境里活动时的消耗与在现实中活动时的消耗几乎是一模一样的。

如果这一发现真的能够在科学界得到进一步证实，那么梦境将为我们打开一条通往异世界的道路。

想象一下，如果你在现实生活中慢跑 5 公里所消耗的卡路里，与你在清明梦中慢跑 5 公里所消耗的卡路里完全相同，我们的生活将会产生怎样的变化？

在现实生活中，我们需要花费 2~3 个小时的时间，办一张健身卡，来到健身房进行一系列活动，从热身训练的关节运动，到进行重量训练的器械练习、深蹲、划船、推举，再到进行有氧运动如快走、慢跑、跳绳，最后进行拉伸放松，等等。

如果你发现针对这些运动项目，和在梦境中利用睡眠时间进行锻炼的消耗与效果几乎相同，你还会花费大量时间和金钱去健身房进行锻炼吗？

实际上，大部分人没有意识到，无论是在过去、现在还是未来，科技一直都在致力于模仿和还原梦境，并希望将梦境真实地带入现实生活之中。

以未来科技的几个发展方向为例，全息影像技术就是利用干涉和衍射原理记录和再现物体真实的三维图像。通过相关设备，我们可以在场地上搭建一个可以用肉眼观看的梦中场景，让我们足不出户畅游故宫、长城等众多旅游景点，而这原本就是梦境可以轻松实现的内容。

　　虚拟现实技术也是梦境的还原和模仿，他们试图借助有限的穿戴设备，让我们可以沉浸在一个虚拟的场景，并感觉自己置身其中。

　　那么，有什么样的设备能超越我们天生就拥有的做梦能力呢？

　　至于人工智能 AI 的发展也是如此。在梦境中，我们遇到非玩家角色（NPC）的陪伴者，每个都是最顶尖的人工智能。他们不但拥有独立的思想、工作和生活，还具备超越一切人工智能的思考和学习能力。

　　往往最简单的东西才是最真实的。

　　在我们普遍使用和习惯科技的今天，其实绝大部分人都忽略了梦境才是最真实、最前沿的科学。

　　对于现代人来说，无论是用来游戏还是单纯拿来玩耍，梦境都是最好的娱乐设施。

　　现在，我们只需要进行一些简单的练习和训练之后，就可以完全不依赖所谓的外接设备，不需要任何科技辅助，就能轻松实现这一切，而这正是未来科技发展的另一个方向——控制梦境。

　　清明梦境是一个特殊的空间，一个神奇的平台。在这里，各种感觉完全超越了虚拟现实和全息影像等的现有的科学技术，它几乎是为我们量身打造的奇妙世界。

　　在这里，我们每个人都可以最真实地扮演自己，而这一点是任何设备都无法超越的。

第六章　越高级的越简单

人生就像诗歌和音律，梦境也是如此。

我们可以将自己清醒的时间分为几个不同的阶段，就像是音符串联成的乐谱，寻找其中的规律，发现属于自己的基本旋律，然后以此来谱写出自己的生命之歌。

人生在世数十年，无论学习各种知识还是掌握生存技能，我们都应该学会在最复杂的道路中快速找到最简单的那条路径。

很多人喜欢将学习、生活、做事和修行比作登山，每个人在山下都选择了一条自己认定的道路，且坚定不移地向前迈进，克服途中一切的困难，努力去领略登顶后的壮丽感觉。

然而，在歧梦谷，曾遇到一个有趣的学生，他和梦隐分享了这样一个小故事：

他说，在上学的时候，他的数学老师告诉他们，其实要想快速登顶，还有另外一种轻松且不费力的方式。

梦隐好奇地问道："那是什么呢？"

他回答："就是乘坐直升机，直接飞到山顶。"

"然后站在山顶，俯视下方的一条条攀登之路，同样可以体会其中的规律，并欣赏沿途的美景。"

尽管这只是一个小故事，但它却非常有趣，因为这种方法同样可以适用于清明梦的练习。

正如我们曾经讲过的，真正懂得清明梦的高手，是为了进入梦境而去创造各种方法和技巧。只有那些无法体验清明梦的人，才会试图通过寻找各种方法和技巧去进入梦境。

在大多数人的认知中，越高级的东西就应该越复杂，越难以理解的就应该越厉害，无论是学习还是科技，一切似乎都应该是这样的规律。

这几乎是一种惯性思维在作怪，就像梦友们认为进入造梦期，看起来很高级的样子，我们所学的东西也应该会变得有所不同，变得更加复杂或更加困难，还有无数的难关，等待我们去面对和突破。

然而，这是一种完全错误的观念。我们应该知道，古人一直在努力告诉我们一个道理，就是大道至简。

许多事情本来就很简单，只是人类在后来自作聪明地添加了许多不必要的东西，才让这个原本简单的世界变得如此复杂。

梦隐过去常说，我们人类最擅长的活动就是在一片广阔的平原上，找到风景最美的地方，用铁锹努力在那里挖一个大大的坑，然后跳进去在坑里再继续挖坑，如此不断重复。

至于如何跳出坑来，似乎永远不是我们需要去考虑的事情。

这就像这个世界上，绝大部分的人都处于一种奇怪的状态。如果你问他们希望自己的生活是怎样的，他们会告诉你希望自己每天都能快乐、幸福地度过。

毕竟，渴望幸福，追求快乐，几乎是所有人的愿望。

但是，每当夜深人静、独自一人待在房间时，我们就会开始思考：为什么自己这么不开心？为什么自己这么倒霉？为什么总有人惹自己生气？为什么就不能让自己更快乐一些呢？

实际上，我们真的每天都生活在痛苦之中吗？

我们整个白天的生活中，难道没有一点值得回忆的时刻？难道没有任何令人开心的瞬间吗？

事实上，我们每天都会经历无数个开心或不开心的时刻。和同学开玩笑时的哈哈大笑，与朋友家人聚餐时的幸福快乐，等等，这些都是我们每天所经历的。

只是，每当夜深人静时，我们往往就会自动地遗忘这些快乐的时刻，反而去追逐那些无关紧要或让自己不开心的事情。

这就是遗忘的力量，就像我们总是在醒来后遗忘梦里的一切，又在入睡后遗忘现实中的经历一样。

记忆的阻断、遗忘和扭曲几乎贯穿了我们的整个人生，而这也是我们不快乐最主要的原因所在。

所以，无论何时，都不要试图把简单的事物复杂化。生活如此，清明梦和控制梦境的练习也是如此。

毕竟，无论多高、多雄伟的建筑物，都是由无数个细小的基础堆积而成的。就像是钢琴键上的音符，只有一个个简单的按键，却可以奏出无尽的音乐；又像是音符在乐谱上的排列，只有简单的旋律与和谐的组合，才能演奏出动听的乐章。

第七章　弯路上的风景

在歧梦谷的课堂里，梦隐曾无数次在开玩笑时分享过这样一个小故事。

那是一次去深圳出差的时候，在出租车上听到的一段十分有趣的广播。

当时，广播中的两位主持人正在激烈地讨论着当下的年轻一代。梦隐清晰地记得，其中一位男主持人在争辩的过程中发出感叹："我们这代年轻人，几乎全都中了金庸的毒。"

女主持人询问男主持人的观点。男主持人毫不犹豫地举了一个例子，来揭示年轻人普遍相信的一个只存在于小说中的定律，那就是：读完秘籍，一夜成才。

在金庸大侠的各种小说中，几乎所有主角只要从崖顶摔下，幸免于死，便会偶然发现一个神奇的山洞，并且还会在洞府深处，找到一本绝世秘籍。

这本秘籍一旦阅读完，主角就能在一夜之间威震天下，拥有无敌于世的实力。

因此，当主角出山后，便可以无视其他武林高手几年、几十年，甚至是毕生的艰辛修炼，无论对方是少林和尚、武当道士，甚至是一代名宿，都能被其轻易击败。

表面看来，这似乎只是一个笑话，然而，当我们静下心来反思时，才会发现这个故事中蕴含着一定的道理。

在日常生活中，就在我们自己身边，总会遇到类似的同学、同事、梦友，我们称之为伸手一族。

他们总是穿梭在各种贴吧、社区，活跃在各种群里，不断地变换着地方、问题，到处寻觅，试图寻找小说里那种可以一夜成才的秘籍。

就仿佛读完教程，看了别人的秘籍之后，无须任何努力，不需要再做任何练习，只要第二天天亮之后，自己就能变成一代大神。

对于这种现象，梦隐有时候觉得可笑，有时候又觉得可悲。

事实上，无论在学习做梦的过程中，还是在现实生活里，有些弯路必须我们自己亲自走过，才能明白这个世界的真相和道理。

人教人，教不会，事教人，一次就够！

试错、试错、试错，只有亲身经历过，才能知晓对的地方、对的世界究竟是什么样的。

作为控梦师，我们最不惧怕的就是犯错，因为梦境会给予我们无数次重新来过的机会，让我们从中学会自己必须学习的一课。

在大多数时候，梦隐都会告诉梦友们，自己并不是一名老师，而是一个另类的导游。

梦隐所能做的，就是带着那些喜欢做梦的梦友们进入清明梦的世界，让他们去领略清明梦的各种景象，跟他们介绍与这些景象相关的内容和典故。

至于最后，梦友们在旅行过程中看到什么，学到什么，学会之后又能给自己带来什么，那些都跟梦隐无关。

因为，梦隐能做的就只是带他们去看，而不能替他们去做什么。

中国有句古话，叫作："师父领进门，修行靠个人。"

无论是作为一名老师还是导游，梦隐所能做的都只是告诉你前进的道路以及每个阶段的目标和目的地。

至于梦友们自己是走路去、打车去、坐高铁去，还是坐飞机去，那就不是梦隐能够控制的事情了。

任何学习都是如此，当我们亲身经历之后，拥有完整的概念，有了明确的目标，知道自己前进的方向，从此不再迷茫便足够了。

在漫漫人生的旅途中，若无方向，闭门造车、埋头苦思数十年，很可能会一直徒劳地在原地打转，当拥有了明确的方向，一切都将截然不同。

清明梦在很大程度上是非常私人化的体验。前辈们的经验很可能只适用于他们本人，而我们需要学习的，则是从前辈们的经验中提取出属于自己、适合自己的部分。

因此，有些弯路是需要我们亲自去走一趟的，只有这样才能明白对的方向是什么样的。无论何时，都不要害怕走弯路，勇敢地迎接恐惧，经历并欣赏弯路上的风景，有可能这些事物会比我们想象中更美，获得的体验也会比我们想象中更加丰富。

学习清明梦、学习控梦的过程，就像一场漫长的修行。

修行，也是修心。

修梦，更是如此。

第八章　真正的功夫

日益糜烂的世界，带动着逐渐浮躁的人心。

很多时候，我们的好高骛远，往往是在给自己以后的失败种下不应该存在的因。

回想起小时候，每个人都或多或少地怀揣着成为超级英雄的梦想。就像梦隐小时候常常幻想自己是一个无敌的武林高手一样。

梦隐常常讲起一个笑话，说有这样一群人，有一天他们毫不犹豫地放下一切，满怀喜悦地跑去少林寺，希望能够学习那些顶级秘法，练习无敌的武功。他们憧憬着，当有一天学成下山，可以成为正义的旗帜，成为锄强扶弱、劫富济贫的大侠，或者可以为国家效力，成为能够逆转风云的盖世英雄。

然而，现实往往与理想背道而驰。

当他们来到少林寺，师父们将满怀壮志的他们安排到下院，甚至是外院，让他们先从最基础的工作开始，如劈柴、挑水，还要经历漫长的 3 年时间。这种巨大的反差让许多人无法承受，他们纷纷在半途中就选择放弃，甚至还没开始正式学习就已私自下山。

毕竟，对于很多人来说，理想都是丰满的，而现实却是骨感的。

我们常说，那些匆匆放弃、容易半途而废的人，往往潜意识中会有这样一种错误的心态，那就是我们前文提到的"读完秘籍，一夜成才"。

试想一下，当来到你这里学习，我的目的就是为了获得无敌的秘籍，希望能够尽快学成下山，扬名立万，甚至要一统整个江湖。

而你这个小小的寺庙，竟然对我如此大材小用？让我去砍 3 年柴？让我去挑 3 年水？完全是在浪费我宝贵的时间，简直是岂有此理。

虽然这只是一个笑话，但梦隐相信很多人都曾在现实生活中遇到过类似的场景，遇到过类似的人。那些追求速成的人们往往忽视了学习的过程和艰辛，只想着结果，却不愿意付出努力和耐心。

然而，如果我们把故事的主角换成我们自己，情况又会如何呢？

当有一天，你请了假，花费大量的时间和金钱，长途跋涉来到歧梦谷，希望能够学会做梦，并完全掌握控制梦境的技巧。

结果，当你终于抵达歧梦谷，满怀欣喜准备开始学习之旅的时候，梦隐却让你去砍柴、挑水、种菜、做饭、浇花、除草，你会有什么样的感受呢？

或许你也会像上面那些渴望成为天下第一，要统领江湖而做着大侠梦的人一样，一气之下丢下锄头，直接就决定放弃，匆匆下山离去。

相信很多人都听说过这样一句名言：天下武功出少林。

少林功夫的最高境界被称为禅拳合一，指的就是无上禅功"心意把"。然而"心意把"的另外一个名字，或许有些俗气，叫作"锄镢头"。

镢头是一种刨地的工具，形状很像锄头，它的主要功能是用来挖坑和松土。

数千年来，心意把，也就是锄镢头，一直是少林寺中不外传的镇寺绝技，江湖上素有"太极奸、八卦滑，最狠最毒心意把。"这样的说法。与此同时，它也被国内的武术界和各大门派誉为"万拳之王"。

或许有些梦友对于为何在探讨清明梦的话题上，突然讲起少林功夫和江湖故事感到好奇。

实际上，只要我们能静下心来，认真观察周围的一切，就会发现许多有意思的事情。就像除了方法、技巧以及所谓的武林秘籍之外，我们还能从许多事物中学到与梦相关的东西。

就拿心意把来说，这是历代武僧在耕田时观察到周围百姓的疾苦和艰辛生活后，将禅宗的气功、武术的劲道、瑜伽的脉轮、道家的养生等各种理念融合在一起，加入农活中最后才形成的一个招式、一个动作。

也许很多人难以相信，少林功夫的最高境界，心意把居然只有一个动作。

是的，没错，只有一个动作。

尽管如此，但这个动作变化莫测，能够应对万变，可以说它是一种练心、练意、练气、练力、练法的无上妙法。

古人有云："舍得一身剐，敢把皇帝拉下马。"

尽管身处现代社会的我们，或许无法真正理解这句话的含义，但通过各种影视作品，我们可以对古代的生活模式有一定的了解。

在现代社会，军队是我们强大的后盾，也是整个国家的栋梁和支柱。

然而，在古代，真正在编制的正规军队人数非常有限。大多数军队基本上都是在战争临近前，才从各地征召起来的农民。

中国古代农民的生活非常艰苦，没有现代化的工具和设备，他们需要耗费大量体力来从事农田劳作。

而且，由于物资匮乏，各个村庄、寨子以及不同民族之间为了生存，还会经常发生各种争斗。

例如，两个村庄可能因为饮水和灌溉问题而争夺水源，在挖渠和争夺水源的过程中，很可能发生大规模的械斗，甚至还会造成一些伤亡。而古代重男轻女的观念，更是加剧了这种情况的恶化。

如果一个家庭没有男丁或者男丁较少，不会打架，也就无法进行斗争。因此，他们可能会被邻居、被同村人，甚至被村霸欺负。相反，如果家庭有很多男丁，能够干活又会打架，那么他们就能很好地保护自己，并过得更好。这是当时整个社会环境造成的，绝大多数人都无法改变这个处境。

读过历史的我们都知道，在古代，政权更迭是非常频繁的事情。不要只看电视剧中那些讲述各种英雄和开国将领的故事。

真正去了解历史，你会发现许多变革起初都是从农民起义开始的。或者说，在许多时候，农民起义的力量比正规军队更强大、更具决定性。

为什么呢？

就像心意把的形成一样，农民虽然不像部队的士兵那样每天练习器械、舞枪弄棒，接受正规训练。

然而，他们为了生存，为了干活，需要耗费体力，舞动锄头，挖掘土地，松土种植，等等。每个人的力气都是有限的，但农活却像没有尽头似的永远忙不完。

因此，农民们会自主地去探索，去寻找最简单、最省力的动作，最合适的发力技巧和最佳的下坠角度，他们会自己学会如何轻松快速地去除杂草、翻动土地、种植作物，然后静候秋天的收获带来的喜悦。

那些跟梦隐一样从事过农田劳作的人都有体会，如果曾经开过荒、种过地、搬过石头、修过路、挑过水、锄过草、割过麦子、耙过地、挖过土、脱过坯、夯过土基、盖过房、劈过柴、拉过车、打过筛子、扬过场，并且有了三五年的劳动经验之后，那时的基本功是何等扎实。在这样的环境和基础上，如果还能穿插练习抻筋拔骨，学会高深的技巧和轻巧的爆发力，那么他们的武术功夫将是何等了得！

正是由于他们基本功的扎实，古代的农民才会拿起锄头能够熟练地耕种土地，拿起兵器能够勇敢地参与战斗。

了解这个原因之后，你还会觉得在少林寺学习武术，让你砍 3 年柴、挑 3 年水、种 3 年地，仅仅是在开玩笑、逗你玩吗？

第九章　梦境世界的演化

在清明梦境中，我们至少有三样东西是可以自主控制的：呼吸、眼球运动和精神状态。无论面对任何场景，我们都要学会冷静地面对一切，学会深呼吸和有意识地放松自己，同时时刻提醒自己此时正身处梦中，周围的一切都是安全的。

造梦，还有创造的意思，前文曾经提到，学会观察自己的睡眠过程，我们会发现一个很神奇的现象。

在大部分人的认知里，闭上眼睛之后看到的场景，应该是完全漆黑的一片，就好像一块黑屏一样。

事实上，当我们用心去看，努力细致地去观察时，我们才会发现眼前能够看到一些奇怪的线条、色块，或者类似星星点点的光亮。它们有的连绵不绝，有的则断断续续；它们有时候是暗红色的光团，有时候则是青白色明亮的银河……

严格来说，我们每晚的梦境，实际上就像是一个创世的过程，为什么这样说呢？

每当我们闭上眼睛，眼前呈现的就是一片混沌，那是由各种能量、颜色和其他物质纵横交错在一起而形成的一片虚无之地。

我们需要做的任务，就是在这片混沌世界中寻找一个可以引发宇宙大爆炸的"奇点"，然后点燃它，让一切从这个点开始进行演化。

这就像我们在一张空白的纸上，在一个零维的世界里点上一个点，让原本处于混沌状态的世界从零维开始进化演变成一维，然后再继续让眼前这个画面从一维变成二维，从二维进一步演化到三维，甚至到更高维度的空间，如四维、五维，等等。

　　梦境是一个神奇的地方，它给予我们无限的可能性，让我们每天都可以在无意识的状态中经历从人到神，再从神到人的过程。

　　一旦拥有属于自己的初始地，梦境就会从无序变为有序，而所有规则实际上都是梦主自己主动设定和创造的。在这个由我们创造的梦境世界里，我们可以驾驭时间和空间，探索无限可能性的边界，以及探索我们心灵深处的秘密。

　　就像前文提到的，如果我们将梦境世界看作每天学习和工作之余可以自主享受的迷你假期，那么一些必要的娱乐和度假设施，便成为初始地中不可或缺的一部分。

　　想象一下，当我们劳累一天，好不容易躺在床上休息，置身于梦境世界时，我们都可以自由地选择去度假村或是游乐场，也可以选择去探索神秘的寺庙或是森林。这些设施的存在将为我们提供一个完全不同的环境，给我们带来不同的体验和乐趣。

　　在我们漫长的人生旅程中，相信每个人心中都有独属于自己的超级英雄，或是具有勇气和智慧的钢铁侠，或是拥有特殊能力的蜘蛛侠，或是拥有时间掌控力的奇异博士，又或是无敌的奥特曼，甚至是可以七十二般变化的齐天大圣。找到自己心目中的超级英雄，让他成为我们的目标和榜样，同时给予我们探梦的方向和力量。

　　随后，在喜欢的小说、游戏或是影视作品中，我们可以寻找一个自己特别喜欢的场景，将其打造成属于我们自己的疗养中心。这样一来，整个梦境世界就会变成另外一个完全不同的样子。

　　这个场景可以是一片宁静的草原牧场，或是一个安静的海边小屋。在这个特殊的地方，我们可以尽情地放松心情，让疲惫的心灵得到疗愈和平静，这里的一切只属于我们自己。身处此地，我们可以摆脱日常生活中的压力和焦虑，可以放下一切纷扰，让心灵得到彻底的净化和释放。

　　就像前文在讲述游戏时，曾经提到过澄海 3C 地图里面的血池，一个神奇的存在，无论在游戏的过程中遇到什么样的伤害，身体处于什么样的状态，只要我们能够顺利回到血池旁边，所有的负面状态都会自动消除，这个血池在游戏里就代表着治愈与重生，它给予游戏角色无尽的希望和庇护。

我们每个人都会做梦，每晚也都在经历梦境。而梦境本身就具有无限的智慧和治愈的特质，同时，它还拥有游乐场、疗养院、学校和实验室等各种特性。对于我们来说，只需用心倾听和诉说，学会在清明梦这个游戏中跟随内心的指引，主动创造和完善初始地的各种功能与属性，所有的一切都将变得格外有趣！

通过充分利用梦境中的资源和机会，我们不但可以获得智慧与治疗，同时还能实现内心的成长与探索。

我们的梦境世界，会跟随我们思想的转变而发生相应的变化，最终的进化和演变则取决于我们每个控梦师对整个世界的认知和对梦境的掌控能力。

不需要进行强行干预，只需在潜移默化中慢慢影响梦境的演化过程，让一切自然而然地发生，我们只需静待花开，梦境世界就会自动演变成我们心中想要的样子。

第十章　终极任务

在梦隐的初始地中，存在着一泓神奇的泉水，梦隐称之为生命之泉。在这个生命之泉的旁边，还有一个用石头堆砌而成的温泉池。

每当刚刚进入梦境或游历梦境之后，拖着疲惫的身躯，来到温泉池旁，梦隐都喜欢将自己沉浸在泉水之中，梦中的身体似乎可以与泉水共鸣，他会开始自动调整和自我修复，这一切就如同一种神奇的疗愈过程。

当然，就像前文所述，我们不应该害怕走上弯路。即使在某些梦境中或某些事情上浪费了大量的时间，也无关紧要。

因为，对于控梦师这个职业来说，最不缺的资源就是时间和空间，我们总会有足够的时间与空间去探索和体验。

曾经有很多梦友向梦隐询问，每次在梦中停留的时间是多少，最长的一次在梦境里经历了多长时间。

每次面对这些问题，梦隐总是面带微笑，回答说最长的那个梦境是个秘密，不能泄露给他们。但是在最近一段时间的经历中，最长的一个梦境，应该是在梦里待了数百年之久。

那是一个异常神奇的梦境，一座高耸的山洞嵌藏在巨大的山脉之中，宛如一个与世隔绝的异域天地。

山洞内部的布置简陋而朴素，靠近山壁的地方摆放着一座石台，上面放着一个用于打坐的蒲团。而在山洞的中央，有着一片小型湖泊，湖水清澈见底，不深不浅。

整个山洞里除了梦隐之外，还有一只绝美的小白狐，她是梦隐引以为傲的得意弟子。

梦中的梦隐是一位年迈的道士，每日的任务就是静坐冥想、记录思考，以及敦促小白狐勤修苦练，期盼着她能尽早化形。

然而，小白狐却是一个调皮捣蛋的家伙，总是在梦隐不注意的时候偷偷溜到湖泊旁，将自己的脑袋浸入湖水之中，甚至有时候还会费尽心思地跳进湖里，好像要游向湖底。

那是一片神奇的湖泊，它的水底就是整个人间世界的场景，每次只需将头扎入水中，便能透过湖水窥见人间的各个角落与美景。

就这样，在梦中与小白狐周旋斗智斗勇，度过了数百年的时光，直到小白狐化形成人，梦隐才从沉睡中苏醒。

梦境中的时间和空间，实际上是一种异常奇妙的存在，只要我们愿意，便能轻轻松松在其中度过数十、上百年的时间。

而凭借如此充沛的时间，我们所能在梦境中完成的事情，也将变得丰富多样、多姿多彩。

在探索梦境的漫长旅程中，在造梦期，学会如何存档和读取是梦友们最重要的任务之一。只有当我们能够将曾经亲身经历的梦境储存起来，并且随时能够读取回顾，我们的梦境才能算得上是进入第二代游戏的阶段。只有这样，我们在梦境中能够做的事情和享受的自由度才会不断增加，且越来越广阔。

通过各种尝试，为自己的初始地规划一个有趣的蓝图，并按部就班地建设下去，你才会发现，清明梦这个游戏真正吸引人的地方所在。

而此时，我们可以通过挑战完成一些由歧梦谷官方设计的终极任务，以此来丰富我们的梦境体验。

· 抄书

常言道："好记性不如烂笔头。"

抄书是一项非常有趣的任务，它不仅是一种记忆的方式，更是一种与经典著作亲密接触的方法。

我们常常在各种电视剧中看到男主角或女主角被罚抄经书或其他经典著作的情节。

对于那些有兴趣的梦友来说，可以找一个漂亮的笔记本，尝试手抄一遍《控梦师》这本书。

用心去书写，在这个过程中，不仅可以帮助我们深入理解和学习这本书的内容，还能让我们发现在自己阅读时未曾在意到的细节，以及被自己无意间忽略掉的基础部分。

而且拥有一本手抄版的《控梦师》，可能会给你未来在歧梦谷的旅行，带来一些意想不到的好处。

·寻找梦神

每个梦境世界都与一个神奇的场所相连，而在这个场所中，存在着一个无所不知、无所不能的神秘存在，我们称之为"梦神"。

梦神的形象千姿百态，可以是各种各样的存在，他可能是我们曾经的亲人、祖先、各路神佛、历史名人或者其他未知的事物。无论是在现实生活中，还是在梦境世界里，面对任何问题，我们都可以试着与梦神进行沟通，他会给予我们所有事物最完美的解决方案。

当然，对于有兴趣的梦友来说，也可以尝试拨打"梦神热线"，通过电话与梦神进行沟通，这也是一个不错的选择。

除此之外，梦友们还可以尝试在梦境世界内登录"歧梦谷"或者"控梦师"的官方网站，然后在交流区留下自己的困惑与疑问，同样会有梦神亲自解答你心中的疑虑。

·创建固定的梦中角色

如果只是单纯地一个人在梦境中孤独地旅行，或者让梦境自动随机形成各种人物和故事，梦境就不会变得那么丰富和有趣。

当拥有自己的初始地之后，我们可以为这个地方寻找一些合适的人物，让它们充当管家、保姆等不同的角色。并给每个角色赋予特定的性格和人设，这样会让很多事情朝着我们未曾预料到的方向发展，也将为我们带来更多意想不到的乐趣和惊喜。

·恢复状态的生命之泉

就像梦隐一样，每个梦友都可以拥有一个属于自己的专属场所，一个能够清除负面状态的生命之泉。在那里，我们可以将现实和梦境中的疲惫与压力洗涤一空，让自己彻底放松下来。每天进入梦境后，主动来到这个温泉中心做个水疗（SPA），你会发现自己的状态将逐渐变得越来越好。

当然，这个地方也可以是任何一个能够让你内心得到宁静的场景。这是梦境天赋功能的演化，也是我们每个控梦师都应该寻找和掌握的技能之一。

·创建属于自己的状态栏

在现实世界中，每个游戏都有属于自己的状态栏，而奇怪的是，似乎只有现实版的《地球 Online》和虚拟版的《梦境 Online》这两款游戏，至今还没有为我们提供专属的状态栏。

在这两款游戏中，我们并没有看到任何的系统提醒，也找不到游戏官方提供的说明书或帮助选项。当我们降临游戏后，会发现不但无法找到系统NPC，而且无法领取任何官方任务。更令人苦恼的是，我们还无法调出面板查看自己当前的状态，也找不到任何用于充值的接口。

这样的情况放在游戏中只有一种解释，那就是我们或许根本不是游戏玩家，而只是系统设计中自带的那些可怜的野怪和 NPC。

如果想要改善这样的现状，我们或许可以从状态栏入手。无论是血量条还是魔法值，我们都可以在梦境世界中尝试创建属于自己的虚拟机，打造属于自己生命值（HP）和魔法值（MP）的状态栏。这将成为梦境进化和视觉叠加的重要组成部分，也是未来学习《现实覆盖术》的基础。（有关《现实覆盖术》的相关介绍，可以在本书的附录中找到。）

·创造或召唤属于自己的医疗团队

在梦境里，我们可以召唤出自己生命中的治愈者，如医生、治疗师、热心的朋友甚至已故的祖先等等，他们将成为我们的专属医疗团队。无论何时遇到问题，我们都可以随时寻求他们的帮助，正如我们可以借助"梦神"的功能一样。

通过创造和设置这些任务及场景，我们的初始地将与我们的个人特质默契相合，从而最大化地还原和发挥梦境能够给予我们的帮助。

而这一切正是梦境演化道路上，最简单、最直接的那条途径。

第七部·化梦篇

梦：神谕？还是魔咒？

第一章　被消耗的电量

谁会在乎过去呢？过去早已沉淀于岁月的长河，那些曾经的片刻早已被时间抹去，又不能改变什么，何必沉迷其中，总纠结这些？

事实，真的如此简单吗？

无论是昨天的往事还是前天的岁月流转，抑或去年、前年的旧时光，过往都是构筑我们今天的一个重要基石。它如同一本精美的油画集，绘制着我们成长的印记，描绘出我们绚丽多彩的人生轨迹。每一页都充盈着欢乐和泪水，每一个画面都承载着我们对未来的期盼与梦想。因此，如若轻易将过去遗忘，就像得了阿尔兹海默症的老人，注定会在现实的迷雾中迷失自我，忘记曾经的辉煌与奉献。

然而，过去往往并非一幅完美的画卷，它更像一部跌宕起伏、流淌着遗憾和失落的史诗，深深扣住我们的内心。它记录了我们懵懂时犯下的错误和错过的机遇，涌动着我们经历过的失败与痛苦的涟漪。有人说，忘却过去，就像抛弃一件布满尘埃的旧衣物，等待着春风来临，大地焕然一新，旧的总会随风飘散，新的也总会悄然登场，不用去在意过往的痛苦，我们要勇敢面对未来。

事实上，我们今天的思维方式、行为习惯，乃至所有的一切，皆建立在过往的基础之上。小时候的家庭背景，少年时期的教育经历，以及成年后的社会环境，无不对我们的成长和塑造发挥着深远的影响。

俗话说："往事不堪回首。"

大部分人不愿意回首往事，都是因为过去的某段时光或某些事情，永远像一道道旧伤疤，无法痊愈，一旦触碰就会带来疼痛和不适。

当女生经历分手时，闺蜜们总会安慰说："过去就过去了，时间会治愈一切。"

然而，时间真的能够治愈一切吗？

时间并非真的能够完全治愈一切，它只能让我们逐渐遗忘。就像人类短时记忆的运作机制一样，当某段记忆不再被频繁提及时，它就会被大脑的海马体自动删除。但是，我们往往忽略了，被删除的记忆并非真的彻底消失，它们有可能只是静静地沉睡在回收站中，默默等待着重新被发现的那一天。

就像生命中曾经伤害过我们的人，虽然时间会让我们的伤口结痂，直至从外表看上去完好无损。然而，当我们偶然在街头再次相遇时，那种被伤害的感觉依然会突然涌上心头，仿佛那道伤疤从未愈合。

很多人都会问："我还能怎么样呢？"

我们或许会躲开过去，试图将它遗忘，甚至可能已经成功地将其淡忘于记忆的角落。但是，有些旧伤疤总是会在不经意间被重新揭开。

综上所述，遗忘或许并非解决问题的最佳途径。我们还有另外一个选项，那就是疗愈过去。

请记住这句话："过去不会消失，却可以被改变。"

当我们在清明梦的世界中尽情驰骋，在宇宙星空中畅游，当我们已经探索所有该探索的、玩尽所有该玩的，当我们觉得清明梦已经达到极致，再也无法前进一步时，化梦期将成为我们进军新征程的机会。在这个新的旅程中，我们可以改变过去，让它成为我们的助力而不再是阻碍。

· 化解的化

清明梦赋予我们无数次机会，在不同的时空中穿梭，而我们只需要微微调整方向，重新去经历过往，就能获得改变过去的机会。

无论我们今天的年龄是多少，我们整个人生累积在一起，就像一部电量为100%的手机。在过去的各种经历中，我们常常因为一些看似重要却实则无谓的事情而不断耗费自己的电量。

例如，

在幼儿园时，可能因为被小朋友抢走一个心爱的发卡，然后痛哭流涕，在这件事上我们被消耗了千分之五的电量；

在小学时，可能因为被老师当众批评，被同学嘲笑而感到难过，在这件事情上我们被消耗了千分之一的电量；

在中学时，可能被同学欺负、霸凌，回到家中却不敢诉说，在这件事上我们被消耗了千分之五的电量；

在成年后，可能遭遇邻居的纠缠，或者在公交车上遭到咸猪手的骚扰，在这件事上我们被消耗了千分之十的电量；

毕业后，也许与室友渐行渐远，再也没有联系，偶尔陷入想念的情绪，在这件事情上我们被消耗了万分之一的电量；

男朋友的背叛、被骗财骗色，可能使我们难以从伤痛中走出，在这件事情上我们被消耗了百分之五的电量；

亲人的离世，使我们与其永远无法再相见，过度的悲伤深深折磨着我们，在这件事情上我们被消耗了百分之一的电量；

……

在过往的人生中，大小各异的琐事，时时刻刻都在消耗着我们的电量。而这种电量被消耗的情况，对于大多数人来说，有些消耗是可弥补的，有些是可淡化但仍在持续进行的，还有一些则是永久性的丧失，再也无法得到补充的。

至于如何区分这三种消耗，需要我们自己进行评估。

例如，

当你受到老板的批评时，心里总是过不去这个坎，时不时会想起这件事，认为这个老板太可恶，这件事不知不觉中一直在消耗着你的电量。

但是某天，老板突然给你发奖金，甚至还当众表扬你，你瞬间就原谅了老板，觉得以前是自己太小心眼，老板其实很好，怎么能耿耿于怀、去记恨他呢？

类似这样的情况，就是虽然电量被消耗，但是却能够得到补充的。

幼儿园时，你的发卡被小朋友弄坏，那个发卡是外婆送的，是你最喜欢的礼物。当时这件事成为你人生中过不去的坎，你可能因此与人绝交，甚至转校，等等。

然而，随着年龄的不断增长，这件事慢慢在你的记忆中逐渐淡化，甚至最终被彻底遗忘。或许是随着阅历的不断增加，你渐渐放下了这件事情。

那么，这种情况就是能够被淡化却在持续不断消耗的，只不过这种被消耗的电量可能从千分之五变成了千分之一，甚至万分之一、十万分之一等更小的比例。

为什么不是彻底消失呢？

因为在之后的生活中，一旦有人抢走你的东西或是损坏你的物品，你可能就会陷入一种无意识的愤怒状态，而这很可能正是源自小时候的某个经历对未来我们的影响。

当亲人遭受欺辱或者被霸凌，当儿女丢失再也找不回，有些人可能会一夜之间崩溃，陷入一种绝境。这种情况下，大部分电量的消耗都是永久丧失，并再也无法得到补充的。

然而，此时清明梦的练习，可以给予我们无数次这样的机会，回到过去，改变记忆，最终实现自我疗愈。

第二章　回到过去

前文我们曾经提到过：“人类最擅长的就是自己骗自己。”

在绝大多数人的认知中，只有未来可以被改变，而过去则是已经发生的事情，一经沦为事实就无法改变。例如我们之前提到的例子，小时候被其他小朋友抢走心爱的发卡并损坏。

当回忆这件事时，你脑海里是充斥着别人如何挑起事端、如何可恶、如何欺负自己的画面，还是你能够客观地回忆起整件事情的真相呢？

我们的过去确实是已经发生过的事件，但是我们的记忆会随着我们的成长而不断地自动润色。既然记忆能够被改变，那为什么不利用我们所学到的知识，回到过去亲自去改变记忆中的一切呢？

很多人在日常生活中，经常感到自己处于干啥啥不行的状态。投资失败、工作被辞退，甚至买个股票还会被套牢……

其根本原因并非他们不努力，也不是他们不想改变自己。绝大部分情况下，是因为他们的电量被过度消耗，已经无法支撑他们专心致志去做一件事情，更别说改变生活、改变自己，仅此而已。

随着我们经历的事情越来越多，我们在日常生活中会被无意识地大量消耗，有些人只剩下 60%、50% 甚至更低的电量，仅能用来维持最基本的生存。

在这种情况下，我们可以从小事开始，逐步收回那些无意中被消耗掉的电量，这是对我们最有利的选择。

想要疗愈自己，只需要三个简单的步骤：

①回到过去；

②拥抱自己；

③跟自己和解。

· 回到过去

潜意识为了保护脆弱的人类，会在我们还没有准备好之前，帮忙封印一些过往的创伤和记忆。

很多人认为自己现在过得还行，没什么好遗憾的，找不到疗愈的入口，更不知道该从哪里开始，这时候，梦隐可以给出一个小小的建议，让事情由近到远慢慢开始。

那么，从哪里开始呢？

其实前文我们讲过，从基础中的基础入手就好。在短时间内，我们的梦境中经常会出现一些近期需要面对和解决的问题。

潜意识是我们最亲密的战友，也是一个最负责任的守护者，它总是在没有任何立场，也不受任何个人喜好影响的情况下，以独有的方式如实地记录着我们生活中所有的细节。这些记录包括但不限于我们日常的见闻和心理活动，等等。

大多数时候，现实生活中一些无意间发生的小事，偶然间引起了情绪的波动，虽然我们自己可能并不在意，几分钟后甚至会忘记它的存在，但潜意识却会清楚地帮我们记得，并在我们晚上的梦境中放大无数倍，肆意播放来提醒我们注意。

例如，这几天你在工作中被领导批评，甚至被扣了工资，这让你感到很愤怒。

那么，在当天的清明梦中，你就可以主动回到事情发生的时间，回击领导，甚至揍他一顿。就像电影《夏洛特烦恼》中夏洛说的一台词："在我梦里，还能让你给欺负了。"

通过在梦境中主动释放心中的不满和怨气，你可以跟领导进行一场虚拟的较量，甚至可以最后让他为你服务，成为你的小弟。当第二天醒来时，虽然我们明知道刚刚经历的一切都只是梦境，但是想到领导昨晚为你服务得如此周到，你也就不再跟他计较。

通过利用清明梦的力量，我们可以在虚拟的世界中释放压力和不满的情绪，让自己得到一些心理平衡。即使梦境只是我们内心的一种自我安慰，但它也能带给我们一些积极的变化，让我们的现实生活更加和谐。

例如，在上班的路上，我们看到一个人随地吐痰，感觉非常不舒服，但没有上前制止那个路人。到了办公室，我们开启一天忙碌的工作，早晨路上发生的事情，早已被我们抛在九霄云外，完全忘记了。然而，到了晚上做梦时，我们却会莫名其妙地梦到有人随地吐痰或乱扔垃圾，而在梦中的我们总是以愤怒或是其他方式来处理这件事情。

在这个时候，我们简单地自我检索一下，就会发现，这个梦境只是今天早上某个瞬间，我们对于路人随地吐痰引起的不适感被潜意识放大了无数倍，并重新复现在我们的梦境之中。

而在我们漫长的人生里，也是如此被一些我们根本记不起，甚至认为自己毫不在意的事情所影响，被悄悄地释放着电量。

这就像我们无意间在手机中打开了一些不常用的软件，如相册、记事本、闹钟、浏览器，等等，却没有及时关掉它们，任其在后台运行，虽然看起来没有使用，但它们却在不断地偷偷消耗着我们手机的电量。

只有我们随时查看并关闭这些没有及时结束的应用，释放被占用的内存和被消耗的电量，我们的手机才能重新获得更长的续航。

我们都知道，梦是不受空间和时间的限制与约束的，我们在梦里就像是时空旅行者，可以随意穿越时空，回到过去或者穿越到未来，与另一个自己相遇。

既然所有的经历都被潜意识储存在我们脑海深处，过去的经历之所以被我们忽略，只是因为我们没有特别关注或没有时间顾及。现在，我们拥有了开启时空穿梭之门的钥匙，就不要辜负这个跟过去和解的机会。我们可以运用现有的知识、理解力和其他能力，去帮助过去的自己创造一个更完美的结果，同时也为自己创造一个更幸福的未来。

梦境具有私人化且独属于我们的这个特殊属性，为我们创造了无尽的可能性。

首先，我们必须意识到，不管做什么事情或做什么决定，这一切都只是在梦里，这是属于我们自己的游乐场。因此，所产生的结果也只属于我们自己，与其他任何人都毫无关系。

就像之前提到随地吐痰的例子，我们可以找到触发事件的原因，跟随事件发展的过程，了解事情的结果，甚至探索是否会有后续剧情的发生。

在这个故事中，吐痰梦境触发的原因是你目睹一名陌生人随地吐痰。然后，你没有做出相关的反应，结果是你心里微微不舒服，却匆匆离开去上班，事情便没有任何后续发展。

在梦中，我们可以再次回到事件发生的现场，重新体验整个事件发生的过程。当再次目睹他吐痰时，你内心确实有冲动上去责备他，甚至教训他，但当时的你错过机会没有及时制止他，然而你看到自己离开后，一位小姑娘站出来教育了那个路人。

这一刻，当你看到那个路人被教育时，你的心情会舒缓很多，因为你明白现场已经有人制止过这种行为。

虽然内心得到舒缓，但我们仍然可以再次回到事件发生的现场，经历一段完全不同的过程。这次，在小姑娘出现之前，你亲自上前教育那个路人，告诉他应该讲究文明和卫生，随后在路人崇拜的目光中离开。这样一来，你就完成了白天本来想做但没有去做的事情，被自己压抑的情绪彻底得到释放。

事情已经结束，内心的情绪也得到舒缓，但我们仍然可以再去经历一次。再次回到事件发生的现场，在那人吐痰之前，你可以给他递上一张纸巾，并告诉他随地吐痰是不好的，以后出门可以随身携带纸巾或手帕之类的物品。这时，他可能会向你道谢，甚至告诉你，平时他也不喜欢随地吐痰的人，只是最近在照顾病人，不小心感冒了，一时没忍住，他觉得实在不好意思。

你或许会微微一笑，提醒他注意身体，然后便彻底原谅了他。

通过回到过去的技巧，我们拥有无数次重置时间的机会，让我们可以一次、两次、三次、五次，甚至八次、十次地重复去经历同一件事。我们可以从不同的角度入手，不断分析和重新组合某个事件，从中获得不同的结果，从而消解内心的困扰并彻底释放这件事情带来的不良情绪。

第三章　拥抱自己

很多梦友会感到困惑，虽然已经掌握控梦技巧，也能够随意穿越回到过去，但该如何治愈自己的心灵创伤，如何与自己和解呢？

你是否曾经感受过与恋人的拥抱？与喜欢的人相互拥抱，会带来无比幸福与愉悦的心情。

实际上，拥抱虽然只是一种简单的动作，却能有效缓解压力。有数据显示，一次拥抱能够减少三分之一的日常压力，因此"亲亲、抱抱、举高高"这类玩笑并非无中生有，毫无根据。

当然，拥抱并不一定必须发生在异性或者恋人之间，与父母、与朋友，甚至是宠物、树木、毛毯、玩偶之间的亲密拥抱，同样具备着神奇的疗愈效果。

正因为如此，当我们在梦境中运用同样的方式，给自己或者梦中的其他事物一个温暖的拥抱，我们将得到同样令人惊喜的回应。

·拥抱自己

例如，

曾经在无数个普通梦境中，你常常梦到被人或鬼怪追赶，醒来后可能还会伴有心悸、冒汗等不舒服的感觉，这种情况让你长时间不敢重新入梦。

甚至有些人就是因为某个噩梦之后产生了恐惧的心理，在潜意识中有意无意地推迟睡眠，甚至竭尽所能地避免睡觉，从而才导致了失眠问题出现。随之而来的是精神状态不佳，进而严重影响了现实生活。

这种情况就像我们之前在"清明梦的两个天才状态"那一章节中提到的负面死循环一样，因为某个支撑点无意间的反向推动，导致整个循环系统进入了负面旋转状态。而我们所能做的，就是找到其中某个支撑点，在系统短暂停顿的瞬间，将其推向正确的方向。

就像在被怪鬼追赶的梦境中，我们常常习惯性地逃跑、躲避，最终虽然安然无恙，却让自己心有余悸。但是一旦意识到这一切只是一场梦境，而梦境无法对现实产生实质性的伤害，我们就可以在鬼怪靠近时，开心地迎上去，甚至主动拥抱对方，将其纳入怀中。

在这一刻，如果仔细观察，你会发现原本的鬼怪不知何时竟变成了你的恋人、父母、家人或者梦中女神（男神）的模样。而且从你主动拥抱对方的那一刻开始，这种被追赶或追杀的梦境就几乎再也不会出现在你的梦里。

曾经在学生时代，被同学霸凌是许多人终生难忘的过去，这些经历在心灵深处留下创伤，成年后仍然难以释怀。

当我们重新回到事情发生前的时间点，可以试着站在事外，以第三者的角度看待这件事的发生；或者投身其中，扮演主角，挺身而出，为自己奋力反抗；甚至上演屠龙者最终都会变成恶龙的故事，让自己在梦中体验一下霸凌他们的感觉。

然而，最好的方式是处于第二视角（梦中的一种奇特角度，在梦里自己是别人，还能够看到另一个自己），主动去拥抱一下曾经的自己，给予他鼓励和力量，让他自行处理这些事情；也可以教导他主动去拥抱那些曾经伤害过自己的人。

反复经历、体验，一次又一次揭开曾经的伤疤，甚至主动在伤口上撒盐的行为，许多人不能理解，甚至大部分的人也会视这为一种臆想，认为只是自己在梦中幻想罢了，毫无意义。

梦隐很喜欢的一部电影里，有这样一句经典台词："今天很完美，只是你不知道而已。"

很多时候，回到过去的一次次经历，并不是为了改变历史，而是在改写和重新创造我们对往事的记忆。

当我们一次次发现那些在后台中自动运行的应用，发现那些在过往的人生中有意无意在消耗我们精力和心力的元素，处理它们，解决它们，关闭它们，删除它们，减少我们运行内存和电量的消耗，让自己更有力量去面对现实生活中的一切，这实际上就是"清明梦"存在的最大意义。

· 充电选项

· 拥抱狂魔

为了增加充电速度，我们可以关闭和减少后台运行软件的数量，以此来回收过去消耗的份额，从而让剩余的电量得到充分的补充。

如果觉得这种充电速度还不够快，我们还可以尝试另外一种方法，化身成为一个拥抱狂魔，在梦中遇到任何人都毫不犹豫地拥抱他们，这将成为一个不错的挑战。

在挑战开始之前，我们可以给自己设定一个目标，比如一天内完成100次拥抱，或者1000次拥抱。一旦进入清明梦中，我们就可以开始执行这个任务，在人多的地方，只要看到有人，就毫不犹豫地拥抱他们，每个人的拥抱保持至少3秒钟，让我们来体验一下快速充电的感受。

当然，如果感兴趣的话，梦友们也可以尝试在现实生活中参加一些拥抱活动，看看这样做会给我们的心态和生活带来怎样的变化。

· 减缓处理过往的速度

每次揭开一个伤疤，重新经历并进行修复后，给自己一些休息时间。然后重新回到清明梦的主线任务上，主动地去经历一些美梦，来给自己充充电，这也是一个不错的选择。

减缓处理过往伤口的速度，不仅能让我们有个适应的阶段，还能让我们的身心得到修复，并随时处于最完美的状态。这样，我们就能以更好的精神面貌去面对生活和梦境中的各种挑战。

第四章　跟自己和解

很多梦友可能会觉得，这样一遍遍回忆、一次次经历，不断体验过往的行为似乎是多余的。他们或许认为，如果有可能的话，直接选择遗忘，再也不记得，会不会更好一点？或许这样能够获得更好的疗愈效果？

事实上，无论怎样，我们所经历的事情都会在我们的内心世界留下深刻而独特的印记，即使我们可能无法意识到这些印记的存在。毕竟，它们大部分时间会被潜意识封印或者压制在某个特定的位置。

然而，这种封印和压制的方式，实际上会在无形中悄悄消耗我们大量的精力，同时也会在无形中给我们带来巨大的压力，而这正是我们自身电量被消耗最大的来源之一。一个个释放这些被封印的"恶魔"，逐步处理我们的这些伤口，并使其自然愈合，这会给我们的人生腾出更多精力，让我们更有活力和能量地去面对其他事物。

·跟自己和解

很多时候，我们无法释怀、不愿意和解的原因，并不在于他人，而更多是因为我们无法宽恕自己。我们执着于跟自己对立，不断与自己较真。就如之前提到的吐痰的事件一样，那只是一次生活中无意间看到的小瞬间，可能连5秒都不到，但在我们的梦境中，却会被无限放大，成为一个固定的梦境题材，一遍遍反复去经历。而这种矛盾，很可能只是因为当时我们感到不舒服，想要制止却没有实施，这种无意识的内心冲突被潜意识如实地记录下来，并一次又一次地在梦境中重演，用来提醒我们。

除此之外，还有一些在高铁上被同车的小朋友吵到，生气却选择忍气吞声，不愿引人注意；或者在买东西时被人插队，愤怒却选择忍让的经历。每一次现实生活中的退缩和忍让，都会让我们的梦境变成一个压力的释放场。也许正是因为如此，梦境才会被广泛应用于心理治疗领域，并成为一个最常被用到且永远不会让人失望的重要工具。

然而，在进行梦境疗愈的过程中，有一些重要的规则值得注意。无论是重复经历、单纯体验，还是回到过去，疗愈过往的自己，我们都可以遵循由近到远的顺序，一点点逐步去进行处理。

首先，我们要处理最近一星期内的事务，消除其中的压力部分，将那些纷乱的思绪和情绪进行整理，平复内心的波澜。然后，我们可以继续往前推，1个月、5个月、1年前、5年前、10年前，以此类推，一直到你能够记住的最远的记忆为止。

在这个逐步回溯的过程中，我们逐渐拿回那些刚刚准备消耗的部分。就像重新给电池充了电一样，让我们自身的可用电量从原本的50%慢慢上升到50.1%、50.5%、51%……

这样逐渐增加的电量，能更有效地帮助我们去清理更久远、更顽固的伤痕。

梦境的疗愈并非一蹴而就，它需要我们耐心、细致而有条理地逐步进行，通过积攒和利用越来越多的电量，我们能够逐渐摆脱过去的困扰，释放内心的负担，最终实现心灵的疗愈和成长，并因此推动现实生活的改变。

在梦里，我们与逝去的亲人重聚，并得知他们一切安好，这个梦境带给我们无尽的慰藉。亲人离世的悲痛被疗愈，在这件事情上消耗的电量被收回与修复；

面对骗财骗色还背叛过自己的前男友，在梦中我们可以以各种方式虐待、欺负、教育他，直到最终看到他已经能够完全接纳，甚至还能坐在一起聊天喝茶，这样的梦境会帮助我们彻底放下心结，在这件事情上消耗的电量被收回与修复；

毕业后再也见不到的闺蜜，在梦中与我们重逢，甚至还因此在现实生活中重新建立联系，梦境成就了我们情感上的治愈，在这件事情上消耗的电量被收回与修复；

在梦中，我们可以解决与邻居的矛盾，并最终与对方和解；我们可以智斗咸猪手，并亲自将其送进警察局。当我们放下过去的仇恨和怨愤时，在这件事情上消耗的电量被收回与修复；

在梦中，我们能化身成为校霸，再也没有人敢欺负我们。不仅如此，我们还能保护那些被欺凌的同学，成为锄强扶弱的守护者。曾经的苦难被消解，在这件事情上消耗的电量被收回与修复；

发现经常批评我们的老师，最终成为对我们帮助最大的人，被同学们嘲笑而形成的心结被打开，在这件事情上消耗的电量被收回与修复；

幼儿园时的发小，也成了我们最亲密的朋友。彻底消除发卡事件带给我们的困扰，可以愉快地与朋友相处后，在这件事情上消耗的电量被收回与修复；

……

主动面对这些梦境，不仅有助于我们摆脱过去的困扰，还能在现实生活中产生积极的改变。

随着逐渐收回曾经被消耗的电量，我们的内心能量也会不断增强。我们会发现，自身内在的驱动力变得越来越强大，我们做事的精神面貌和过往完全不同，甚至用全新的自己来形容也不为过。

这是清明梦送给我们最好的礼物，给予我们重新面对自己的机会，通过克服梦境中的困难和苦恼，我们能够更好地面对现实生活中的问题和挑战。

我们常常向往并羡慕孩童那份天真烂漫和无忧无虑的生活。而当有一天，我们成功疗愈自己所有的伤痛，成为真正没有心结的人时，我们会重新获得回到小时候、过上天真烂漫生活的能力。这样的重生，不仅让我们更加接近内心深处的纯真和快乐，也赋予我们改变自己和周围世界的力量。

第五章　清明梦的历史

清明梦这一现象的存在可追溯到人类的出现，它自然而然地伴随着人类的进化而自然存在，并成为远古时期最早的巫术之一。

然而，在古代由于一些特殊的原因，清明梦只是以一种隐秘的方式在民间传播，默默地向我们揭示着一些与众不同的事物。而真正的传承则成为一个个修行法门，流传于各个宗教和门派之间。

在日常宣传与推广清明梦时，我们大多是从科学的角度向公众讲述一个真实存在的事实，不论是东方还是西方，对梦的研究都可以追溯到数千年前。

清明梦，又称为清醒梦，属于一个舶来词，这个术语由英文 Lucid Dreaming 翻译而来。目前官方承认的文献中，清明梦一词是在 1913 年由一位荷兰的医生所提出的。

还有一些说法认为，在公元前 350 年的古希腊文献中，哲学家亚里士多德曾在《说梦》中写道："当一个人睡着的时候，他的意识中会有某种东西告诉他，目前他所看到的一切都只是一场梦境。"

此外，还有佩加蒙的物理学家将清明梦视为一种治疗方式，等等。

后来，随着罗马帝国和基督教的兴起，在宗教氛围的严厉限制下，清明梦的发展受到压抑，进入了黑暗时刻。直到启蒙运动时期，清明梦重新浮出水面，受到重视。最终，又因西方精神病学的影响，而进入了属于现代清明梦的时代。

回过头来看向东方，中国的历史上并未出现过清明梦这一词语，大多情况下都是以"梦"这个字眼出现，许多故事、诗经典故、神话传说都与梦境息息相关。

例如，梦隐小时候看过的经典电视剧《封神榜》，讲述了商朝末年殷商走向灭亡的神话故事。该故事应该是由明朝中后期，也就是大概 1560—1630 年的一个小说家许仲琳所著的《封神演义》改编而成。

这部小说其中引用了一个关于梦的故事：《飞熊入梦》。

所谓飞熊入梦是指周文王在梦里梦到飞熊，而与姜太公相遇的情节。这个典故常被用来比喻圣主能够得到贤臣的征兆。而《飞熊入梦》这个典故出自西汉史学家司马迁所著的《史记·齐太公世界》，而司马迁生活的年代，大概在公元前 145 年。

又例如，许多梦友可能未曾听过，在这个世界上还存在着一种能够帮助人们做梦的神器，叫作怀梦草。

怀梦草是神话传说中的异草，据传说怀之可以梦到自己想要梦到的人。这个故事源自东汉时期的《洞冥记》，大致讲述的是汉武帝的皇后，也就是李夫人因病去世后，汉武帝常常思念她，却无法再见其容。

此后，东方朔献上一枝异草，汉武帝怀抱着这株神草入眠，夜间做梦，果然梦见了李夫人，因此这株神草被称之为怀梦草。

喜欢看《红楼梦》的梦友，也可能曾在《红楼梦》中见到过怀梦草这个名字。

当然，关于梦的典故和故事还有很多，例如《周公解梦》《黄粱美梦》《南柯一梦》，等等，这些都值得我们一一去探索。

除了这些故事之外，我们熟悉的一些大诗人也留下了许多关于梦的诗词。李白、杜甫、白居易、欧阳修、苏轼、王安石，等等，他们的作品中都有大量涉及梦境的描写。南宋时期的爱国诗人陆游，一生创作了超过 9300 多首诗词，而他的《剑南诗稿》中关于记梦或者涉及梦的诗词有几百首，其中直接以"梦"命篇的（如"记梦"、"梦游"、"梦归"、"梦中作"等）就有 155 首。

这些诗人通过他们独特的诗意表达，将梦境所带来的真实与虚幻交织在一起，创作出许多意境深远的诗篇。

梦

宋·王安石

知世如梦无所求，

无所求心普空寂。

还似梦中随梦境，

成就河沙梦功德。

当然，中国古代文化博大精深，关于梦的典故实在是太多太多，在这里梦隐就不再一一介绍。我们挑一个重点，来谈谈老祖宗中道教学派的主要代表人物——庄子。

在《庄子·齐物论》中，有一个非常著名的典故，想必梦友们都听过，那就是《庄周梦蝶》。

故事中讲述了，庄子在梦中梦见自己变成一只蝴蝶，一只栩栩如生的蝴蝶。他感到非常愉快和惬意，完全忘记了自己原本是庄子，忘记了自己是一个人。直到梦醒之后，他才意识到自己仍然是那个庄子，究竟是庄子在梦中变成了蝴蝶，还是蝴蝶在梦中变成了庄子？实在难以分辨。

也正是这个梦，梦到自己变成一只蝴蝶后，启发了庄子深入思考，并以此为基础，最终写成了传世名篇《逍遥游》。

以上只是古代历史中关于梦或清明梦的一小部分相关内容。如果认真回想起来，你会发现很多从小耳濡目染、道听途说来的事情，那些民间关于鬼怪的故事也大多与梦有关，而大部分关于神仙的传说，也几乎同样只出现在人们的梦境之中。

例如，

上文提到的《飞熊入梦》，就是周文王做梦梦到飞熊，后来认识并得到了姜子牙的帮助。

有个乞丐做了一个非常神奇的梦，梦中出现一位老神仙，告诉他未来能够发大财，结果乞丐为之奋斗，最终真的成为一代富豪。

某位皇帝在睡觉时，梦到一个神仙，醒来后派人四处寻找，穷书生因此而一步登天。

还有，我们看过演义小说里的一些小故事，程咬金在梦中遇到神仙，教他练习斧法。虽然醒来后他只记住了三板斧，但是仍然能以此安身立命……

关于这一类的故事实在是太多，但毕竟它们只是故事，只适合拿来听听而已。

如果我们换个思路和角度呢？

把曾经读过的《聊斋志异》里面所有的故事，那些灵异、鬼怪事件的发生地，都放在一个个梦境之中，那么很多事情是否就会变得合理。那些千奇百怪的神鬼事件，有可能只是某些人的一个个噩梦，醒来后被他们记住并传播出去，最后被蒲松龄收录在故事合集当中而已。

梦境似乎是超越现实世界的桥梁，它将人们带进一个神秘而奇幻的境界，激发人们无尽的想象力和渴望。

总而言之，若想要了解关于清明梦的历史，我们需要一直向上追溯。无论是文人墨客的诗词，还是诗经典故里的记录，总能找到一些蛛丝马迹，仿佛在提醒人们清明梦自古有之。

第六章　远古时代

在《做梦的艺术》一书中，有这样一句描述："梦是通往灵界唯一的入口。"这句话让我们对梦的力量和意义有了更深入的思考。

中国作为世界四大文明古国之一，以其独特的历史和文化遗产而闻名于世。与其他文明古国相比，中国有着无与伦比的优势，她从来没有经历过文明的断层，这使得中国的文明传承得以延续、发展得更为完整。

回顾曾经上过的历史课，我们了解到，文明的发展在远古时期以部落的形式起步，并且延续了相当长的时间。

在那个未知的时代里，我们的祖先们，曾经为了人类族群的延续而齐心协力，不畏艰险地奋斗，且艰难地活着。

想象一下，那个遥远的洪荒时代，是一个充满危险和未知的世界，几乎可以说是洪水猛兽的天下。相较于现在，人类的数量微不足道，能有成百上千人聚集在一起就已经算是一个庞大的部落，而更多的部落则只有数十人组成，星星点点地分布在广袤的土地上。

在每个部落中，除了老人、孩童和一些在狩猎中受伤的成员之外，真正可以参与狩猎的劳动力十分有限。在与天斗、与地斗、与大自然、与凶猛野兽的斗争中，能够幸存下来的人数更是寥寥无几。

此外，祖先们还要面对饥饿、疾病，以及那些现代人难以想象的险恶环境。可以说，我们的先祖曾经在很长一段时间里，生活在一个充满危险的世界中，危机四伏，处处都是生死的考验。

在那个年代，人类所需争取的并不是奢侈的生活，而是能够繁衍生存，让部族得以延续，这已经是最大的考验了。拥有片刻的喘息，有一片稍大的树叶或兽皮可以遮蔽私处，能够填饱肚子，还能看到第二天冉冉升起的太阳，就已经是极致的幸福。

而像现代人这样为了生存拼命地努力学习、为了赚钱没日没夜地疯狂加班、为了微小的利益就尔虞我诈的现象，在当时的社会看来是无法想象的。

这样的情况持续了很久很久，直到一类特殊人群的出现，才让一切得以转变。

梦隐口中所提到的特殊人群，指的是像我们这样多梦且能够关注和认识到梦境世界神奇作用的人，也就是本书中所提到的控梦师。

在文字尚未出现，语言还没有统一的年代，最初的人类是没有死亡这个概念的。在他们的眼中，每个人都是神一般存在的，而这一切的缘由正是因为梦境的存在。远古人类中的大多数的人都无法辨别梦境和现实的界限。正因如此，他们相信自己可以同时活在无数相关或毫无关联的世界中，可以毫无束缚地任意穿梭于所有时空。（现代人称之为"做梦"）

举个简单例子，假设今天一个部落有 10 人出去进行狩猎，但只有 8 人安全归来，另外 2 人在狩猎途中被猛兽吞噬。然而，在夜幕降临之时，这个部落中没有人会为此感到意外或难过，就连那两个失踪者的家人也是如此。

这是因为每当他们沉入梦乡之后，那两个曾被猛兽吞噬的族人，仍然会以完整的形态出现在他们身边，就好像从未离开过一样，与他们共同生活。

这种情况类似于我们在儿童时期的一种认知现象，一种很奇特的心理活动，被称为客体永久性。

> 客体永久性：这是婴儿最初对世界的认知方式，他们只能根据转瞬即逝的感觉印象来看待周围的事物。婴儿生活在此时此刻，对于他们无法直接感知到的物体或存在之外的事物，他们完全没有任何意识。
>
> （以上内容来自百度百科）

例如，给他们一个可爱的玩具，他们会伸手去抓，但当玩具被布料遮挡时，他们就会停止抓取，并将自己的注意力转向其他地方，好像玩具并不存在一样。

类似的情况，也会发生在婴儿对待父母的认知中，他们会认为自己父母只存在于他们的视线范围内，一旦父母离开视线，婴儿同样会认为父母是不存在的。

只有当婴儿成长到大约 9 个月的时候，他们才开始理解物体的持久存在，即使无法直接感知到，玩具仍然存在于他们的意识中，他们会继续自己的寻找。

这一特性与我们之前讨论的早期人类对于消失在狩猎活动中族人的认知方式非常相似。尽管他们眼前看不到这些族人的存在，但在梦中，他们仍然能与这些人交流、互动，并感受到他们的存在。

（注：远古时期的人类，同样没有梦这个概念，他们相信自己所处的每一个空间都是真实存在的世界。他们没有将梦境与现实划分开来，亦没有分辨两者之间的界限。对他们而言，梦境与现实是一体的，都是生活的一部分，都具有同等重要的意义。）

·梦回远古

现在，我们所要讲述的是远古时代的一个故事，一段让我们如痴如醉的传奇。请将这些文字当作一幅画卷，细细品味其中奇妙的纹理。

在那个梦幻与现实交相辉映的年代，在某一段特殊的时期，一些部落涌现出一群与众不同的人。他们有男有女，或是英勇的猎人，或是聪慧的智者，或是顽皮可爱的孩童，抑或是年长而睿智的长者。

在某一个特殊的夜晚，这些人在梦中跟随着部落的猎人队伍，穿越着茂密的丛林，在狩猎的征程中自由穿梭。

他们梦中的狩猎场，虽然是熟悉的场景，但却与实际生活中的熟悉之地不同。在这里，他们看到了各种丰富多样的野鸡、兔子以及其他没有攻击性且容易猎取的生物。

然而，当他们在清晨醒来时，并没有过多关注和在意这些梦境中的事物。依然像往日一样与周围的族人相互问候，然后便投入到了日常的生产活动之中。

后来的某一天，轮到他跟随狩猎队伍一起进山。在偶然经过一个岔路口的时候，他突然感到脑海中"翁"的一声回响，仿佛瞬间被电流穿透了心灵一般。顿时，他便想起了几天前那个神奇的梦境。

于是，他试着与狩猎队伍的头领比画，拉着他说："要不我们去那边看看吧！那个地方我很熟悉，里面似乎有许多野生动物，而且没有任何危险。"

在古老的部落社会里，每个部落都有自己专属的猎场。一般情况下，他们很少踏入陌生的领地。一方面是为了避免意外的危险，另一方面则是为了避免与周边部落发生误会和冲突。

然而，在这个人的反复劝说下，带着好奇和期待，狩猎队伍的头领终于决定冒险一试，率领着他们的队伍走进了这个改变历史轨迹的岔路口。在那里，他们安然无恙地在没有任何伤亡的情况下，获得了非常丰富的猎物，几乎是满载而归。

就这样，一次、两次是偶然，八次、十次可能只是运气好。但如果这样的事情经常发生，经过数十甚至上百次的验证后，又会是一种怎样的情景呢？

第七章　梦境起源说

当这种类似"预言""似曾相识"的既视感时常出现时，其他部落成员开始逐渐重视这个做梦者的提议，因为他很特别，具有非凡的能力，不但能够在最小伤亡的情况下，为部落带来丰盛的食物。他甚至还能够在某些特殊时刻提前预知危险，引导族人及时规避，从而为部落创造更多繁衍的机会。

而这一点，我们可以在人类诞生之初，诸多的起源著作中，发现一些蛛丝马迹，因为其中或多或少都曾提到过这样几个字——趋吉避凶。

讲到这里，相信聪明的梦友们应该已经猜到了，这些人即古老传说中的大巫。

在部落初始阶段，首领往往是族内最强壮的人，但大巫的出现改变了这一局面。在接下来的漫长岁月里，大巫开始真正登上历史舞台，成为各个部落的首领或统治者。

这也许就是人类起源的秘密，是对梦境的探索首次应用于现实生活中。最初的做梦者利用梦境带来的特殊能力，让自己和部落稳步发展，也让人类在那片广袤的丛林世界中奠定了属于自己的基础。

当大巫成为部落首领后，他们的生活也随之发生转变。以往的首领需要跟随族人一同冒险，依靠的是体力；然而，大巫们掌握着部落的根基，也是最神秘的力量。为了确保大巫的安全，族人便让他们居住在最安全的地方，享受最优越的待遇，而且再也不需要为外出打猎而劳累奔波。

历史总是惊人的相似，无数典籍都向我们证明了一个事实：过于享受是腐蚀心灵的开端。

古人有云："由俭入奢易，由奢入俭难。"

在大巫们拥有最安全的居所，摆脱生命危险、不再为食物而辛苦劳作之后，其中一部分大巫开始逐渐发生转变，有些向着良好的方向发展，而有些则慢慢走向堕落。

这些大巫渴望保持他们目前所享受的一切，包括荣耀和富贵。因此，当族人或孩童询问他们，如何获得这种预知未来或避免厄运的能力时，一些不明真相的做梦者开始为这种特殊能力披上了神秘的外衣。然而，对于这种能力的本质，他们并未完全理解。（在现代的一些著作中，我们仍然可以找到这样的言论，古老的部落相信，梦境是知识和神明信息的来源。）

这些大巫告诉族人，他们所拥有的能力是天神或其他生灵赐予的，例如一匹狼、一条蛇、一座山、一条龙，等等。

在信息封闭、文化交流有限的年代，每个做梦者对梦境的描述方式各不相同，或许取决于个人的兴趣，抑或是随机选择。然而，从此以后，这些部落便进入一个崭新的阶段，逐渐形成了属于自己独特的图腾与信仰。随着时间的推移，这些信仰逐渐演变为各种祭祀、祭舞等仪式，也成为后来各种宗教的前身。

不仅仅是宗教，可以这样说，梦境几乎是所有文化的起源。

正如前文在清明梦领域的职业规划中提到的，除了控梦师和解梦师外，还有画梦师这一职业存在。

因为，在很多时候，对于梦境的描述除了通过文字记录，最简单快捷的方式，就是通过绘画将其画出来。这也是很长一段时间以来，梦隐都会推荐梦友们主动去学习一些绘画技巧的主要原因。

众所周知，文字是后来随着不断地演化而形成的。因此，在洪荒年代的大巫，如果想告诉族人应该去哪里打猎，或者提前躲避危险，他们该怎么办呢？

这时候，绘画就成为最简单的选择。他们用根树枝或找块石头，在地上或石壁上勾勒出自己想要表达的内容。

例如，当他们做梦时梦到南山脚下有一个隐秘的地方藏着一窝野鸡，他们会在地上或石壁上描绘出这些野鸡的模样，画出打猎的路线。同样地，他们也会绘制那些梦中遇到的凶猛野兽，以提醒狩猎队伍当他们看到某些标志物，或者遇到某种生物时，就赶紧躲避。

当然，这些内容的真实性，已经随着时间的流逝，而成为一个不可考证的话题，我们将其当作故事来听便足够了。

小时候我们都听过达·芬奇画鸡蛋的故事。不管绘画的功力多么高深，也不可能画出两件完全一样的东西，最终的成品多少总会有些微小的差异。

远古时候的那些做梦者虽然号称大巫，自诩具有掌控天地的能力，但他们本质上还只是刚开启灵智的原始居民。他们没有像现代人一样完善的传承和技巧来培养自己的绘画能力。而且，那个时候各个部落间的语言并不相通，所以每个人对世界的描述都会因自身的认知而产生一定的偏差。

我们可以想象一下，如果一个大巫在梦里看到一只鹿，他将其画了出来，并取名为麂子。

而与此同时，另一个部落的大巫也在梦中见到一头鹿，只不过他的画与之前的描述有些不同。看着自己作品中气宇轩昂的生物，于是给它起了一个动听的名字，叫作麒麟。

我们每个人小时候上学都学过绘画，你画出来的作品，是否也与自己眼睛看到的，或者梦里见到的有所差异呢？这是一个非常有趣的课题，有兴趣的梦友可以继续探讨下去。

上面所述的虽然只是一个故事，已经没有办法进行实地考证，我们也无从得知我们的祖先们在当时究竟经历了什么，才能够在芸芸众生中脱颖而出，最终成为地球真正的主人。而且，他们在那个用脚丈量世界的年代，又遇到了什么，是如何穿越整个地球，最终留下了《山海经》这一传世之作。

如果这一切都是在梦境中实现的，是否会增加一点点可信度和可行性呢？

无论如何，最早大巫的出现大概率是通过对梦境的探索和研究而形成的，这才构建起最初的文化雏形，而随后一切文明的发展都是在这个基础上进行的。

因此，梦几乎是所有文化的起源，它是宗教、绘画、音乐、文字、舞蹈……以及我们现在已知或未知的所有事物的起点，这一点是不容置疑的。

第八章　一梦千年

在遥远的古代，那个洪水肆虐、猛兽横行的时代，相对弱小的人类艰难地为了生存和延续种族而奋斗，面临着巨大的困难和挑战。

古代人类以部落的形式聚集在一起，凝聚着所有人的力量，共同狩猎、共同进餐、共同生活，为了生存而共同面对一切艰难，尽管困难重重，但他们都坚韧地活了下来。

正是因为先人们的一次次探索和顽强的抗争，我们才有了现如今的舒适与稳定的生活。当时部落的首领，我们后世所称的大巫，很可能就是最早对梦境进行探索和研究的控梦师。

我们前文提到过，人类从娘胎开始就会做梦，而梦境的分类基本上只有两种，要么是普通梦，要么是清明梦。也正因此，我们才提出了清明梦是每个人天生就具备的一种能力。

不过，随着成长过程中新学知识的不断涌入，原有的底层代码被不断覆盖，我们对清明梦的体验和掌握也随着年龄的增长而逐渐减弱。

然而，许多人可能忽略了一件事情，那就是最初的人类，无论是见闻、经历还是学识，都是我们无法想象的。他们一生中经历的事情、去过的地方、遭遇的人、学到的知识，可能还无法超过现代一个三岁孩童的经历。他们的本质是纯真而朴实的，而这种本质才是学习控梦最理想的状态。

此时，一些梦友可能会产生一个疑问，既然巫师如此强大，曾经引领族人走出大山，来到平原，开垦土地，使人类从野蛮状态进化为最初级的文明社会，那么他们为何最终会消失呢？他们最后究竟去了哪里？

这个问题的答案可能相当复杂，涉及遗传因素、古代巫师的有意引导，以及个人兴趣等原因。正如每个人天生都具备做清明梦的能力，但能够在成年后仍然记得这个能力的人却是寥寥无几。

我们在梦友中进行过一些简单的调查，尽管他们对清明梦很感兴趣，在学习和训练后重新掌握了做清明梦的技巧，但是当他们向身边的朋友、父母和家人推荐清明梦的时候，能够得到认同的几乎没有。

简单来说，在当今社会一个家庭中，每个人都对清明梦感兴趣，几乎是不可能的。

而在远古时代，那些被称作大巫的人也遇到过类似的问题。那些了解历史的梦友可能还模糊地记得，在人类原始社会结束之前，一直实行的是禅让制度。

所谓的禅让，就是首领的位置是通过族人共同推选的方式产生，而不是由血缘关系决定的。也就是说，在最初的时候，我们的祖先在选择首领时，总是选择部落中最优秀、最杰出、最有才华、并且能够带领部族繁荣的人担任这个重要的职位。

直到后来，禅让制度被废除，人类社会出现并建立了世袭制度，也就是我们比较熟悉的那种传承模式，即职位由父亲传给儿子，儿子再传给孙子，这种在血缘亲属之间传承的形式。

在最初，能够成为首领并坐上王位的人，无论是因为才华卓越、能力非凡，还是因为本身就具备做梦的能力，他们都继承着大巫的传承。

然而，世袭制度的出现使一切的轨迹出现了一点点偏差，因为父亲有才能，并不意味着儿子也同样有。父亲可以做梦，可以通过对梦境的探索和研究，利用梦的预示和警示来保护部落和族人的安全，但他的儿子未必能够继承这一能力；儿子能行，但孙子未必能继承下来。

当这个儿子或是孙子，逐渐沉迷于现实中地位的稳固、地盘的扩张，也就渐渐失去了做梦的能力，或者说失去了对梦的兴趣。

没有了预知未来和与神交流的能力，但仍希望保住王位，继续掌握现在所拥有的一切权力，他们开始从其他方面入手，利用制度和宗教来控制和压迫族人。

与此同时，他们清楚地知道自己的父亲、祖父是如何做梦，如何与所谓的神灵交流的，便以此为线索，在部落中寻找并培养那些喜欢做梦、喜欢对梦进行探索的人来辅佐他们。

也是从这个时候开始，所谓的大巫、修行者以及最早的控梦师们逐渐从主导地位，慢慢变成了辅助地位。

众所周知，每个人都有个体差异，认知和学习能力也各不相同，每个人的心性和追求也不尽相同，因此所想要得到的东西和所做的选择也会有所不同。

当一切的争斗尘埃落定，人类从山岳中走进平原，逐渐开始扩大发展的时候，有一部分不愿再参与那些尔虞我诈的大巫，开始纷纷选择隐居，重新退回山林，慢慢过起了与世无争的生活。

当他们不再为部落的安定而呕心沥血，也不再为世俗的权力耗费心神。有这样一群人，终于拥有了重新投身于研究和探索梦境世界的时间与精力，他们开始全身心地专注于这个奇妙而神秘的领域。

然而，在探索和研究的过程中，这些大巫们面临着一个新的难题：奇妙的梦境世界只能在夜晚入睡后进行探索，那白天如此漫长的时间，又应该怎样度过呢？于是，他们开始尝试如何在清醒的时间里也能达到进入梦境时的状态。

正是这群先驱者的出现，开启了修行和修炼的概念，他们最早被称为修梦者、修行者或是炼气士。

那么，让我们继续探索一下什么是修行、什么是修炼，什么又是练功。

实际上，练功和清明梦、出体是一回事，练功的时候需要不断放松心神，摒除一切杂念，当放松达到最大程度的时候，自然就到了入梦或者出体的状态。

出体与控梦是一回事，只有在我们能够控制自己的情绪，并保持相应的状态时，才能在梦境中长久的保持稳定，否则那些混乱和迷幻的情节袭来，自然会让我们重新迷失在新的梦境之中。

控梦与入定、冥想、静观是一回事，当我们无法做到旁观，不能从梦境或是现实中跳脱出来时，自然就会深陷其中，最终被凡尘琐事所迷惑。

听到这些，梦友们是否能够理清其中的关联呢？

直白地说，其实所谓的修行，就是人们试图在清醒的状态下，模仿睡觉做梦时的过程和情景而已。

穿透一切的本质，你会发现所有的事物，都会有一个有趣的结论。

这个故事梦隐已经讲了很多年，许多梦友曾问起这些内容是否来自某本古书典籍，而梦隐的回答都是，这是梦隐曾经在一个梦回远古时代的梦境中亲身经历的事情。在那个梦境里，梦隐仿佛身临其境，又像是旁观者，故事中好像有我，又仿佛没有我的存在，而梦境中宏伟的场景和感人至深的剧情，就像是一部延续千年的人类发展史。

然而，这个梦境中的一切是否真实发生过，现代科技暂时还无法穿越时空回到过去来进行实地考证。

不过，一旦学会清明梦，并拥有回到过去的能力，梦友们也可以自行尝试一下在梦境中回到远古时代，亲身经历、亲眼见证那艰难却又充满活力的世界，或将其转化为我们梦中的一个副本，不断研究和探索，并尝试与祖先们一起奋斗，创造属于我们自己的人类史。

第九章　知梦的另一种形态

前文所讲的化梦期，其实是一种解决问题的过程，是化解的"化"。

为什么要等到我们熟练掌握清明梦和控梦的手段之后，再去疗愈过往的自己，清理曾经所有的经历，让当下的自己变成一个没有心结的人，从而去创造一个更加美好的未来呢？

其主要原因在于，在没有达到一定的知梦率并熟练掌握相应的控梦技巧之前，我们只能偶尔尝试去体验，而且随时有可能被踢出梦境，如果频繁去揭开过往的伤疤，有可能会适得其反，反而影响我们当前的心情和现实的生活，等等。

正因如此，我们才能够意识到，回忆梦境、记录梦境和分析梦境的另一个隐藏效果，就是潜移默化地记录并疗愈短期内的自己。

从孵化一个美梦的想法开始，逐渐推动循环的齿轮，使其朝着正确的方向转动。

在这里，我们要介绍另外一种形态的知梦，一种新的解释，融化的"化"，也就是真正的化梦，让梦境如同冰雪般融化，最终达到一梦不生的境地。

或许你们也有过类似的经历，比如在看电视的时候，感觉自己还没看多久呢，却发现天已经快要亮了；或者在玩游戏的时候，还没玩两局呢，一夜就过去了；早晨出门去地里种玉米，总感觉自己刚刚拎起锄头，啥也没干呢，天色就已经黑了……

之所以会有这种时间飞快流逝的感觉，实际上是因为我们在不经意间进入了心流状态，全神贯注于当前的活动，完全忘记了时间的流逝。

心流，在心理学中是指人们在专注进行某项活动时所表现出的心理状态。

就像画画时，画着画着一整天就过去了，这种现象在现实中存在，在睡着后的梦境中同样存在。

然而，在大多数情况下，这种心流状态与我们之前所讲的清明梦的第三个天才状态非常相似，梦中的心流就像失眠一样。明明感觉自己刚刚躺下，记忆没有消失，画面也没有出现，就好像只是刚刚闭上眼睛，等再睁开的时候，天已经亮了。

但与失眠有明显的不同，处于心流的状态下，尽管感觉自己整夜未眠，意识没有昏沉，也没有做梦，但醒来后我们的精神状态却异常良好，甚至会产生一种兴奋和充实感。

（以上描述并非特定的画面，由于个体差异，每个人所经历的场景或感受可能略有不同，请以个人的体验为准。）

心流状态的睡眠，只是一种被动进入的特殊状态。

然而，当我们能够轻松进入清明梦并熟练掌握各种控梦技巧，尤其是拥有梦境的初始地之后，主动创造所谓的心流状态就成为化梦期最重要的任务。

这个关卡是质的变革，是从不断重复、永不间断的梦境世界中解脱出来，主动解决梦境、融化梦境，让所有梦境重新回归到无梦的特殊状态。

例如，

当进入梦境后，我们会自动回到自己的初始地，环顾四周，周围的环境特定而又熟悉，我们不知不觉地就会进入知梦状态。

过去，我们会主动离开或进入其他梦境进行探索，而现在，我们可以选择什么也不做，回到初始地的卧室中，重新躺下，继续睡眠。

在入睡后，另一个梦境出现，我们再次回到初始地的卧室，继续躺下沉睡……

如此不断往复，让自己每次醒来后，都主动躺下再入睡。

再例如，

我们先前学习和体验过，在梦中施展各种有趣的神通和技能，例如创造世界、改天换地，等等。

此刻，这些技能可以逆转运用，每次当我们进入知梦状态后，就主动散去眼前的梦境，让梦中的场景如烟消云散般消失。

渐渐地，我们会进入一种很奇特的状态，尽管没有梦境，没有场景，但眼前并非黑暗；虽然知道自己在睡觉，却一梦不生；虽然知道自己躺在床上，却仿佛置身于温暖宜人的水中……

这种感觉，同样由于每个人的个体差异，也会产生各种不同的体验。

简单来说，这是一种明知道自己在睡觉，却什么也不做；明知道自己闭着眼什么也看不到，却仿佛置身于明亮的空间中，周围弥漫着一种温暖舒适的感觉。

总而言之，化梦期是一种非常特殊的存在，它让我们在知梦中进入另一种截然不同的状态，而这个状态又因人而异，表象各异，每个人都有独一无二不同的体验。

这是一种奇特而无法描述的现象，就像在描述每个状态时，每一个字都准确无误，但放在一起，却无法真正传达出原本想要表达的意思。

因此，在这里就不再详细描述，以免误导梦友们……

第十章　化蝶

化虫为蛹，破茧成蝶！

这句话代表着生命的蜕变和转化，然而它所传达的意义不仅限于此，更是在告诉我们，在梦境中我们同样可以达到解脱和觉醒的状态。

当所有的梦境悄然散去，当一切重新归于虚无，没有选择，我们也不再陷入迷惑之中！

这种解脱和觉醒才是化梦期存在的真正意义。

在进行化梦的过程中，我们会发现过去的伤痛、梦境和念头的逐个化解，是一件非常奇妙的事情。

在我们的潜意识深处，总会藏匿着一些被遗忘的想法，安静地伫立在某个角落，然后又被潜意识以此为依据，来创造一个个无序的场景，这正是梦境之所以生生不息的缘由。

而我们同样可以主动唤起这些想法或记忆，并将它们转化为有趣的画面，重新体验并化解其中的困扰。

只有解开心中所有的疑惑，与过去的自己彻底和解之后，我们才能主动跳出梦境的无限循环模式，真正意义上地站在梦境之外去看到整个梦境世界。

> **人生有歧，释然入梦。**
>
> **歧（qí）**
>
> 字义：不相同，不一致。

人生充满了各种选择和困惑，路途上总是会分出不同的路径。只有当我们超越现实，或是进入梦境中，这些纷乱的思绪才能被带到另一个层面上得到解脱。每个人的日常生活、成长经历、所处环境和内心困惑都各不相同，就如同每个人每晚的梦境都是独一无二的，只有当某一天我们真正放下束缚，看清所有事物的本质，释然后才会发现梦境中所有的秘密和奥妙。

"歧梦谷"这三个字的含义，正是源自此意。

在探索化梦期的过程中，清明梦的意义也会发生转变。

一切关于知梦和控梦的练习，实际上都只是为了重新获得一个主动权，这就像是拿回电视的遥控器、解开电脑的密码、解锁手机的手势一样。

通过这样的努力，我们可以让梦境真正成为属于我们的游乐场，我们会成为内容的主宰者，决定梦中事物发生与否的决策权也会从被动转变为主动，我们可以更自由地选择发生或不要发生的一切。

清明梦的疗愈能力是不容置疑的。通过正确运用各种清明梦的控制方法，我们可以进入清明梦的世界，依托初始地去创建一个属于自己的治愈场所，在这里，我们可以成为一个全新的自己。

俗话说："人教人，教不会，事教人，一次就够。"

在现实生活中，很多时候我们很难清楚地看到事情发展的过程和本质，只有站在事情外部的角度，所有的一切才可能变成另外一个样子，我们也才有可能看清整个事件的真相。

而在这个过程中，我们需要牢记一个梦境的基本法则：那就是在梦境中如果我们感到害怕，梦境就会变得更加可怕，而如果我们感到轻松，梦境则会变得更加轻松。

我们必须时刻都要牢记这一点，清明梦境是独属于我们自己的个人空间，一个神奇且特殊的存在。在这个领域里，我们是无敌的，在这里，无论发生什么，所有的一切都没办法对我们造成任何实质性的伤害。

通过控制梦境和情绪，我们自己本身则可以在这种无敌的状态中，尝试各种想要体验的事物，从而让自己的梦境变得更加丰富多彩或者干脆一梦不生。

至于我们的目的，就是想要通过入梦、知梦和控梦的各种练习，让我们在梦中和现实的清醒程度，不断提升、越来越高而已。

大部分人的认知里，我们在现实世界中的清醒程度都是100%的完全清醒，就像我们知道自己是谁，正在做什么，我们可以自主选择想去什么地方和要吃什么东西，等等。

如果我们以此为基础作为参考，将现实中的清醒程度设为基数1，那么我们在梦里的清醒程度是多少呢？

很遗憾地告诉你，如果我们在现实中的清醒程度为1，那么没有进入清明梦时，我们在普通梦中的清醒度将是 –100。

为什么这样说呢？

因为，无论梦境里的剧情有多么的天马行空，多么疯狂，多么离奇，多么荒诞不经，我们在梦中都意识不到这种情况。就算潜意识在梦中安排一只小狗作为我们的伴侣，我们也会欣然接受，并和她一起逛街、购物、做饭、陪她一起看电影，和她一同嬉戏……

因此，普通梦中的我们并非无敌的，想要进入这种无敌的状态，我们需要进行各种尝试，在梦中觉醒，让自己蜕变成蝶，并获得我们所渴望的东西，只有这样，我们才能将梦境转变为一件完全可掌控的事物。

也只有越来越高的清醒程度，我们才能够清晰地掌控自己在睡眠后的一切，到那时，我们才能真正释放自己的能力和潜力，并成为一名真正合格的控梦师。

第八部 · 融梦篇

过去、现在、未来？一切都是幻象。

第一章　现实中的觉醒

融梦是一种非常特殊的控梦形式，它追求的是将梦境与现实生活完美融合，实现内外一致、表里如一的状态。在这个探索的阶段，我们开始努力掌控自己的情绪、身体和各个方面，希望在现实中能够像在经历清明梦一样，时刻洞察自己在被潜意识操纵的感觉，并意识到自己有时会做出与期望结果相反的行为。

想要改变这一切，我们需要真正地在现实中觉醒，学会在现实世界中寻找清明梦的感觉。

· 现实中的觉醒

在长期观察中，我们发现现实生活中存在着一些不合逻辑，甚至超越常识的事物。

我们意识到现实生活中的情绪、生活习惯、倾向和固定思维都受到潜意识的控制，而不完全是自主的选择。我们深刻认识到，现实中的一切就像身处一场普通梦境一样，我们总在无意识地随波逐流，并被梦中剧情牵引。

此时，虽然身处现实，我们仍然能够同时觉察到两种意识的存在。当你有情绪激动，无法控制想要摔东西的冲动时，就证明潜意识在暗中偷偷操控或煽动着我们的情绪。与此同时，我们也能意识到这些情绪和行为的合理或不合理之处，这证明我们的显意识，也就是理性思维也在发挥作用。

这种状态就像患上了一种精神分裂症，我们的身体内有两种意识同时存在。一个极度冷静，另一个则愤怒异常，同样是形成意识断层，我们站在一种意识的角度，去观察另一种意识的表演，就好像在现实中、在清醒状态下做了一场清明梦。这种体验让我们更加深入地了解到自己的内心世界，并为实现灵活自主的情绪控制打下坚实的基础。

在融梦的阶段，我们需要将显意识和潜意识的融合提升到更深的层次，就如同从恋爱关系升级为婚姻，让两者正式步入婚姻的殿堂。

正如莎士比亚所言："一切不以结婚为目的的恋爱，都是耍流氓。"

同样地，清明梦的练习也是如此。我们通过让显意识和潜意识相互接触，使它们像两个独立运行的个体一样，从相识、相知、相恋、相爱，到最终构建一个美满幸福的家庭。就像现实生活中的夫妻一样，他们在财产和风险上承担共同责任，虽然对外呈现一个整体，但他们却也保持各自的独立性。即使偶尔会有争吵和口角，但也会有随时出现的甜蜜和幸福时刻。

既然我们认识到现实中的觉醒和清明梦的状态是类似的，只是该如何在现实世界中寻找做梦的感觉，很多梦友在这个问题上会感到困惑。那么，我们该如何做呢？

其实一切都很简单，而且前文中大多都已经有所介绍。我们只需要在日常生活中保持觉醒的意识，时刻关注自己的内心世界和外部环境的变化。同时，通过一些技巧和方法，例如记录梦境、设立梦标、怀疑梦境的真实性、验证梦中的事物，等等，来增强自己察觉现实中梦境特征的能力。这样，我们就能更好地在现实中找到做梦的感觉，并实现随时进入清明梦境的能力。

· 忆梦日记的妙用

梦隐曾在前文中多次提及，记梦是一切基础中的基础。记梦的方式有四种，分别是在现实中记录现实、在现实中记录梦境、在梦境中记录梦境、在梦境中记录现实，只有四种方式相互结合一起使用，才能形成一个完整的记梦系统。

记得梦隐最初谈到这四种方式时提到过，对于新手玩家来说，将前两种方式结合使用才是正确的记梦方法。这样做的好处在于，通过在现实中记录现实和在现实中记录梦境的方式，我们能够快速地分析和理解现实与梦境之间的关系，找到梦境中的梦标，从而更便捷地进入到清明梦的体验之中。

在整个融梦期，我们需要用到的就是随着清明梦经验的日积月累，逐渐延长自己在梦境中停留的时间，而在造梦期和化梦期内，我们使用后两种记梦方式，记录并留存在梦境初始地中的忆梦日记。

只有这个时候，我们才能真正体会到养成记梦这一习惯的重要性以及忆梦日记的另一种妙用所在。

·梦标的设立

此处所设立的梦标，与前文所提及的有所不同。前文中，我们通过在现实中观察和分析梦境的相关信息（回忆梦境而获得的忆梦日记），来了解她（梦中的自己）的性格和个人偏好。而在这里，一切恰恰相反，我们是从梦境的角度出发，也就是在我们的初始地内，悠闲地坐在办公桌前，观察和分析现实中的相关信息（回忆现实而获得的梦中的忆梦日记），以此来了解他（现实中的自己）的性格和个人喜好。

在这个阶段，我们需要通过现实中留下的信息，观察一些特定的人物、环境、感觉、情绪或思想，并分析经常出现的事物、行为和心理活动，总结出重复率最高且频次最多的几个，将其设定为梦标，并建立一个梦标仓库，将它们储存起来。

很多梦友可能会对此产生疑问，认为这样做不是多此一举吗？

虽然这些记录是在梦境中完成的，看起来与现实中的记录相反，但它们记录的内容不是一样的吗？毕竟都是关于白天生活和夜晚梦境的。那么，我们是否可以直接在已记录的现实日记中得出结论，而省去这一步呢？

给梦友们推荐一首古诗，应该是我们上小学时候都曾学过的一首诗。

题西林壁

宋·苏轼

横看成岭侧成峰，

远近高低各不同。

不识庐山真面目，

只缘身在此山中。

在现实生活中，存在许多一直保留着写日记习惯的人，有些人甚至写了几十年、几十本、几百万字，然而真正能从中观察和总结自己人生的人却是寥寥无几。而出现这种现象的原因正如苏轼在这首古诗中所提到的："不识庐山真面目，只缘身在此山中。"

人生的四大觉醒中，无论是哪一种，其根本目的都是打破当前事物的连续性，在那短暂的停顿后，形成所谓的意识断层。

就类似于早晨从梦中清醒，我们站在现实的视角去审视刚才亲身经历的梦境一样。梦中所使用的梦标，正是我们站在现实角度去观察梦境中频繁出现的事物，从而总结来的。

这一切最根本的原因，就是我们站在不同的世界，采用不同的视角，去观察曾经发生在自己身上的事。

正是因此，在总结现实中使用的梦标时，我们需要换个角度，需要站在梦境中去观察、分析和总结现实来获得，唯有置身事外，立足于不同的时空之中，我们才能真正洞察自己的内心。

第二章　现实停顿术

如果有必要，你就停下来——但是不要太久！

前文曾经介绍过《梦境停顿术》，现在梦隐分享一个它的姊妹篇，一个可以在现实世界的日常生活中实践和练习的方法，那就是——《现实停顿术》。

众所周知，在奇妙的梦境世界里，我们每个人都会拥有一些稀奇古怪的能力。

例如，在梦境里的交流几乎用不到嘴巴，我们主要通过心灵感应来相互沟通，对方的声音会直接在我们的脑海中响起。再比如，在梦中遇到一个完全没见过的陌生人时，我们不需要询问或者交谈，却能够立刻知道他叫什么名字，住在哪里，和我们有着怎样的关系，是不是我们的同事、以前的同学，还是我们的情敌或者负债人……

然而，这些能够在梦中轻松拥有的能力，在现实生活中却是一个正常人所不具备的。

但是，如果这些能力真的可以反过来使用呢？

想象一下，如果你在现实生活中突然能感知到一个陌生人的感受，体验到一些自己从未有过的经历，你是不是也会产生怀疑，忙问自己是否仍然身处梦中？这种超越现实的经历，会不会让你感到震惊和困惑呢？

·现实停顿术

什么是现实停顿术？

现实停顿术和梦境停顿术的练习相互配合，两者合二为一，被称为停顿术。

尽管现实停顿术和梦境停顿术在外表上看起来有所不同，但它们实际上是一体两面，相辅相成，互为对方的补充练习。

这是梦隐多年来培养的一种特殊习惯，通过仔细观察，你会发现不管是哪种方法和技巧，它们的结构都由现实生活中需要练习的部分和梦境中需要练习的部分共同组成。

这一切的背后，正是梦隐经常提到的清明梦的练习非常简单，一点都不难。我们可以在梦境中运用你在现实生活中学到的各种技能，而在梦境中学到的控梦技巧和方法同样可以适用于现实生活。

学会慢下来，停下来，这是梦隐所有分享里最为重要的一点。

简单来说，现实停顿术就是让梦友们在现实生活中放慢脚步，甚至停下来，放弃一切多余的动作，停下所有日常活动，进入的一种特殊状态。

这种状态更像是一种使用类似于"观影入梦"的方式，让我们在现实中真真切切地走进梦境，是一种睁着眼睛体验清明梦的技巧。通过在现实生活中感受梦境里的奇妙和惊喜，以这种方式扩展我们的感知和体验范围。通过现实停顿术，我们可以开启一扇通往梦境世界的大门，并在现实世界发现自己的潜能和能力，不断成长和探索无尽可能。

· 练习方法

1. 基础要求

严格来说，现实停顿术的练习并没有时间、地点或天气的限制。无论是白天还是晚上，无论是在上班途中还是下班回家的路上，只要你能抽出 5 分钟以上的时间，就可以随时随地进入练习状态。

（当然，这里分享的只是梦友们在初次体验现实停顿术时需要注意的步骤。）

2. 准备工作

带上一张报纸或一把小折椅，选择一个可以自由活动的周末，一个天气还不错的下午，最好是在人流较多但相对安全的商业步行街。

最后，找一个没人会打扰你的角落，放下椅子，铺上报纸，或者干脆直接坐在地上。

当然，在这个时候，最好能将手机、智能手表等设备关上，暂时放下手上和心中的所有事务，切断与外界的联系。找一个相对舒适的姿势，靠坐在那里。

3. 练习步骤

首先，要注意自己的呼吸，尽量让它缓慢而悠长。想象着自己正在做梦，让整个身体完全放松下来，让周围的事物自然而然地发生。

接着，让自己目光有些呆滞地盯着眼前的景物。仿佛进入了梦境，任由自己随波逐流去看，用像做梦一样的眼光，仔细观察并认真感受你所看到的一切。

慢慢地，你会发现周围的一切都安静下来。不用去理会它们，只需仔细观察、认真感受。

如果，对面走来一个男人，你可以想象他有多大年纪，是做什么工作的？

如果，对面走来一个女人，你可以想象她今天的心情如何，她是出来闲逛，还是来买东西的？

如果，对面走来一对情侣，你可以想象他们是否结婚，是原配还是出来偷情的？

……

当然，每个人选择的切入点不同，角度各有所好，所遇到的事物也会有所不同，这时梦隐就不再继续举例了。

在这个过程中，需要提醒的是，要全身放松，注意呼吸。让自己随波逐流地去观察周围的事物，尽管很认真，但也没必要过于刻意。随着时间的推移，你可以让脑海中的念头自然浮现，而不需要刻意去猜测。

4. 停顿之后

很多梦友会有一个疑问，观察多久合适？观察结束后，接下来该做些什么呢？

梦隐想说，当你想象自己置身于梦中，当你真正平静下来，认真观察，当你真的进入了那种状态，慢慢地去感受周围的氛围和感觉，将时间、空间和自己都抛诸脑后。

你就会惊奇地发现，自己好像融入到了周围的环境中去，仿佛自己早已不复存在一样。

不用担心，也不必过于在意，让一切自然而然地发生。至于你是否真的看到了什么，听到了什么，那些都跟你没有任何关系，这一切对你来说已经不再重要。

此时此刻，那些让你去猜测、去思考的问题，根本不需要在意，答案就会自动呈现在你的脑海之中。

5. 结束练习

等待一切结束，等待你自己回过神来，或者有人把你唤醒，这样就算是练习结束。

此时，无须梦隐提醒，也无须刻意描述，你自己就会体验到一种特殊的感觉。

就像《观影入梦》中的经历一样，首先会感觉时间过去很久，仿佛度过了漫长的岁月。恍惚间，就觉得自己已经历经了一生一世。

下一刻，当你完全清醒过来，又会发现那只是一个短暂的瞬间，仿佛你刚刚坐下，一切就已经结束。

你所经历的场景，就像一场梦境似的，虚幻而又漫长，记忆中的一切都如飘忽的霞光般转瞬即逝。

·总结

当训练结束后，你首先要进行一组疑梦、验梦的练习，例如扳指、捏鼻、咬唇，或是其他你常用的方法，用来验证自己是否真的已经睡着，现在仍然身处梦中。

这个动作非常重要，千万不要忽略掉。

如果没有入梦，也无须担心，不要急于离开，你可以继续漫步走在步行街上，仔细观察周围的一切。

看看那家店铺的玻璃有没有擦干净，那位服务员正在忙于推销着什么？旁边的游客又想要购买些什么？……

让自己保持着如同做梦的眼光，认真细致地观察身边这个现实世界，试验一下是否会有新的发现。

如果验梦成功，确认自己已经进入梦境，那么恭喜你！你又一次回到了清明梦的世界。接下来要做什么，相信你已经了然于心了吧？

第三章　真正的抽离

· 现实停顿术的作用

假如，当你真正进入这种状态，将自身从现实中抽离出来，借助做梦时的眼光或上帝般的视角去审视周围的一切，就会发现现实世界仿佛被拉长，甚至有些短暂停顿的瞬间也被勾勒出来。

在清醒后，你会惊讶地发现，这种短暂而又漫长的记忆仿佛将我们带入一场清明梦境，让我们仿佛亲身经历了其中的点滴，内心充满喜悦。

尤其是，从停顿中重新回归现实的一刹那，感受到刹那芳华般的时光流逝、身心轻灵的状态，令人终生难忘。

此外，停顿术不仅可以放大我们对外界的感知，提升我们的精神愉悦，还能够改变我们的观察力和培养现实覆盖的能力。

而对于初次经历这种梦境状态的人来说，能够在现实中亲身体验并感受清醒时做梦的感觉，无疑是一种非凡的体验。

同样地，对于已经真正到达融梦期的玩家来说，能够在这个喧嚣的现实中学会安静下来，用观察梦境的眼光去审视周围的一切，将现实和梦境相互碰撞，让清醒意识和潜意识这对默契的伴侣更加协调一致，也是一种不可多得的体验。

（现实停顿术和梦境停顿术相辅相成，因此这个方法在前期也可以尝试练习。）

细心观察的梦友们可能会发现一个有趣的现象，无论是人生的四大觉醒、梦境停顿术、现实停顿术，还是观影入梦，其核心驱动实际上都是一样的，都是站在一个世界之外，观看另一个世界中正在进行的各种事物和场景。

而能够决定这一切的，实际上只是一种特殊的视角、一种意识能力，叫作抽离。

人类拥有转移感知的能力，我们不仅可以通过感官来体验这个世界，还可以用非直接的方式去感知它。我们可以通过大脑思考生活，而不一定在生活中思考。我们可以思考我们如何思考生活，甚至思索思考的实质。

"抽离"一词被用来描述对自身具有外部意识的过程（或任何其他观点）。当我们思考到"我们自己""停下来看看""退后一步思考""把自己从某件事情中解脱出来""把自己从某种处境中脱离出来"的时候，我们就正在经历一种被"抽离"的过程。

当我们真正进入被"抽离"的状态时，我们会对自己的感受、思想或行为产生一种外部意识。被"抽离"的情绪状态可以是有逻辑的、有计划的、有秩序的和注重方法的。它们是有理性的状态，必然会导致对我们"有意义的"行为和行动。

无论何时，抽离总能带来更客观的感受。它让我们从全面的观点来审视问题，对情况进行评估。在这种状态下，我们会意识到时间的概念，从而能够制订计划。处于抽离状态的人看起来更加可靠。

例如，有人约定7点钟与我们见面，最迟7点零5分他就会到达。处于抽离状态的人会意识到对方可能会晚到5分钟，更愿意用理性的方式做出决定，自己是愿意等待，还是不愿意等待。

具有了按照意愿让自己联结和抽离的能力，我们就能够在生活中控制自己的情绪。当处于抽离状态时，我们能够减少和降低情绪上的紧张感。

举个例子，我们经常在一些电视剧中看到心理医生和他们当事人的对话：

心理医生：你今天感觉如何？

当事人：我非常生气，生气到快要原地爆炸了！

心理医生：对于你的愤怒，你有何感受？（将当事人引导进入一种抽离状态。）

当事人：我感到很失望。（一种情绪能量很低的状态，因而气氛情绪会瞬间改变。）

心理医生：假设你是你所崇拜的伟人来思考这个问题，你会有何想法？（再次引导当事人进入一种抽离状态。）

当事人：也许不需要生气，这可能是对我成长有益的经历。（再次将当事人抽离，我们可以看到当事人不再生气，相反，他开始认为这是一个有益于成长的经历。）

关于抽离，人们早已有所认识，只是没有明确地总结成理论来教导我们。你如何控制愤怒？许多人会说让你"跳出那种状态"或者"脱离那种状态"或者"做一些能够达到这种效果的事情"，他们所说的就是让你从自己的感受中抽离出来。

（以上内容来自百度百科）

简单来说，我们可以把抽离理解为换个角度，从自己身体里跳出来另外一个自己，一个可以更冷静、更客观地观察自己的视角。原本的我们在做一件事，而这个跳出来的自己，就站在我们身后不远的地方，认真地观察和分析着我们正在做的这件事情。

如果，需要以文字来描述的话，我们就好像精神分裂症患者拥有了两个独立的人格，一个在行动，而另一个在观察自己的行动。

然而，这些描述都不完全准确，真正的抽离，实际上只是将梦中的视角带入现实世界而已。

还记得我们曾做过一个小实验，就是闭上眼睛回忆过去的经历。这时，大多数人会发现一个奇怪的现象，回忆中的内容几乎全部都是以第三视角的画面呈现，而非我们原本亲身经历时的视角。

这种回忆中旁观者视角出现的情况，就是一种抽离。如果，我们能够在当下的时空中，也找到这种视角的存在，那么我们就真正掌握了抽离的技巧。

为什么会出现这种情况呢？这就要讲一下我们在梦境中拥有的视角了。

在清明梦中，大部分的人在经历和体验时，使用的都是第一视角。这主要是因为我们在现实生活中习惯了这种视角模式，所以将其带入到梦境之中，以增加沉浸式的体验感，提升梦境的可玩性。然而，一些人会注意到在普通梦境中，我们实际上还拥有另一种奇特的视角。

这也是为什么很多人在记录梦境时，有时觉得自己是第一视角，有时又感觉自己是第三视角或者上帝视角的原因。这是因为我们在梦境世界中真正拥有的，是一种全方位的 720° 的超常视角。

第四章　梦眼看世界

　　在探索梦境的旅程中，我们会发现梦境中的视角其实非常丰富，它就像一个华丽的调色板，让我们可以随心所欲地去创造和经历。无论是第三视角的旁观者，第一视角的参与者，还是上帝视角的全知者，每一种视角都能给我们带来不同的感受和体验。

　　想象一下，我们在梦中可以看到自己站在舞台上唱歌的同时，还可以感受到观众席的人们，他们的欢呼、掌声和喜悦，这种上帝视角让我们仿佛自己就是整个梦境的主宰，歌唱的每个音符，观众的每种情绪都尽在我们的掌控。

　　或者，我们在梦中全然地变成一只自由翱翔的飞鸟，飞过高山、丛林，最终落在一个美丽的湖边。我们可以感受到自己震动翅膀时候的快感，看到湖水的波动和阳光的照耀，这种沉浸式第一视角的存在，让我们彻底融入梦境，仿佛整个世界都变成了我们的舞台，让我们可以随心所欲地自由驰骋，为所欲为地成为想象中的自己。

　　又或者，在梦中我们也可以变成一个无形的旁观者，就像梦境中完全没有我们的存在，只是单纯地俯瞰着整个城市的美景，这种第三视角让我们好像这个城市的观察者，只能站在局外去看每个人的生活，只能去感受每一处建筑和街道的繁华与活力。

　　……

　　事实上，我们在梦境中真正的视角，是超越了这三种视角的集合体，是一种超然全知的超视状态。我们不仅能够看到梦中场景里的上下左右，还能同时看到前后和其他所有角度的内容，它就像是两个完美的圆形契合后所呈现出的景象，给予我们一种无与伦比的 720° 全视角的状态，让我们能够全方位地观察事物。

　　实际上，不仅仅是在梦境中有这样的视角存在，现实生活中也同样如此。

只是我们在成长过程中被教育和认知所束缚，习惯了只接受第一视角存在的模式，从而忽略了这种神奇视角的存在。

然而，在一些特定的情况和环境下，这种特殊的视角偶尔还是会时不时地在我们身上出现。

例如，当我们在饭店用餐的时候，常常会有一种背后被人注视的感觉，结果回头一看，发现隔壁桌的小姐姐正在向我们微笑。

很多人可能会将这种经历归结为第六感或其他感官体验，然而实际上，用感觉来形容并不十分准确，因为这并不一定是感觉到的，而有可能是我们真真切切地看到的。

这种所谓'看到'的情况，就是我们在无意间，习惯性地把梦境世界里720°的超然视角，带到了现实世界。

"你眼中的世界，正是自己心中的影子。"

当然，我们也可以通过清明梦的练习和有意识的训练，在日常生活中重新唤醒和实践这种视角，以便让自己更加全面地感受和体验现实世界。当我们习惯性地使用在梦境的视角，并试图在现实中复现出来时，这种方式，我们称之为：梦眼看世界。

那么，我们的梦境中究竟有多少种视角呢？

简单总结后，归纳为以下几种：

· 第三视角

梦境中最常见的视角之一，我们以旁观者的身份出现，仿佛站在一旁，完全像个局外人一样，观察着整个梦境中发生的一切。

· 第二视角

梦境中一种奇特的视角模式，在梦中自己是别人，还能看到和观察另一个自己，甚至能和另一个自己对话。

· 第一视角

梦境中最常见的视角之一，和在现实世界一样，我们在梦中扮演着自己的角色，以自己的身份参与梦境，并且以做梦者本人的视角，体验梦中的相关剧情和经历。

·上帝视角

梦中有我们自己参与其中，却又像是在看电影一样，我们能够看到梦中所有的一切事物。此时的做梦者，如同上帝一样无所不知，对梦中的一切了如指掌。

·任意切换的视角

梦境中不太常见的一种视角，我们可以像在打游戏一样，随意切换视角，梦里我们可以是自己，可以是别人，也可以是其他任何事物。

尽管，梦中的视角是多重的，但是却还有另外一种可能性，那就是这些所有的视角都是同时存在的。

这就像是前文讲过的观察者效应一样，我们在梦境中到底使用哪种视角，可以是无法自主决定的随机分配，也可以是清醒后的主动选择，而我们随时随地都能在这些视角中随意切换。

在现实世界中，想要寻找做梦的感觉，最先需要还原的，就是梦境中这种视角的存在模式。

我们可以全心全意地做一件事、享用一顿美食，也可以在同时感知到自己的侧身甚至背后的场景，只有真正理解梦中视角的运作规律，才能发现我们大脑的机制和运转方式，从而找到属于自己最真实的视角。

通过清明梦的练习，当我们面对一件事情的时候，不仅仅可以站在第一视角，深入体验自己正在经历的事情，还可以换一个角度，站在第三视角，客观地去观察事情的全貌，了解不同的观点和角度。甚至，我们还可以运用上帝视角，从整体的角度出发，抽离之后去看待事情的发展和走向。

我们可以拥有超越现实世界的视角，跳出狭窄的个人视野，看到更广阔的世界，我们还可以掌握自己的生活，就像掌控自己的梦境一样，从而成为自己现实生活的主宰者。

另外，在现实生活中，我们早已习惯了第一视角的存在，但是在长期记梦意识培养的过程中，如果我们刻意去使用第一视角回忆梦境，反而会感到一种强烈的违和感。

有兴趣的梦友，可以自己观察一下，是否会有这种情况发生。

第五章　真正的 BUG

想要将梦境与现实融合，我们首先需要深入了解梦境和现实之间的关系。就像初次进入梦境一样，我们要开始寻找现实中一切不合理的存在，并找出属于现实世界的 BUG。然后，从这些漏洞入手，有针对性地进行一些疑梦和验梦的练习，以便能够在现实中随时保持觉知的能力。

实际上，现实世界中存在着许多漏洞和瑕疵，只要我们用心去寻找，就会发现许多以前未曾关注和在意过的事情。

例如，我们周围总会有许多人在不知不觉地重复着相同的话语、做着相同的事情。他们在某种意义上，在无意间扮演了一名合格的 NPC，在需要发脾气时发脾气，在需要高兴时高兴，在需要难过时难过，在需要伤心时伤心。尽管他们都是有血有肉、活生生的个体，但当我们认真去探究时，就会发现一个奇怪的现象。

好像我们能接触到的所有人，都没有属于自己的情绪和认知。

现在，我们可以做一个有趣的实验。在某个深夜，当你在梦中意识到自己正在做梦时，不要急着离开去享受，或是去做其他任务。

取而代之的是，你可以进入梦中的街道，随意选择一个路人，然后告诉他："我正在做梦，而你则是我梦境中的一个角色。"

接着，静观他的反应，看他是怎么回答的。或许他会分享一些自己的见解或认知，或许会赞同你的说法，或许会认为你是个神经病……

无论他说什么，无论他做何反应，你只需认真倾听，并观察他的面部表情和身体上的各种细节即可。

当你从梦中醒来，洗漱完毕，走在上学或者上班的路上，在等车或者等人的过程中，你同样可以随意选择一个陌生人，然后告诉他："你是否相信你在我的梦里？而我们现在正在做梦。"

然后，再次观察他的回答。无论他是告诉你自己的见解或认知，认同你的说法，还是觉得你是个神经病……

仅仅静静地倾听，我们可以像在梦中一样，仔细去观察他的面部表情和身体上的各种细节。

这件事情结束后，找个安静的角落，认真回忆梦中那个人的回答，与现实世界中陌生人的答案有什么区别。如果有区别，你可以尝试多做几次实验，向更多的人提问；如果没有区别，你同样可以尝试多做几次实验，向更多的人提问。

除此之外，在深入思考梦境和现实的联系之前，我们还可以从自身的经历入手，回忆一下从小到大和父母的交流过程。

每当你的人生面临重大决定，如求学、就业、婚姻，甚至是生子，等等，需要与父母商量时，他们是否总是一成不变地做着相同的事情，重复着相同的话语？

他们是否总是以相同的语调告诉你，一次又一次地叮嘱你要深思熟虑，提醒你家境并不富裕，与别人家的条件有所不同，需要你自己努力，要争气，等等。

或者不是说你自己的事情要自己做主，就是告诉你……

此时，这样的情景是否会让你感到自己的人生，像是突然间变成了一部恐怖片，充斥着重复的恐怖音乐和无尽的恐怖循环呢？

我们的父母，真的是我们认知中那种活生生的人类吗？

可为什么他们却像游戏中的 NPC 一样，在我们人生的电影中，像是只拥有着几句固定台词的临时演员呢？为什么，每当我们遇到问题需要他们帮助或是寻求帮助的时候，他们的回答总是如出一辙，毫无新意呢？

周围的一切，就像是一出台词被写死的戏剧，我们似乎陷入了一种日复一日、年复一年的剧本之中。父母的话语，同事的交流，在生活中重复着相同的节奏和旋律，让我们感觉自己仿佛置身于一个不断循环的平凡世界里。

朋友聚会和同事聚餐，也是我们日常生活中不可或缺的一部分。

然而，你是否曾用心观察和留意过其中的细节呢？

当我们与一群同事聚在一起时，可能会因为各种不同的原因，比如今天有人升职了，或者有人发了工资，等等。

在众人坐下来点菜的时候，看起来一切还都正常。然而，一旦我们开始喝酒，当第一杯酒下肚后，一切都以一种奇特的方式展开，仿佛进入了一个重复循环的时空，我们开始说着最新的台词，围绕当天发生的事情展开讨论。

然而，当第二杯酒下肚后，一个奇妙的景观便会浮现出来。所有的事物仿佛陷入了时空的怪圈，进入了无限重复的循环之中。不是有人在聊今天领导的怪行为，就是有人在抱怨某某某又跟妻子吵架了，一些有关或者无关的小事似乎成为永恒的话题。

如果，你是这个酒桌上唯一保持清醒的人，你会发现此时的一切，都像是上次聚会的缩影或某个片段的重演和回放。

这里每个人，每个故事，你都已经听过几十遍，甚至对面的那个人下一句要说什么，你也能够提前复述出来。

这种情景就像是身处在一场无尽的循环剧中，每个演员被赋予了固定的角色和台词，仿佛失去了自由的意识。他们不再思考，只是机械地复制着过去的对话和行动，沉溺于一种被注定的重复境地。

此时，或许你会开始怀疑，自己是否获得了超能力？又或者，身边这些可亲可爱的同学、同事、家人，是否可能只是我们人生剧本中的 NPC？

在这个人生电影的场景中，这些人似乎只得到了几句对白的剧本。他们都在无意识中不断重复着那些已经被重复无数遍的话语，他们没有自主思考的能力，也没有独特的体悟。他们没有意识到自己的存在是独立的，也没有意识到自己在说些什么、做些什么。因此，他们被困在一种固定的模式中，永远说着同样的话，做着同样的事，缺少属于自己的独立电影。

然而，这些只是在日常生活中可以遇见到最常见的 BUG，实际上还有更多更有趣的漏洞，等待着梦友们去发现和探索。

第六章　多层梦境

在大多数的时间里，现实与梦境之间的关系就如同梦与梦中梦，错综复杂。这就像一幅精妙绝伦的绘画一般，瑰丽而多变，又像套娃般层层叠加。我们在其中不断穿梭，寻找那些隐藏在梦境和现实中的奥秘与真相。

对于生命的意义和世界的真相，人们常常争论不休。如果我们真能证明这个现实世界是虚假的、虚幻的，并非真实存在，那么我们的生活是不是就失去了意义？我们的人生是不是就变得毫无价值呢？

在梦境中，我们遇见各种各样的人物和场景，这些梦中的相遇给我们带来情感的触动和人生的启示。有时我们会在梦中与曾经的同学重逢，感受到岁月的流转和友情的珍贵；有时我们会与遥远的亲人团聚，体验到爱的力量和牵挂的温暖。尽管这些经历仅存在于梦境之中，但它们的意义和价值并不会因此而消失。

在梦中，我们也可以获得丰厚的财富和瞬间的荣耀，仿佛置身于一个令人嫉妒的幸福世界。虽然这些奢华和荣耀只是一时的幻象，但它们也会给我们带来成功的滋味和自信的感觉，让我们清晰地认识到内心对美好的渴望。

同时，梦境中的困境和挫折同样具有真实的教益。当我们在梦中经历挣扎和困顿时，我们不断背负珍贵的心得和成长的机会。这些梦中的挫折和困境虽然只是虚幻的经历，但它们却能够唤起我们内心的勇气和毅力，让我们在现实生活中更加坚强地面对挑战和困难。

事实上，存在本身即有道理。

就像梦境在我们诞生之前就已存在，并伴随着我们的整个人生，陪伴我们一起成长和消亡。只不过，在日常生活中，很少有人真正去关注或正视这个时刻陪伴在我们身边的伙伴。

实际上，当我们意识到自己可能身处梦中，身边的一切可能都是虚幻的时候，或许我们的人生才真正具有了更大的意义。

这样的"觉醒"为我们开启了一道奇妙之门，让我们能够以不同的视角审视生命，并深入探索是什么定义了我们所认知的现实与梦境的区别。

伸出双手，认真观察，我们是否就能够确定它们是真实存在的？

同样地，在梦境中，当我们意识到自己在做梦时，伸出双手，认真观察，我们是否就能够确定它们虚无不存在的？

通过对比这两种情景，我们会发现，虽然两者之间存在相似之处，却也存在着截然不同的细微差别，但最终，它们都是真实存在的。

因此，你要相信，发现自己身处梦中，并非一定是件坏事。相反，这可能是一段具有深刻意义的体验。

正如之前提到的，在梦境世界中，至少有三样我们可以掌控的事物。首先是呼吸，每个人每天都无意识地进行着。其次是眼球运动，代表着我们仍在观察和感知这个世界。最后是我们的精神状态，也是最为关键的第三要素。

因为在梦中，我们都知道一个铁律：当我们感到害怕时，梦境会变得更加可怕；而当我们放松下来，感到轻松时，梦境也会变得更加轻松和宁静。所以，通过对此有所觉察，我们会明白在现实生活中，无论面对怎样的挑战和困境，只要保持内心的平静和坚定，我们就能以积极的态度去面对和应对这些挑战。

正因如此，所有的一切又重新回到了疗愈的话题上。

只需我们意识到自己正在做梦，此时，我们的情绪和心态便会影响整个梦境世界的发展进程。

很多人或许会想，既然一切都是虚幻的，所有事物都只是幻象，那还要上班、工作、生活做什么？这一切是不是也变得毫无意义？如果一切都只是一场梦，我们为什么不尽情享受、尽情放纵，然后豪情万丈地离开，这样不是更有意思吗？

然而，这种思维可能只是站在表面的浅观上做出的推断，没有深入思考梦境背后的奥秘。

在梦境中，虽然一切都是虚幻的，但我们的心灵却能在其中收获无尽的体验与感悟。无论是喜悦还是苦难，都是沉淀在梦境中最为珍贵的财富。

我们生活的世界也是如此，虽然现实世界看似实在，但其中的意义和价值并非取决于物质的存在与否，而是源自我们对生命本质的追问和感悟。

如果一切只是一场梦境，那我们就更应该保持警醒和觉知，因为只有在清醒的状态下，我们才能够更加真切地体验和理解生命的奇妙之处。

而此时，我们之前学过的另一个技巧会告诉你：停下来，观察并适应一切，这是最好的选择。

"装傻"，这个词是第二次被我们提及。

在现实世界中"装傻"，明明已经醒来，却假装仍在沉睡，这才是会让一切变得更为有趣的技巧。

由于身处梦中，我们拥有了更多的机会和更多的可能性；由于身处多层梦境，我们可以一层层地探索，一次又一次地体验，在无数次的经历中，总能找到更有趣的事情，或者揭示这一切存在的真相和意义。

这就如同在阅读寓言故事一样，我们要学会寻找故事背后的故事。而在追寻梦境真相的过程中，我们也会发现，每一层梦境都隐藏着更深层次的故事和意义，而我们可以通过解读这些故事来洞察生命的奥秘。

无论是在梦境还是现实生活中，无论周围一切是虚幻的还是真实存在的，我们都有机会去发现自己真正的需要和追求；

无论是在梦境还是现实生活中，无论周围一切是虚幻的还是真实存在的，我们都可以通过认真观察来领悟人生的真谛，找到属于自己的道路和方向；

无论是在梦境还是现实生活中，无论周围一切是虚幻的还是真实存在的，我们都能从遇到的各种人和事物中，得到新的启示和思考；

无论是在梦境还是现实生活中，无论周围一切是虚幻的还是真实存在的，只要我们用心去体会，所经历的一切必定会具有属于它的意义。

只要能够意识到自身所处的境遇，并时刻保持平和、觉知和清醒，我们就能够不断探索和领悟所有事物。

因此，不要纠结，也无须害怕；不要畏惧，也无须颓废。停下来，观察并适应一切，勇往直前，我们就能找到自己的方向和目的地。

梦境和现实生活并不是对立的存在，而是相辅相成的。正是通过对比，我们才能更好地认识自己、理解世界。只有在意识到一切都是虚幻的同时，我们才能看到更广阔的视野和更具深度的内涵。

因此，无论虚幻与真实，接纳梦境和现实的存在，领悟其中的真谛和意义，我们才能够真正理解生命的奥秘，并找到属于自己存在的意义和价值所在。

第七章　心想事成的秘密

　　每个人都拥有改变自己命运的能力，唯有掌握正确的方法，才能创造更加美好的未来。

　　然而，现实中大部分人却将这种能够把握命运的技能，用在相反的方向。他们对此不以为意，甚至忽视其中的重要性。正因如此，才导致他们的人生逐渐变得艰难和悲苦，最终陷入无法自拔的死循环中。

　　如果我们能够发现现实世界中隐藏的规律，并且坚信自己同样身处一个梦境之中，那么我们就能够用全新的视角来看待这个世界，将现实当作一场游戏，通过游历和体验来深入感知。当我们以这样的心态面对现实生活时，世界将在我们眼中呈现出另外一个样子。

　　众所周知，在梦境中我们每个人都拥有着许多神奇的能力，比如心想事成、随心所欲，等等。

　　当我们在梦境中，知道自己在做梦之后，只要我们愿意，就可以随时成为我们想要成为的任何人，做想做的任何事情，去想去的任何地方，逛想逛的任何场景，用想用的任何物品……

　　能够决定以上一切的最主要因素，就是我们的意愿。

　　在梦境世界中，只要我们愿意，天空可以瞬间变黑又变亮，可以随时下起雨、飘起雪，我们可以体验任何我们能够想象到的任何事物。

　　那么，如果我们将整个过程进行逆转呢？

　　当我们意识到现实世界同样是一场梦境，同样能够被我们所影响和掌控时，我们是否可以真正将控梦的技巧应用于现实世界，就像在经历梦境一样？我们是否能够通过自己的心意让生活发生有趣的改变呢？

　　这种代表着心想事成的秘密，就隐藏在其中。

不过，还有一件有趣的事情，很多人可能没有留心观察。

在现实世界中，存在着一种神秘而奇特的职业，称为算命。而算命的方式千变万化，根据东西方的不同，有看面相的、看手相的、看生辰八字的，还有阵法、塔罗牌等各种不同的形式。

许多人，无论是出于信任还是好奇，都会对朋友口中的算命大师产生兴趣，想去算上一卦。

有趣的是，有些人可能会发现，算命先生能够准确地告知他们的年龄、居住地、家庭成员等情况，甚至是他们曾经经历或正在经历的某件事情。

当被算得准确无误时，我们往往会赞叹这位算命先生的本领，并迫不及待地向身边的朋友推荐，邀请他们也试一试算命的魅力。

然而值得思考的是，很少有人会在算命准确之后，冷静下来思考为什么自己的命运会被一本周易、几张塔罗牌或者一个星盘所准确诠释呢？

这背后的原理和现象，可以引发我们的一些思考。

或许，世界上还存在着这样一种可能：我们并非真实存在的个体，而是一个游戏世界中早已设定好的NPC。从我们降生的那一瞬间起，我们一生的经历早已被系统设计得清清楚楚、明明白白。

而这些算命先生，就像是电脑世界的黑客一样，他们掌握了这个世界或者游戏的某种漏洞，或者拥有破解这个系统的方式和方法，可以像查阅字典一样，通过一些所谓的拼音、偏旁部首，精准地找到我们所在的页面和位置，从而获得我们所有的信息。

如果事实真是如此，那是否可以推论，我们或许正在梦中漂泊，而我们所经历的一切也只是虚幻的构筑？

这种观点虽然引人深思，但固有的依据又是什么呢？

因为，在我们自己的梦境中，实际上每个人都拥有算命的能力。我们能够以无数奇妙的方式解读梦中的符号和蕴涵，揭示出内心深处隐藏的欲望和隐秘的真相。或许，我们每个人都是一个自我设定的神秘算命者，而梦中所存在的一切，无不是我们对自己命运的诠释。

一个简单的被重复多次的例子，在你的梦境中，你突然遇见了一个陌生的路人，一个你在现实世界从未见过，也不认识的人。令人惊讶的是，当你与他相遇的那一刻，有关他的一切信息都会自动出现在你的脑海中，他的姓名、居住地、你们相识的场景，甚至还有你们之间的关系，等等。

那么，那些会算命的人，是否也只是在现实生活中再现了梦境中的这种能力呢？

实际上，算命本身也是一件无趣的事情，就像现实生活中，很多人在观看电影之前都讨厌旁人的剧透行为。他们希望在充满期待和未知的状态中，去观赏一部全新的电影。

然而，算命的存在，就如同那些喜欢透露剧情的亲朋好友一样，提前告知我们未来故事的走向和即将发生的情节。那么，我们的人生是否会因此变得乏味无聊呢？

对未知的探索，才是人类最喜欢的事物。

或许，正因为如此，我们才能在每一天的追寻中发现生命的无限可能。在追寻梦境中的谜团时，我们才能体验到扑朔迷离的刺激和未知的挑战。即使我们自己是梦境的创作者，也无法预知未来的转折和惊喜，这才使得我们集中精神去探索、去活出每一刻的精彩。

或许，人生就如同一部令人着迷的电影，无法被提前揭晓的剧情才会让它更加珍贵。让我们心怀无限期待和好奇，在这个神秘的旅程中，去演绎属于自己的绚丽篇章。让命运与梦境相互交织，让我们的生活充满着变幻莫测的神奇色彩。

第八章 联机共梦

随时保持清醒，无论是在纷繁的现实世界还是在玄妙的梦境之中，我们都应该知道自己真实的身份。只有这样，我们才能真正成为修梦者，成为真实的自己。当我们在现实世界中觉醒自己的意识，并且在现实中同样觉察到自己正在做梦时，我们就会进入一个神奇的共梦状态。

你和我都清楚自己正在做梦，我们在同一个梦境中觉醒了自己的意识，然后在那个梦境里相遇，那时我们彼此就共同经历着同一个梦境。

此刻，你我都在现实中意识到自己正在做梦，我们又在现实生活中相遇并能够正常交流。

那么，我们此时在做的事情到底是什么呢？没错，就是共梦！

是的，这就是最简单的共梦形式。

大多数人认为，要实现像《盗梦空间》中那样的联机功能，必须依靠科技和设备，来构建一个梦境网络。

然而，事实并非如此。除了依靠外部设备，我们凭借自身的能力和经验，同样可以实现联机的可能性。正如之前所述，最简单的共梦就在现实世界中存在着。

而要实现在梦境中的联机共梦也并非难事。只是在大多数情况下，梦友们都缺少一个契机而已。

这个契机就像中药方中必不可少的引子，可能是三片生姜，又或者是三颗红枣等日常生活中常见的物品。

学习清明梦和控制梦境的各种方法和技巧，就像中药方中所包含的各种草药一样。只要我们学习并掌握这些方法，再找到一个简单的药引子，就能够在梦境中实现所谓的联机共梦。

然而，很多人对于能够在梦境中的共梦这件事物，持怀疑态度，甚至深深质疑其真实性。

实际上，这种情况很大程度上只是观念还没有真正转变过来而已，我们需要突破常规，拓宽思维，才能领悟到梦境的潜力和可能性。

梦隐有两个妹妹，她们是一对可爱的双胞胎。在她们小时候，曾经有这样一段非常有趣的经历。

有一天，她们兴高采烈地来家里玩耍，全家人围坐在一起看电视。然而，也许是因为一整天的玩耍使她们过于疲惫，她们俩竟然意外地在看电视时睡着了。

突然，正在熟睡中的姐姐，梦话般地说着："你把手举起来。"

妹妹迷糊中机械地把手举了起来，然后疑惑地问道："你要干什么？"

接下来，她们展开了一段神奇而持久的梦中对话，这一切发生在她们陷入沉睡后的睡眠状态。

此时，我们可以确定她们俩都已经成功进入梦乡，然而，她们却以梦话的方式相互进行着交流。这一次的经历，使小时候的梦隐开始有了一种新的认知，那就是两个人竟然可以同时做同一个梦，也就是许多梦友们所探讨和追求的共梦。

虽然这种共梦的体验更像是第三代游戏中的局域网模式，但这个发现确实是梦境探索道路上的一次重要进步。

另一个令人着迷的现象是现实与梦境之间的互通，它同样非常有趣。

曾经，和一个经常说梦话的朋友同处一室。有一天深夜，梦隐正在看小说，他突然问："你有多久没给家里打电话了？"

梦隐回答："大概有两个星期吧。"

在那之后，我们又继续聊了好一会儿，直到大约半个小时以后，梦隐才恍然意识到他早已沉浸在梦乡之中，自己只是在和他以梦话的形式进行着聊天而已。

在前文中，我们曾提出过许多猜想和简单的公式，试图证明现实生活与梦境世界之间的相似性。

然而，如果现实真的是一场梦境，那么我们全体人类正在经历什么呢？

我们在做的一切，是否就是处于一种联机状态下正在进行的呢？

这个充满疑问的问题，被称为"歧梦猜想"。

当然，以上提及的共梦案例都是发生在普通梦境之中，大部分梦友可能会认为普通梦境的联机并没有太大意义和研究价值，要验证联机共梦的存在，至少需要一个做梦者在清明梦的状态下。

然而，他们却忽略了潜控的存在，并在对共梦领域进行探索的路途中，进入了一个误区，这就像大部分梦友普遍认为普通梦境无法被控制一样。

此外，还有另一个普遍存在的误解。那就是在大多数梦友的理解中，既然是联机、联网游戏，在共梦的过程中是否必须存在一个主机或梦主。

假设，晚上两个人之间出现了共梦效应，做了一个完全相同的梦境，那这个梦境到底属于谁呢？是甲进入了乙的梦境，还是乙进入了甲的梦境？他们两个人中的哪一个才是这个梦境的主人？

其实，这种观点是我们受到现实世界日常认知的影响所导致的错误反应。

因为梦境本身的特性决定了，即使联机共梦真的存在，也并不一定非得需要一个梦主。

为什么会这样说呢？

基于长期的实验和观察，我们发现共梦还可能以另一种形式出现。

假设，甲今天做了一个梦，梦中和乙一同前往某个地方，并共同经历了一系列事件，早晨起床后，甲可能认为这只是一个普通的梦境，将梦境详细记录后便将其放在一旁不再提起。

一个星期后，乙同样做了一个梦，在梦中和甲一起去了某个地方，在那里共同经历了一些事情。早晨起床后，乙立刻给甲发了一条信息，告诉他自己昨晚做了一个梦，并详细描述了他们两个人的约定和共同经历的事情等。

甲看着乙发过来的信息，有些懵懂，但还是将自己一星期前记录的忆梦日记发给了乙。文本对比后出现了一个令人惊奇的现象，那就是乙昨晚在梦里经历的事情，甚至其中的对话，和甲一星期前的梦境完全一模一样。

这时，一个新的疑问会浮现产生。

甲和乙这算是共梦了吗？

如果不算，他们两个人的梦境为什么如此相似，甚至一模一样？

如果算作共梦，那么乙在做这个梦的时候，甲的梦境已经过去了一星期。甚至乙在做梦的时候，甲可能正在上夜班，根本没有睡觉。那么，这个梦究竟是属于谁的呢？

这还只是一个星期的延时，如果你小时候做了一个梦，并将其记录在日记本上，十年后，当你的女朋友做了一个梦，在她向你讲述的时候，你突然想起了曾经的日记，于是拿出来翻给她看。

结果令人震惊，她刚做的梦，和你十年前做的梦一模一样，在里面经历的事情、产生的对话竟然完全相同。

那这个算是共梦吗？

如果是共梦，那么你的梦境已经过去了十年。按照常理来说，当你第二天苏醒之后，那个梦境早已消失。那为什么你的女朋友在十年后会做一个与你过去梦境完全一致的梦呢？

这个梦境究竟属于谁呢？

随着对梦境的研究探索，我们越是深入了解，越多有意思的场景和现象就会浮现出来。随着对梦境的深入研究，我们也会发现更多让人无法理解的事物和情况。

而梦境拥有跨越时间和空间的特性，这还只是其中极其微小的一部分神奇之处。

甚至可以说，过去、现在和未来，一切真的都只是幻象。

对梦境的探索，也从侧面证实了这一点。

在大众听来，普通梦里的共梦已经像是天方夜谭，更别说清醒状态下做梦双方的实时交流。

　　然而，在融梦期我们需要探索的就是，如何在现实中意识到自己正在做梦，并在清醒状态下寻找可能存在的联机伙伴。

　　这将会是梦境世界的全新领域，一个更加引人瞩目和神秘的境界，在梦与现实的交叠之处，我们可以窥探到意识的边界，揭开现实与梦境的无限可能性。

第九章　自由

只有深入了解自己所处的环境和状态，我们才能够获得内心深处真正渴望的自由。

真正的自由，并不是无拘无束，想做什么就做什么。而是可以在不受任何外界影响的情况下，想不做什么就不做什么。

然而，在大部分的时间里，我们常常感到束手无策，几乎没有自己的主张，无法决定自己想要做或者不想做的任何事情。这种状态就如同置身于普通梦境之中，虽然在梦中我们似乎可以掌握梦境的走向，任意驾驭其中，为所欲为。实际上，我们仍然受制于潜意识的束缚，无法完全掌控。

因此，掌握梦境的关键在于与潜意识的和谐共舞，而不是强行命令、控制和驾驭。

正如在两性关系中，如果一方试图强制掌控另一方，无论是温和地慢慢改变，还是强硬地试图洗脑控制，最终结果只能是两人分道扬镳，各自奔向适合自己的道路。而决定分开的重要因素只是时间的早晚问题。

因为真正的爱情不应该建立在控制和掌握之中，而是应该建立在彼此自由和尊重的基础之上。

只有当我们真正理解和尊重自己与他人的内心需求，允许彼此保持个人的独立和自由，我们才能够在关系中实现真正的和谐和平衡，这样的关系也才能够持久并带来真正的幸福与满足。

恋爱如此，结婚如此，做梦如此，控梦依旧如此。

因此，想要在现实世界获得真正的自由，也可以尝试一下在梦中"装傻"的心态。

当我们运用前面所学的内容，并将其应用于现实世界，从入梦、忆梦、记梦，到疑梦、验梦、知梦、观察梦境，再到构建梦境、控制梦境、创造梦境，最终通过化解梦境，重新回到融梦状态，你会发现这个世界上有许多以前从未注意到的有趣之处。

俗话说：进不去就出不来，拿不起就放不下。

只有当我们能够真正地走进梦境，并让现实和梦境融为一体，所有的事情才能进入完全可控的阶段。只有当我们在现实中真正体验到梦境的奇妙，将两者融合在一起，才能找到真正的平衡和自由。

在这个融梦的过程中，我们将开启一段全新的旅程，去探索梦与现实的交织之处。我们会发现，无论是在现实世界还是梦境之中，我们的意识都可以超越时间和空间的限制，我们都可以挣脱一切的束缚，去追求自己内心真正渴望的自由。

曾经，在歧梦谷的微信群里，有一个梦友问梦隐："梦隐老师，您最近在忙什么？"

梦隐回答道："在种玉米。"

那梦友接着又问："那您晚上的梦境呢？老师在梦里都在做什么？"

梦隐依旧回答："在种玉米。"

这引起了那位梦友的兴趣，于是问道："既然在梦里已经种了玉米，那在现实中是不是就不用种了？"

梦隐回答说："当然需要，只是在梦里种习惯了，在现实中种植的速度会更快而已。"

梦友继续追问："既然在梦境和现实中都在种玉米，知梦和控梦还有何意义呢？"

梦隐耐心解释道："正是因为这样，知梦和控梦才更加有意思。"

随着对梦境的不断探索，我们的梦境将从最初的跳脱和无序逐渐变得更接近现实生活，从最初的天马行空、自由自在，逐渐回归本质。我们会在梦中老老实实地走路、工作、生活，就如同在现实生活中一样，真实地面对和对待各种事物。

这种转变是我们对于梦境的深入理解和认知的结果。

只不过，我们学会在梦境中控制自己的行为和思维，将梦境与现实相互交融，从而能够更加自如地应对人生的各种挑战。

知而不控，是融梦期的核心。

我们在梦境中能够知道自己在做梦，这是一种特殊的意识状态。但我们需要做的，并不是像浮萍般随波逐流，而是要有目的地观察、体验和思考梦境中发生的事情。我们可以从梦境中总结经验和教训，以此来指导我们在现实生活中的行动，从而使人生变得更加顺畅和充实。这是每个控梦师都要经历的一个成长过程。

曾经有很多人问过梦隐，"圣人无梦"是什么意思。

梦隐每次都会给出同样的答案。

圣人无梦，并不是在告诉我们，圣人不做梦。相反，"圣人"之所以被称之为圣人，是因为他们时刻都能清醒地意识到自己的存在和行为，无论是白天还是黑夜，他们的意识都是清醒的；无论是在梦境还是在现实，他们都知道自己是谁，他们能够意识到自己作为一个个体的存在，并真实地面对和接受自己的身份。

简单来说，圣人白天知道自己是个人，并且按照个人的方式存在，晚上入睡后，他们同样清醒地知道自己是个人，并且继续以个人的方式存在。

梦里如是，现实如是。

随着逐渐对梦境的深入理解，我们不会因为意识到自己正在做梦而过度自由，驾驭风云。相反，我们会像在现实生活中一样，谦卑地作为一个普通人，去经历梦境中的一切。我们愿意接受梦境中的挑战和考验，并学会从中获得智慧和有意义的经历。

这种梦境与现实之间的平衡，是很多人难以理解的，而这正是控梦真正的乐趣所在。

因为只有当我们能够轻松地掌控梦境并将其与现实相融合时，我们才能够拥有自己想要的自由和平衡。这种平衡不仅仅存在于我们梦境的探索中，更贯穿于我们现实生活的方方面面。使我们能够更加自如地面对人生的各种挑战和困难。

第十章　随心所动的梦境

很多人会质疑共梦的存在，认为联机这种事情，除非运用一些科技手段，并借助一些仪器设备才能实现。

然而，事实上，正如前文所述，梦境本身就是科学进展的最前沿。当前的科学研究往往是在追随梦境的步伐，试图在还原梦境的相关形式。

因此，我们要相信一点，许多看似神奇的事情，甚至那些似乎需要顶尖设备才能实现的事物，通过我们人类自身的努力，本身就可以轻松完成。

就拿数据存储来说，我们人类自身就拥有超越所有已知存储设备的储存能力。

众所周知，我们的生命信息是通过 DNA 来存储的，而 DNA 绝对是地球上最古老的信息储存工具。

虽然不同机构计算一克 DNA 的储存容量的数值都各不相同，但是目前被广泛接受的是一克 DNA 可以储存 215PB（2.15 亿 GB）的数据，重量不到一块方糖的 DNA 就足以储存世界上所有的电影，而一千克左右的 DNA 就能够容纳全球的数据。

如果将同等数据用科技设备来存储，所需使用的服务器数量、能源消耗、电力、资金和时间，简直是一个让我们难以想象的天文数字。

然而，我们人类只需很少的投入，就可以轻松地储存相同的数据。

对于自身的探索和研究，对梦境的深入了解，能够让我们对这个世界的认知进展到无法想象的地步。通过探索梦境的奥秘，我们能够揭示更多关于人类认知和宇宙本质的奥妙，并打开一扇通向无限可能性的大门。

想实现真正的融合，有两种方式。

其中一种，就如同梦隐在前文中所述，是让自己的梦境变得如同现实生活一样，脚踏实地、老老实实。而另外一种，则恰好相反，是让自己的现实生活变得如同梦境一样，天马行空、跳脱且无序。

不论选择哪条道路，其核心本质都是做到内外如一，或者说知行合一。

只要真正做到，在现实中是什么样子，在梦里就是什么样子，或者在梦里是什么样子，在现实中就是什么样子，我们身边的一切就会随心所动而产生相应的改变。

无论任何时候，让知梦成为一种本能，随时随地都知道自己是谁、在做什么，然后为自己的行为负责，这是每个控梦师都需要掌握的技能。

简单的共梦，可能是许多人长期以来所期待的场景，现实世界给了我们一次共梦的机会，或觉察到这种可能性存在的可能。通过了解梦境，了解现实中的一切，我们会发现共梦其实一点都不难。真正困难的是如何发现自己正在做梦，如何验证自己正在做梦。

在此时就如同回到了本书的开头，所有的事物都重新从零开始，发生有意思的转变。

这或许才是控梦师这个职业，清明梦这个领域存在的真正意义。

而这一切的基础，都要建立在融梦成功的前提下，否则这些也不过只是空想、是妄境、是我们自己内心深处的一种臆想而已。

随着对梦境的探索，我们会在梦境的世界中越走越远，想要随心所动地畅游梦境原本会是一件很简单的事情。

然而，当我们激活了现实世界这个副本后，一切又会不受控制地进入另外一种状态。

想要完美融合内外世界，想要熟悉和掌控这一切，做到内外如一，彻底融合自己的意识和潜意识，我们需要把自己的基础部分夯得越实越好。

而夯实基础的前提是我们尽可能在每个境界多停留一段时间，以提高自己对梦境的理解和熟悉程度。我们要细心观察每一个境界中的细节，感受其中的氛围和情绪，学会运用意志力和想象力探索和改变梦境。

在每个境界中停留的时间越久，我们对梦境的掌控力就会越强，我们才能够真正掌控所有，才可以更加自如的随风而动、随心而行。

　　只有这样，我们才能真正感受到梦境的奇妙和无限可能，并将梦境变成我们内在的游乐场，体验到前所未有的自由和幸福。

　　融梦，这个看似简单却又神奇的事情，带来了精彩纷呈的各种剧情。它不仅能够赋予我们更好的人生体验，还能为我们开启通往神奇之路的旅程。通过融梦，我们将发现自身的奇妙和无限可能，并让自己成为无拘无束、无限开放、无限自由的存在。

第九部 · 歧梦篇

一场随心所欲的梦境!

第一章　三层世界的架构

想要解开这个世界上很多疑团、疑惑，最好的方式就是站在另外一个世界来看待现在这个世界。

因此，哲学思考便成为我们的一个标杆和工具。

这个世界，真的是梦，是虚假的存在吗？

如果这一切都是真的，那么很多原本无法理解的问题，就会得到不一样的解法和答案。

什么是个人意识？什么是个人潜意识？什么是集体潜意识？这些心理学上的用语，也将会拥有一个全新的解释。

西方哲学的三大终极问题：我是谁？我从哪里来？我要到哪里去？或许也可能会有个不一样的结果。

而这一切问题的答案，只需要一个简单的模型，我们就可以进行有意思的观察和分析。

首先，参照梦境存在和运行的模式，我们可以把已知和未知的世界，简单地划分成为三层，第一层为下层模型，也就是我们的梦境世界；第二层为中层模型，也就是我们的现实世界；第三层为上层模型，也就是现实之外传说中神仙、上帝存在的世界。（当然，我们对这一层是否存在暂时持保留态度。）

此时，我们将会获得这样一个模型，被称为三层世界架构图。

三层世界架构图

通过这个模型，我们可以更好地理解所有已知和未知的世界。

当我们在现实世界中，遇到搞不清楚和弄不明白的问题时，只要带入这个简单的模型图，你就会获得一个意料之外的结论，并使你所想的一切合理化。当我们在现实世界中，遇到无法解释和无法解决的问题时，只要加入这个简单的模型图，站在所处世界之外寻求答案，我们就会发现许多事物都能得到一个圆满解释和解决方案。

例如，曾经有着大量实验和研究的著名物理学家尼尔斯·玻尔，他在做梦时，就曾经梦到自己与了解原子结构的同行进行了一场深入的讨论。在梦中，他们提出了核外电子运动的理论，这个理论后来成为著名的玻尔模型，被广泛应用于描述原子结构和光谱现象。

可以说，梦是这个世界上的万金油，哪里痛了抹哪里，哪里痒了抹哪里，只有你想不到的，就没有梦解不开的问题。

而学会使用这个模型、这个万用公式，我们的整个人生都会随之发生一些有趣的变化。

为什么这样说呢？

先来简单地分析一下，已知我们每个人天生就会做梦，并且每天晚上都会自动做很多个梦，是这样没错，对吧？

就像平时在现实世界过着普通人的生活，在休息时，我们的梦境世界也会不断展开。在梦中，我们可以是一个平凡的农民，耕种着自己的土地，享受大自然的恩赐；或者是一名科学家，探索着宇宙的奥秘；再或者是一个冒险家，穿越未知的世界，解密古老符文中的谜题……

梦，就像是依托于现实世界所产生的附属空间或虚拟的平行世界。

但是，在这些梦境中，我们绝对不是孤零零的，不是一个人在里面独自探险。

闭着眼睛想象一下，每天夜晚，我们都可以在梦中扮演不同的角色，经历不同的故事情节，我们总是在不停地切换各种职业和身份，同时还拥有着不同的技能和经验。

观察这些梦境，我们会发现，每个人的梦里除了我们自身之外，还会有其他场景、各式各样的人物，会有各种花草树木、鸟语花香，大地、尘土，甚至是狗屎、猫屎这样琐碎的事物存在。

那么，梦境中这些存在的事物，都是由什么物质组成的呢？

答案很简单，梦境中所有的一切都是我们的潜意识模拟出来的。也就是说，在梦境里我们目光所及之处，能够看到的一切事物，都是我们自己潜意识的投射和显化。

如果，换句通俗易懂的话来讲，就是梦里的你是你自己，梦里你的女朋友还是你自己，梦里你们的宠物猫猫、狗狗是你自己，梦里的花草树木是你自己，甚至就连大街上的猫屎、狗屎、灰尘和阳光，这些同样都还是你自己。

可以说，在你的梦境世界里，只要是入眼所见全都是你自己。

此时，一个有趣的问题就会随之出现。

梦中的你会有自己独立的思想，决定着自己的爱好和喜怒哀乐；梦中的女朋友也有独属于自己的思想，与你交往的过程中，她会生气、会开心、会做出各种相关的反应。

既然他们都是你自己，为何却又像是独立的存在一样，拥有着自主思考的能力呢？

此时，我们是否能够获得这样一个结论：

在梦境世界里，每个生物的这种对当前世界的认知、记忆和独立的思考能力，就是它们的个人意识；同样的，每个角色又在无意中受到梦中剧情的影响，发生相应的转变和心境上的变化，这一点就是它们也都拥有着属于自己的个人潜意识；更有意思的是，它们还共同拥有着同一个源头、同一个知识库、同一个存放着所有物种经验的地方，也就是共用了同一个集体潜意识——你的潜意识。

这个设想在下层模型的时候很容易理解，还是那句话，在我们自己的梦境世界里，梦中所有的一切都是我们自己潜意识创造的，也就是说，所有一切都是源自我们自己。

那么，如果把这个设想提升到中层模型，也就是我们的现实世界，会展现出一个什么样的光景，它是否也能够像在下层模型中一样成立呢？

第二章　我们到底是谁

或许我们只需要做个简单的假设，这所有的谜团，就会自动解开，并浮现出一个意料之外的答案。

和梦境这个下层模型一样，在这个所谓现实的中层模型里，同样存在着成千上万的物种，数十亿计的人类和各种生灵。世界上有你、有我，还有各种五花八门、形形色色的人，而这所有的存在，看上去都是一个个完美且完全独立的个体。

如果真的有这种可能，就如同在做梦时经历的梦境世界一般，我们目光所及的所有生灵都来自同一种意识和潜意识，事情会变成什么样呢？

此时，只需要大胆假设，我们上面真的还有一个上层世界，并且我们都是上层世界中，某个生灵在睡觉时潜意识所幻化出来的固定程式，也就是为了陪梦主玩耍，为了让梦主的梦境变得生动有趣而自动产生的 NPC，我们一直生活在一个虚假的梦境之中，就可以了。

如果这个假设成立，那么世界上所有的事物，都将会变成另外一个样子。

或许你从来没有注意过，无论梦境世界如何光怪陆离，其中都存在着一个简单的逻辑和基本规则。

例如，你从来不会德语，没有看过德语电影，也没有来自德国的朋友，那么在你的梦境世界中，会出现德语场景的机会就几乎为零。即使你偶尔遇到几个德国人，他们在你的梦境里使用的语言，同样也会是你最熟悉的语种，而非德语。

例如，你从来没学过钢琴，那么在你的梦境世界中，你会弹钢琴的概率，同样几乎为零……

然而，如果我们把这个逻辑，反过来去想呢？

例如，你会计算机编程，那么理论上你梦里所有的人都能学会编程；

例如，你会开飞机，那么理论上你梦里所有的人同样都能学会开飞机。

之所以会出现这样的情况，最简单的原因就是，梦里几乎所有的人，都在共用你的潜意识、你的所有经验和技能点。通常情况下，他们很难突破你潜意识的局限性，从而连接到其他数据库和资料室。

现在，我们把这个存在于梦境世界中的规则，从下层模型挪移到中层模型，我们会得到一个令人惊奇的结果：那就是在这个世界上，只要是已知且存在的学科或类目，无论是英文、德语、钢琴、武术、瑜伽、数学、物理还是化学，无论是生存技能还是其他任何事物，哪怕是一件从来没有听过的事情，只要是我们愿意学习、想去学习，就几乎没有任何东西是我们学不会的。

而这一切可以从侧面说明一个可能性：我们可能真的在共用同一个潜意识、同一个知识库、同一个经验存放点，因为我们所有人的知识源头和技能，在上层模型中都是一样的，它们都来自正在沉睡的某个生物。

换言之，牛顿会的你会，爱因斯坦会的你也会，你会的牛顿会，你会的爱因斯坦同样也会。

看到这里，是不是会觉得很神奇呢？

世界上还有这样一种更神奇的传承现象，被称之为：梦授。

大多数的梦授传承者都称，在某个特殊的时间段，他们都曾经做过一次或者多次神奇的梦，醒来之后，他们就像变了一个人似的焕然一新，能够自动学会一些传唱和歌颂天神的曲子。这些曲子里的故事就好像他们自己亲眼所见或者亲身经历的一样。

在印度有这样一个数学家，他没有受到过正规的高等数学教育，习惯以直觉导出公式，却不喜欢做证明，但是事后往往被证明他是对的。

他一生留下了3900多个没有证明的神奇公式，引发了后来的大量研究。而有传言称，他是在梦里得到了女神的指点，然后才在梦中获得的这些公式。

如果，我们都是同一个人潜意识创造出来的产物，你就是我，我就是你，所有人都来源于同一个生物，这个世界上很多未解之谜，是否都会拥有一个不一样的结果，呈现出一个不一样的答案呢？

现在，闭上眼睛再来想想："我们到底是谁？"

这就是"歧梦狂想曲"，一个神奇的哲学猜想。

至于狂想的真正答案，只有等到未来世界的人们去帮我们解开。

第三章　梵天一梦

在这个世界上的各个国家，每个民族都流传着各自不同的创世传说，像是我们中国的盘古开天地、女娲造人，基督教的上帝创世说，佛教的六道轮回，等等。

在印度教的神话体系中，也有着独属于他们自己的创世说，通常被称作：梵天一梦。

这个故事出自最晚成书的某一 The Upanishads（奥义书），故事大概是这样的：

印度教有三大主神，其中的创世之神被称作：梵天。

据传，我们生活的这个世界，只是梵天的一场梦境，当梵天睡着了，这个世界就开始形成并且自然演化。当有一天梵天苏醒，我们这个世界就会消失不见。而当他再次睡着时，一个相似却完全不同的新世界又会重新出现。

世界就这样，在梵天苏醒与沉睡之间，反复出现和不停消失，如此永无止境地循环往复。

"梵天一梦"是所有神话故事中，最接近"歧梦狂想曲"的一个案例。

如果真的如同神话故事中所讲述的，若我们真的生活在梵天的梦境当中，那么一切又会是什么样的结果呢？作为个体存在的你和我，以及我们身边所有的人和事物，一切又都是谁呢？

如果这种情况确实存在，那么这个问题的答案显而易见，只是这结果好像突然变得魔幻起来。

因为，如果我们真的生活在梵天的梦境世界，那么你就是梵天潜意识的投射，我也是梵天潜意识的投射，我们周围所有的人都是梵天潜意识的投射，而这世间所有的万事万物，无论是人、事、物，全都只是梵天自己变出来陪自己玩的而已。

如果，事实的真相就是如此，那么你对生活的看法、人生的意义和价值，你的三观会再次整体崩坍吗？你是否会开始怀疑自己、怀疑人生以及怀疑周围一切存在的意义呢？

既然，我们有可能真的生活在别人的梦境当中，身边所有的一切都可能是虚假的。面对这种可能性，我们是否还会全身心地努力去生活，去付出对家人的爱，是否会为了自己和他人而奋斗努力呢？

这么做的意义，究竟是什么呢？

实际上，我们的人生本来就很无聊，也没有什么固定的意义。

我们所做的一切，也都只是为了让自己无聊的生活，变得更加无聊一些而已。

然而，如果"梵天一梦"这个神话故事的真实性得到证实，如果我们真的生活在梵天的梦境世界之中，那么现实与梦境的关系，就会真的变成梦与梦中梦。

这样一来，我们前文中提到的许多假想，包括科学界已经印证或者还未印证的诸多猜想，就有了更好的研究方向，同时也多了一些明确的验证思路和手段。

如果"梵天一梦"真的成立，那么我们提出三层世界的架构就会成为一个真实存在的模型。尽管我们对上层世界的事情知之甚少，但是可以通过对下层世界的研究来进行论证。虽然得出的结果会有一定的偏差，但是大概的方向肯定是没错的。

通过这个模型，一直以来心理学所提出的个人意识、个人潜意识和集体潜意识，将成为一个有迹可循，可以追踪和研究的事物。

就像前文所述，依然是我们自己的梦境，你的梦里有你，还有别人和其他事物存在。梦中的这个你，有自己的个人意识，虽然他不知道自己正在做梦，但是他依然拥有自己的想法和生活。即使我们偶然间意识到自己正在做梦之后，他依然还有自己的认知、感觉和记忆存在，证明他们从未失去自己的独立意识。

　　同样的，在我们梦里的其他人，也都有着自己的意识和想法，这一点从感知或每个 NPC 都有自己独立的生活中可以得到证明。

　　现在我们再来思考一下，什么是个人意识？它指的就是梦境中的这些人都有自己独立的思想意识；什么是个人潜意识？简而言之，不管梦里多少人，无论是几个、几十、几百、几千、几万、还是几十万、几千万，甚至几亿的人，他们每个人都在无形间受到梦境的影响，就像我们在现实生活中受到潜意识的左右一样，从而证明他们也有个人潜意识的存在。

　　同理，什么是集体潜意识？无论我们梦中有多少人，他们共同的联结点是什么，那就是你的潜意识，此时也可以称之为他们的集体潜意识。

　　到这里，我们会发现一个有趣的现象，原本好好地讲着清明梦、好好地在聊控梦，怎么讲着讲着就变成了恐怖故事呢？

　　说实话，这确实是一本很有意思的哲理性小说，而非真正意义上的控梦教程。毕竟，严格意义上来讲，我们只能算是民间的控梦爱好者，而非科研人员，总结出来的内容大多都只是实践经验，可能会缺乏一定的科学性。

　　不过，无论我们是什么，这些内容和思考，都是探索梦境过程中，跳不开的一个话题。

　　曾经有一位梦友这样评价梦隐，说梦隐最擅长的就是用最简单的话语，去讲述最恐怖的故事。

　　不管怎样，通过这场关于"梵天一梦"的深入探讨，我们将对梦境与现实之间的关系，有一个更为深入的理解。而这也将为心理学深入探索个人意识、个人潜意识和集体潜意识提供一个可以参考和具有实证性的研究方向。

第四章　相互影响的命运

如果真的都如同前文所讲，我们身边的一切都是虚假的，那么是否意味着我们现在就可以自暴自弃，颓废地度过余生呢？

答案显而易见，当然不是。

事实上，刚好与之相反，我们能够做的事情还有很多很多，一切才刚刚开始而已。

梦境本身的存在，就是一种量子纠缠，就像粒子之间的性质可以相互影响的原理一样，人体的各个机能之间也可以相互影响。当身体与意识相互纠缠，我们在清醒与沉睡之间切换，梦境世界也会随之出现，这时候我们的意识就可以在梦境中肆意穿梭。

简单来说，人类梦境的存在，就意味着我们已经进入另外一个平行世界。虽然我们的身体还停留在现实，但是我们的意识已经成功进入另外的世界中自由游历，而量子纠缠就是导致我们产生梦境的主要原因。

无论我们的世界是真是假，有多少层，真相究竟如何，就算一切的结局早已注定，但人生存在的意义本就在于体验。

把握当下，无论是在梦境、在现实，还是在未来某些你我都不了解的环境中，随时随地保持清醒，知道自己是谁、在哪里、在做什么、然后为自己的行为负责，这就是学习清明梦、学习控梦、参与清明梦这款游戏所能带给我们的所有收获。

随时随地拥有自我的觉知，能够感知到周围的一切，我们就可以在任何情况下重新获得清醒的机会，从而知道自己是谁，来自哪里，在做什么，要到哪儿去。

正如前文讲述过的，我们观察梦境、分析梦境和总结梦境，从中找到规律和规则，就能改变自己的过去、现在和未来。

那么，现在换个角度，换个目标呢？

我们观察自己的生活、分析和总结自己的一切，了解自己所有的习惯和被动的运行规律，是否就可以改变在上面做梦那个生物的过去、现在和未来呢？

毕竟，如果我们真的生活在他的梦境之中，我们变得越来越好，那么，他的这场梦是否也会因此而变成一场美梦呢？

"梦境对现实的影响，比现实对梦境的影响大。"

实际上，我们可以通过许多案例来证明梦境对现实的影响确实存在。例如，历史上著名的音乐家贝多芬，在他最具创造力的时期，他的梦境世界中充满灵感，他曾在梦中创作出一系列美妙的作品，这些作品激发他的灵感，从而影响他的现实创作，并成为经典的音乐作品。

例如，部分梦友曾看过的经典控梦电影《盗梦空间》，在这个虚拟的电影世界中，主角们可以通过梦境进入别人的心灵，窃取隐私和秘密信息，这个作品本身就是基于梦境对现实的影响而创作的。

我们通过改变梦境中的情节和事件，就能影响和改变自己现实生活的走向。

那么，此时我们自己正身处别人的梦境，是否同样可以通过改变自身、改变我们的现实生活，去成功影响在做梦的那个他的整个世界呢？

就像本书一开始讲述的正向无限循环一样，我们在这三层世界的循环之中找到一个突破口，在停顿之后，尝试推动整个循环向正确的方向发展。这样一来，所有的一切就会逐渐回到梦境好——现实好——上层世界更好的无限循环。

那个在做梦的生物，也许会因为这场美好的梦境，打破原有的生活节奏和循环，从而积极面对自己的人生，最终成功走向人生巅峰。

一切的存在都是相互影响的，当他的生活因为我们的存在而变得越来越好时，他在那个世界可能会拥有更多的财富、荣誉和声望，去更多的地方、学习更多的知识、了解更多的世界和未知元素……

作为反馈，他的梦境世界也就是我们的现实生活，同样也会变得越来越有意思。

毕竟，虽说梦境对现实的影响，比现实对梦境的影响大，但这并不代表现实对梦境就没有任何影响，不是吗？

此时，所有内容又回到了我们最初的话题："做梦与做梦的区别，就在于其目的性。"

这个目的性，可能是我们一辈子都在不断追逐和修正的东西。

记住这样一句话，无论任何时候，只要我们自己改变了，我们所处的世界也就会随之改变。

只有真正沉浸在自己的生活和梦境中，所有的一切才会拥有真正的意义；亲身经历和体验所遇到的所有事物，是我们能够找到的目标所在。

无论是梦境影响现实，还是现实影响梦境，这一切本就像量子纠缠一样，是既定存在的事实。

接纳所有的一切，做更好的自己，我们将会拥有重新来过的机会。

在这个观点下，无论是梦境影响现实，还是现实影响梦境，一切存在即有道理，而这些存在的事实将会为我们塑造无限的可能性。

第五章　小无相功

说实话，学习清明梦、学习控梦，并非只是单纯的游玩，度过融梦期之后，梦境就会从夜晚的局限性中跳脱出来，演变成一个可以实现联通现实和梦境之间的游戏机。

事实上，通过这个游戏，许多学习清明梦和控梦技巧的梦友都经历过一些有趣的改变，他们会发现，通过运用梦境中的视角，做事方法和愉悦的心情，就可以在现实世界中改变和实现自己的梦想。

因此，我们可以慢慢尝试把梦里积攒的一切经验带出来，用积极的心态、乐观的态度和无限的创造力来看待生活中的问题。这样一来，你就会发现我们的现实世界，也会随心所动发生翻天覆地的变化。

当生活因此而发生改变，我们的人生也会进入一个与之前完全不一样的阶段。

就像很多梦友，在学习清明梦和控梦的相关技巧后，就不会再被困于现实的局限性，反而能够活在一个充满可能性和可塑性的世界中。

只有我们能够真正理解，梦境是这个世界的万金油，是造物主给我们留下的后门，我们所经历的一切都能够用梦去诠释、用梦去解决，这样一个概念。

那么，你就掌握了一个神奇的万用公式，我们称之为万物皆梦。当然，它还有另外一个名字，叫作：无相神功。

一些不经常看武侠剧的梦友，可能会觉得这个名字有些奇怪。但如果你看武侠剧的话，应该会在《天龙八部》里面听过这个名字。

在《天龙八部》里，有这样一个角色，叫作鸠摩智，是吐蕃的国师，他一直使用的一门内功心法，就是"道教圣地"逍遥派的绝学：小无相功。

> 总体来说，小无相功是金庸武侠小说《天龙八部》中'逍遥派'的一门内功，威力强大。
>
> 其主要特点是不着形象，无迹可寻，只要身具此功，再知道其他武功的招式，依仗其威力无比，可以模仿别人的绝学，甚至胜于原版，没有学过此功的人很难分辨。
>
> （以上内容来自百度百科）

单听这段介绍，是不是就会觉得很厉害？想象一下，只要学会小无相功，再知道其他门派的武功招式，就可以直接依仗'小无相功'去模仿别人的绝学，甚至使用出来的威力，比人家原版还厉害。

然而，当我们深入了解，真正开始探索清明梦的世界时，才会发现我们使用最多的一门技巧，就是类似小无相功的万物皆梦。

"你眼中的世界，正是自己心中的影子。"

前文我们讲过抽离，也讲过换个视角、换个角度来看待这个世界。

当我们尝试把自己能够看到的所有事物的主题，全都替换成"梦"之后，你再去看，再去认真观察，试试能不能从中找到一些全新的方法和技巧呢？

在中国，尤其是传统文化，最讲究传承有序。那么，做梦的传承，应该怎么算起呢？

其实，这个问题的答案我们可以参考一下隐仙派的历史。

隐仙派，又称文始派或者楼观道。

或许很多梦友对隐仙派这个词感到陌生，是第一次听说，但是里面有几个人的名字，相信很多人都早有耳闻。

> 隐仙派有六位祖师，分别是始祖：太上老君→二祖：文始先生（尹喜）→三祖：麻衣子（李和）→四祖：希夷先生（陈抟）→五祖：火龙先生→六祖：张三丰

在这六位祖师中，太上老君也就是老子，无疑是我们大众最为熟悉的，因为他的名字几乎贯穿中国文化的各个角落，一部《道德经》更是受到广泛

的传承和研究，相信很多梦友都曾学习和研读过。

其他几位祖师中，我们聊得最多的是希夷先生陈抟和武当祖师张三丰。陈抟老祖以他的《蛰龙法》而闻名，而张三丰则是武当派的祖师，在武学界有着广泛的影响力。他们都有传承下来的睡功口诀，这些口诀在网上有很多版本，感兴趣的可以自行搜索一下。

很多梦友可能会说，陈抟老祖的《蛰龙法》和张三丰的《蛰龙吟》，说是教授睡觉的功法，我还能勉强接受，但老子的《道德经》和做梦有什么关系呢？

其实，我们可以尝试一下，把《道德经》里面所有的"道"字都批量替换成"梦"字，然后再去阅读这部新出现的《梦德经》，会不会有一种耳目一新，眼前一亮的感觉呢？

在歧梦谷梦隐曾经讲过，自己看电影最喜欢的就是替换主题，而我们学习很多技巧的原型，都来自电影。

例如，《现实覆盖术》就出自 2005 年一部叫作《圣殿》的小成本电影；

梦灵的基础知识，出自周迅和桂纶镁主演的《女人不坏》；

吹梦成真和人为创造压床，则出自《圆梦巨人》和《追逐繁星的孩子》，等等。

其实，不仅仅是电影，我们生活中的方方面面，无论是学习、工作、人情世故，还是动画、报纸，甚至是一篇报道、一本完全毫无意义的快餐小说，都能够让我们学习到从未接触过的控梦技巧。

万物皆梦的本质就是学无定式，这个技巧的存在，本身就不会受到任何规则和框架的限制。

也正因此，在梦隐所有的教程中，几乎都不会出现固定的技巧，因为无论是聊天、画画，还是观察花草、树木、云彩，世间的万事万物，只要你用心去观察，就能发现它们与梦境的共同之处。

这也是我们曾在《控梦，真的需要技巧吗？》一文中讲过的，清明梦从来都不是依靠技巧堆砌而成的一种体验，而是我们自身心态不断蜕变，自我调整的一个过程。

心态、心态、心态。

所有一切，最重要的就是我们自己的心态。

只要心态对了，一个技巧走遍天下；

只要心态不对，走遍天下，也找不到一个适合自己的技巧。

心态，就是'小无相功'的核心。

通过保持一种超然的心态，学会从所有事物中抽离出来，换个角度、替换主题，然后站在做梦的视角去看所有一切，你就会发现，入眼的一切都是如此独特，真实与虚幻交织，仿佛万物皆梦。

心态，也是我们控制梦境的关键，只有在内心平静的状态下，我们才能在梦境中驾驭自如，发挥潜藏的力量。

在探索控梦的路途中，心态是我们的秘密武器，也是制胜法宝。无论是通过电影、动画等媒介，还是其他视角来审视梦境，汲取控梦技巧，都需要我们以超然宁静的心态面对，只有这样，我们才能发现，一切看似真实的景象其实都是如梦幻般的存在，一切看似不可能的事物，都能成为我们入梦的技巧。

第六章　运行机制

人生如梦，终有一醒。

有区别的只是早醒和晚醒而已。

前文中，我们曾经多次提到"你眼中的世界，正是自己心中的影子。"

梦隐喜欢举这样一个例子：

当你心情不错的时候，走在大街上，你会发现路边绿化带里的花，开的异常娇艳；你会发现路边的行人，脸上都带着微笑；你会发现身边路过的情侣全都手拉手，送行的亲人也在热情相拥。这是因为当我们心情愉快时，我们的视角会更加积极乐观，我们会关注和感受到美好的事物。

相反，当你心情不好的时候，走在同样一条大街上，你会发现随地乱丢的垃圾、讨价还价的吵闹、闹别扭的小情侣和眼泪纵横的送行人。

同样一条街道，同样一个时间段，当我们怀着不一样的心情，不同的视角和关注点，你所能看到的世界就会完全不一样。

和这个例子类似，我们一直在关注的梦境，同样也是如此。

在刚刚学习清明梦的时候，我们渴望完全掌控它，去体验那种无与伦比的超常体验。

然而，当遇到挑战和困难，经历秒踢在清明梦里无法长久待下去时，当发现清明梦的体验并没有想象中的那样有趣时，大部分梦友会感到失望和沮丧。或许，还会觉得控制梦境很难，甚至会怀疑自己是否适合学习控制梦境。

在最初的时候，梦隐就一直在强调，想要学习清明梦和掌控梦境，并不是一件很难的事情，最难的反而是基础的积累和一颗坚持不懈的恒心。

在成长过程中，我们经常听到切换视角、换个角度思考问题这样的话，这几乎是我们在上学时，每个老师都会不断重复告诉我们的一个技巧。

　　甚至在很多年之后，步入社会的我们，在经历职业培训的时候，讲师依然会不停地告诉我们，要学会换个视角，学会站在客户的角度去思考问题，学会为客户着想，等等。

　　说到底，所谓的小无相功，其实就是一种不断切换视角的技巧，它的核心内容，就是让我们学会有意识地培养：当看到一件事物的时候，无论是诗歌、经文、电影还是动画片，第一件能想到的事情，就是把看到的一切，替换到我们的梦境世界，看看是否能够做到，怎么才能复现，能不能作为一个技巧存在。

　　说实话，这个世界上没有唯一的技巧，也没有对的技巧，有的只是在最适合的时间，做最适合的事情而已。

　　随时随地维护和调整自己的心态，这是让所有一切变好的开始。

　　一个简单的例子：在云南大理，梦隐曾经参与过一次朋友举行的聚会，聚会的主题主要是颂钵和饮茶。

　　在此之前，梦隐并没有接触过颂钵，平时也不怎么喜欢喝茶。活动最开始，梦隐有点拘谨，也不知道人家活动的进程，老老实实坐在旁边，有点怎么做都不对的感觉，与其他人格格不入。后来，实在有点融入不进去，梦隐就悄悄退到一旁，躺在木地板上，开始休息了。

　　闭上眼的那一刻，梦隐就成功进入梦境，反而正是因为这次的无心之举，让梦隐体会到了一种不一样的颂钵。

　　很多梦友都有过类似的体验，当我们睡着之后，有一定的概率，虽然已经身处梦境，但是我们却依然能够听到外界的声音。

　　此时，现实中颂钵的声音，通过梦境的过滤，传到梦境世界，变成一种十分古老、悠长的震动，在这种震动当中，梦隐感觉自己就像处于母胎一样，浑身上下充斥着温暖的味道和舒服的感觉。

　　于是，在梦里梦隐就来了兴趣，立刻随机找出几个颂钵，自己就在梦里瞎玩起来。

　　活动结束前的三分钟，离开梦境重新回到茶桌前，梦隐好像被重新充满了电一样，精神饱满，身体状态也异常的好。

而这一切，其实也是梦境赋予我们的另外一种能力，只要是现实中接触过的事物，我们都可以在梦中快速熟悉和掌握，而因为这个梦境，梦隐就多了一个新的技能，就是颂钵。

就像在现实生活中接触过编程，我们可以在梦境中进一步学习和实践编程技巧，这样就可以通过梦境的力量，提升自己的编程能力。正如梦隐小时候学习的电脑、flash知识，长大后自学的编程和其他事物一样，只要在现实中看过别人怎么做，知道了别人的招式，我们就能在梦中尝试还原和练习，随即便能够快速学会和掌握，甚至我们使用时比他们原版的效果更好。

梦境的运行机制，决定了我们可以快速学会这个世界上几乎所有的技能，善于利用这种能力，就足以改变我们的现实生活和目前所处的现状。

第七章　NPC 的世界很有趣

说实话，学习清明梦、练习控梦，并不是为了让梦友们远离现实，相反，它是为了让我们能够更好地融入现实生活，这就如同在一场精彩的电影中扮演男女主角一样，只有我们成为这个剧情中的焦点，才有着无尽的创造力和可能性。

就算现实真的只是一场梦境，我们也能将这个美梦变得更加美丽，能将这个噩梦转变成为美梦，让一切发生转变，从最坏变成更好，从更好变成最好。

这个世界的运行机制是非常有趣的，就如同电影、话剧中的剧本一样，布局精妙、情节跌宕起伏。而我们，则是其中的男女主演，开了主角光环以后，从此就踏上了一段充满惊喜的旅程。

如果有兴趣写一本自传，回忆和记录一下自己从小到大的点点滴滴，你可以尝试将它分成主线和支线，并努力完成一个精致的大纲。

不需要洋洋洒洒几千万字，只需要简单地进行梳理，描绘出生动的故事梗概即可。

然后，你可以拿着这个故事梗概，把它套用在任何一本你所喜欢的小说上面，随之你就会惊奇地发现一个从未注意过的事实。

假如，你将它套用在仙侠小说上，你的学习之旅，从小学到初中，从高中到工作，所有的机遇、困难和挫折，都会像小说中固定的模板一样，被安排得清清楚楚、明明白白。

你的高光时刻会在什么时候出现？你会在什么时候意气风发？会在什么时候经历意外的失意？一切都会有个大致的轮廓；谁是你人生道路中的反派角色？谁又是你成长线上的指路明灯？所有的一切也都会变得有迹可循。

事实上，我们的人生就是如此。

只要你愿意，一切都可以在清醒的状态下有意识地进行各种演变和进化。而我们最好的选择，其实就是回归事物的本质，学会体验和享受这一切。

有很多梦友问过梦隐，控梦控到后面，最好玩的究竟是什么？

实际上，控梦控到极致，并不是真正地去全面掌控，反而是完全放手不去控制。

"可控而不控，才是控梦的精髓。"

就像是游戏中的旁观者一样，让所有事物都不受个人情绪影响地去观察，如实地记录和体会，整个世界就会发生意想不到的改变。

我们的思维总是会受到各式各样的影响而发生改变，而这些改变所带来的一切结果都是不可控的。

相反，我们不如直接放手，让世界按照原有的节奏和轨迹运转，我们既处于事情之中，又同时身处事情之外，去享受这一切，就对了。

在前文中，我们提到过两次"装傻"，一次是在现实世界，一次是在梦境之中，而我们装傻时真正要去体会的是什么呢？

其实，体会的结果就是 NPC 的世界也同样有趣。有些时候，人生没有目标和失去希望，老老实实、本本分分地做个 NPC 也是挺有意思的选择……

如果，需要在这个世界选择一个有趣的职业，你会选择什么呢？

科学家？哲学家？农民？工人？

如果有可能，梦隐最想选择的是做一个快乐的 NPC，每天拿着有趣的剧本，在另外一群 NPC 面前扮演自己选择的角色，然后去观察周围的一切和遇到的所有事情。

只有真正认真地体会，我们才会发现 NPC 的世界才是最有意思，这也是全宇宙最出色的设计。当然，这一切的前提是我们能够意识到自己只是这场游戏中的 NPC。

这个世界的存在，就如同在玩游戏或者剧本杀一样，只有保持觉知地去体验和生活，才会让我们获得另外一种和以往不同的感受。

因为，这次我们拿到的，绝对是这个世界上最神奇的金牌编剧，专门为我们私人定制，用心编写的剧本，参与其中我们会感受到无尽的惊喜和乐趣。

第八章　做梦的道理

归根结底，无论身处梦境还是在现实，做人还是做事，我们追寻的都是找到真正的自己、人生的意义和做人的道理。这是一种永不停息的追求，它超越了时间和空间，引导我们去探索生活的真谛，去理解生命的意义。

请牢记这样一句话：无论你正在学习什么，无论你用的是什么方法，只要是让你远离原本的生活，放弃工作，离开人群，需要耗费大量时间和精力去练习的内容，那么，它基本上都是与你最初设定的目标背道而驰的。

我们要明白，生活并非一场竞赛，而是一场自我发现的旅程。我们每个人都有自己的节奏，有自己的道路，有自己的生存模式。我们不能被他人的节奏、他人的道路、他人的生活方式所影响，我们需要做的是，按照自己的方式去寻找、去发现、去实现我们的目标。

曾经听过这样一个小故事，故事说人的一生就是一个'找'字，我们要找什么呢？找一个点，只要我们能够找到这个点，或许就能找到真正的自己，从而获知人生的目标和生命的意义。

至于这个点究竟是什么，每个人对应的都不太一样。

它可能是我们的激情所在，也可能是我们的天赋能力，它可能是一个热爱的事业，也可能是一个追求真相和智慧的道路，具体是什么就需要梦友们自己去体验和探索。

很多人可能不太理解，为什么人生会是个'找'字，那个点又应该放在什么位置？

我们可以自行尝试一下，试着在"找"字的左上角加上一笔，很神奇的一幕就会发生，原本的"找"字就会在瞬间变成一个'我'字，这或许就是这个小故事的意义所在。

当我们学会停下来，停止寻找的时候，或许那个点就会自动出现。而这个点可能就是我们内心深处最真实的呼唤，是我们真正想要追寻的东西。

无论我们学习什么，最终所有的一切重点，都会重新回到做人的道理上来。

做人是一门艺术，是我们用生命去表达自己的方式，在追求成功和成长的过程中，我们不能忽略做人的本质。

做人如此，做梦也同样如此。

在梦境世界中，我们可以通过探索和体验，去发现自己内心深处最真实的渴望和需求。而梦境就像是我们灵魂的镜子，通过观察和理解梦境，我们也能够更好地认识自己。

无论这个所谓的世界是真实存在的现实，还是一个虚假的梦幻世界，我们都无须过于纠结，此时的我们，反而可以运用已经掌握的技能和方法，去正确打开并体验这一切。

所有文化的传承，归根结底都是经验的积累和传递。

只要我们能够很好地意识到这一点，认真去经历梦境，体验各种有意思的不同世界，从忆梦日记中分析、总结出来的经验，就足够我们受益很久很久。

另外一个小故事：

从前有只小猪，总是追着自己的妈妈，不停地问："妈妈、妈妈，幸福在哪里？"

溺爱地看着满眼期待的小家伙，猪妈妈笑着告诉他："幸福啊，幸福就在你的尾巴上面。"

得到答案后心满意足地离开，小猪从这一天起就开始像小狗一样，不停地原地转圈，想要试图去咬住自己的尾巴，可惜却怎么也无法做到。

几天后，小猪沮丧地去找猪妈妈，问道："妈妈、妈妈，为什么无论我如何努力，怎么都抓不住自己的幸福呢？"

猪妈妈蹭了蹭小猪，笑着告诉他："傻孩子，只要你一直往前走，幸福永远都会跟在你身后。"

寻找幸福是这样，做人和做梦同样也是这样。

很多人喜欢向外求索，试图通过不断的学习和掌握更多的知识与技能，来改变自己的现实生活或是精神状态。

其实，我们可以试着放下向外寻找，把双手打开、伸直，在这个世界上，我们能够学到和学会的东西，就在你的左手中指到右手中指的指尖之间，一个方圆大概一米半的范围之内，只要超出这个范围，我们几乎就学不到任何我们想要学习的东西。这个范围不仅包括我们身边的人和事，还包括我们的内心和思维世界。

综上所述，无论是在梦境还是在现实生活中，我们追寻的都是找到真正的自己、人生的意义和做人的道理。通过寻找自己内心的需求和价值，我们就能找到真正能带给我们幸福和满足感的东西。而在梦境中，我们同样可以通过反思和探索梦境，找到自己在现实世界中可能忽略的东西。

梦境和现实，从来都不是两个单独分开的个体，而是组成我们整个人生的全部成分。

所以，尽可能放弃向外去寻找，停下来，在自己身边这个真正重要的范围内，认真体验和领悟人生的真谛，把握好自己的道路和方向，勇往直前，幸福和梦想才都会一直伴随在我们身后。

第九章　新的起点

人生有歧，释然入梦。

站在一个新的人生起点，当我们重新审视梦境和现实世界时，会发现很多相似又迥然不同的地方，就像蓝天和白云，每天都不一样，却总是给人无限遐想。

有时候，我们需要释然于梦境世界，让自己置身其中，享受梦幻的奇妙之旅。有时候，我们学会放弃掌控，任由事情顺其自然地发展，才是我们真正需要的。

人生的经历就像一本翻了又翻的书，一遍又一遍地重新来过，每一次经历都是一次宝贵的机会，让我们不断成长和进步。

直到现在，回过头来，我们才会发现普通梦的存在，可能才是梦境最好玩的地方。

在普通梦境中，我们可以尽情释放内心的荒唐和幻想，享受短暂的不受限制的自由。

例如，在一个普通梦境中，一位平凡的上班族可以变身为一位自由飞翔的超级英雄，肆意穿梭于城市的高楼大厦之间，体验到梦境带来的无限快感和刺激。

例如，一位心怀梦想的年轻人，在现实生活中面对种种挫折和压力，却能在梦里成为一位无所不能的超人，这种超凡脱俗的体验可以让他释放出内心的力量和激情。

因此，在本书的开头，梦隐才会不断地提及在练习之初，最好能够让自己在每个阶段多待一段时间，那个时候不太懂的一些事情，等转了一圈回来，才能看到不一样的风景。

从梦入手，以梦为马，找到新的人生起点，让一切从这里出发，我们会进入一个全新的游戏世界。

说实话，梦境不仅是一座精神的乐园，更是一次探索自我的机会。通过梦境，我们可以发现内心深处的潜能和渴望，也能重新定义人生的勇气和动力。

说了这么多，很多梦友可能早已对真正的歧梦谷，也就是清明梦这款思维游戏所在的"歧梦世界"产生了莫名的兴趣。

无论是夜晚睡梦中的故事，还是现实生活中的片刻逃离，歧梦谷始终是梦友们心灵的安息地，一个公共的初始地，一片神奇而充满惊喜的梦幻世界。

现实中的歧梦谷，宛如一个神奇的度假胜地，融合了休闲娱乐和梦境探索的完美体验。而梦境中的歧梦谷，更像是打开一扇奇幻大门的神秘所在，这里聚集了现实世界的各种旅游胜地和神话故事中的奇妙场景。

只要能够在清明梦中找到那扇神奇的门，跨越进歧梦谷所在的奇妙空间，你才会真正进入"歧梦宇宙"，从此迈向一个全新的梦幻世界，开启一段非凡的神奇旅程。

梦境中的歧梦谷隐藏在现实之外，是一个独立的梦境空间，却又联通着所有梦友们的梦境世界。

在这里充满了各种惊险刺激、飞天遁地等奇妙的体验，也充斥着科技和魔幻的各种元素。

初始地的特殊性，让梦境拥有着最基础的联通功能，只要你愿意就可以参与到这款超越现实的思维游戏中来，和我们一起探索和建设，让这个共用的梦境世界，变得更有意思一些。

歧梦谷的连接通道有很多，联机功能也一直在紧张的开发与内测阶段，现在公布其中一些很有意思的连接点，它们是一些只存在于梦境、只存在于超越现实的思维游戏、只存在于歧梦宇宙中的几个场景。而这些内容可以算作是一个预告片，一个 Alpha 0.1 的版本，梦友们可以自行尝试在梦中寻找一下。

当你推开一扇大门，门后联通着一片荒芜的沙漠，这里寒冷荒凉，看上去毫无生机。眼前没有任何植物和动物，有的只是砂石和黄褐色的泥土沙粒，周围的一切犹如一颗早已废弃、已经被历史遗忘的星球，神秘而荒凉。

远处不时有寒风吹过，带着呼啸的风声，卷起大量的沙尘，形成一个个巨大的漩涡，随后形成一道道巨大的沙柱，如梵·高的画作般高耸入云。

在一座荒山脚下，隐藏着一个不起眼的小石洞，进入石洞内部，眼前会出现一个不算很大的石屋，周围的石壁上点缀着点点星光，让这里显得温馨而明亮，石屋的中央有一座神奇的传送阵，踏上传送阵，会来到一个与外界完全不同的水之世界。

这里常年大雨滂沱，一眼望去大水无边无际，在大水的世界中心屹立着一座庞大的宫殿，宫殿完全是由玉石架构而成。

流水声和暴雨声混成一片，狂风夹杂着雨点横扫水面，溅起片片银白色的反光，水面上耸立着一排排巨大的冰柱，雨水只要靠近，就会立即化为冰粒，打在那些柱子上，发出奇怪的声响，水中也漂浮着许多大大小小的浮冰，相互撞击下，发出叮叮咚咚的声响，各种声音交织在一起，犹如一曲神秘而动听的交响乐，用心去聆听，用眼去观赏，这个世界将给予你绝对的震撼和感动。

从玉石宫殿延伸出来的台阶，仿佛是一条婉转而灵动的游龙一直铺砌到水面以下，雨水接近台阶，就会化作一粒粒纯净的冰珠，这些冰珠不会在台阶上累积，而是沿着台阶蹦跳着滚进水里，或是被风卷起，翻飞间，冰珠如一个个精灵，在整个台阶上尽情舞动，犹如一场奇幻的神之芭蕾，煞是好看。

走过台阶，来到宫殿的入口处，巨大的冰柱高耸而立，支撑着整个宫殿，每根冰柱上都雕刻着一只神奇的生物，它们形态各异，有的是威武的神龙，有的是婀娜多姿的彩凤，每一只都活灵活现宛如真的一样。放眼望去，从冰柱上腾起阵阵白雾，在巨大的宫殿上方凝结成云，然后又化作雨水冲刷洒落，如诗如画。周围的一切仿佛自成一套完美的循环，周而复始地不断往复，让这片水域充满了生机和生命力。

此时，会有一个神秘的老人出现，他满头白发却容貌年轻，一袭白衣如雪，宛若神仙从天而降。这位老者正是歧梦世界的守护者之一，也是进入歧梦谷的关键人物，他眼神清澈如泉水，透露出深不见底的智慧和宁静，他的指尖缠绕着氤氲水汽，仿佛一个个音符在随着他的心意而跳动。

两者见面之后，他会询问你，在过来的路上，由冰粒敲打在柱子上，形成的音乐是什么，只要回答正确，他就会让你跨入宫殿，从而通过传送进入真正的歧梦谷。

第十章　无限宝藏的世界——歧梦谷

　　如果你对水之源不感兴趣，或许可以尝试一下另外一条通道。

　　在一扇大门后面，联通着一片神秘的热带雨林。走进这片雨林，你会发现在中央的位置有一座漂亮的石亭，亭子屹立在雨林的中心，宛如一颗璀璨的明珠。在亭子的中央，同样有一座传送阵，通过传送阵，你将进入另一个世界——火焰之海。

　　这里像是一颗独立的星球，入眼望去，那是一片罕见的火的海洋，周围所见全是一幅令人惊叹的景象。燃烧着无数像酒精火焰一样的火光，淡蓝色的火焰布满整个海面，宛如一幅绚丽的画卷。然而，这里并没有想象中那么炎热，相反的，温度适中，一切恰到好处。

　　抬头望去，在火焰海的上方悬浮着一块块巨大的青石板，石板形成一条崎岖的小路，连接着远处一片悬浮在空中的大陆。

　　踏上陆地，无数火焰湖泊散落于大地上，呈现出各种缤纷的色彩，每个火焰湖泊都小巧而精致，但没有两个湖泊的颜色是相同的，它们像是一颗颗千变万化的宝石，在降临的星光下闪耀着绚丽的光芒。

　　来到大陆的中央，你也会发现一个巨石宫殿的存在，它矗立在这片火焰之地的心脏位置。

　　宫殿的门口是一位身材火辣、妖娆动人的女子，她面容冷峻，目光中透露出一股神秘而威严的气息，恍若二十多岁的样子，也是歧梦世界的守护者之一。

　　同样的，她也会向你提出一个问题，这个问题可能是关于你刚刚穿越那片火海时经历石板的数量，又或是关于你眼前有多少个色彩各异的火焰湖泊。

　　只有回答正确，她才会引导你迈入宫殿，然后进入真正的歧梦谷，开始属于你的奇幻之旅。

……

在歧梦宇宙一颗独立星球的中央区域，有一片广袤而壮丽的陆地。在这片大陆上存在着一个神秘而热闹的聚集地，是梦友们日常的聚会场所。

聚集地的中心是一个神奇的广场，就像是一座巨大的水族馆，广场上弥漫着一片无形的海水，其中游荡着无数灵动的鱼群。

广场的正中漂浮着一个巨大的气泡，散发着迷人的光芒，周围则环绕着一连串缓慢游动的小气泡，它们时而相互连接，又时而分离远去，形成一幅令人叹为观止的景象。有时候小气泡会融入大气泡之中，有时候又会从大气泡中分裂出许多小气泡。

这些气泡的大小不一，数量也并非恒定不变的。总体来说，气泡分为大、中、小三种类型。大气泡稳定且坚固，不易破碎；中等气泡则随波逐流，在外围缓慢游荡；小气泡最为特殊，总是在不断破碎后融入大气泡，又随机从大气泡中重新生成，仿佛永不停息。

这里每个气泡中都承载着不同的场景，仿佛是一个个独特的梦境世界。

这些气泡远远看去，就像一团团紧密相连的星系，在无尽的延展中，宛如一个微缩的宇宙星空。

当你尝试靠近时，气泡中的场景会自动浮现出来，放大到你的视线里；而当你远离时，它们又会恢复到最初的模样，仿佛逐渐远离的梦境一般。

广场处于一个自由市场的核心地带，外围是一个古风与现代风格共存的城区。地面上镶嵌着一层古老的青石板，像是被无数脚步踩踏过，呈现出斑驳的岁月痕迹。周围高大的建筑有古代的楼阁、现代的大厦，还有未来世界的各种奇异建筑，风格迥异却无比和谐，古风与现代融合，古朴与奇异共存，单单只是站在这里，人们的心灵就能得到沉淀。

集市上一排排木质的小摊位，摆放着琳琅满目的物品，古玩、手工艺品、美食、某些梦境世界的特产或其他与梦相关的事物，等等，只要拥有充足的梦币，任何你想要的东西都能在这里找到。

城外不远处，一座高耸入云的山峰悬浮在半空，仿佛是一位巨人庄严地屹立着，宛如天界的化身。山峰上繁茂的绿树和各色鲜花构成了一幅生机勃勃的画卷，向人们展现着大自然的神秘和美妙。

在山巅的平台上，矗立着一座古朴而庄重的控梦师书院，作为歧梦世界三大书院之一，它是这颗星球真正的核心所在，也是另一座地标性的建筑。

书院的大门高大而厚重，通体由古老的神木雕刻而成，上面镶嵌着精美的青铜门环，散发着神秘的气息。

院落中砌有青石小径，四周种植着各种花草树木，花香四溢，清风拂面，给人一种宁静祥和的感觉。路上你或许会遇到几个负责考核的先生，他们会随机提问，以考察你对梦境世界和歧梦谷的了解程度。

只有当你回答正确或是获得他们的认可，才会被允许正式进入内院，参与其中的学习和日常生活。

歧梦谷是一个充满神秘宝藏的世界，上述场景也仅仅只是其中很小一部分的缩影。更多神秘而有趣的地方和秘境，需要梦友们亲自去探索，亲身去经历，深入其中，才能真正领略到歧梦谷的神秘魅力。

……

梦境，一个充满未知和神奇的场所，只要我们有心去探索，就能发现其中一些值得我们耗费时间去体验的地方。

歧梦谷的存在，只是为了实现梦友们在梦中聚会和交流而创建的地方，它就像一个真实存在的"元宇宙"，且不需要任何外接设备，即可轻松到达。

而这一切的前提，都是你会睡觉，也会做梦，你只要能够顺利进入梦境，那么所有虚幻的存在皆有可能成为现实。

归根到底，梦中所有的一切场景，都只是一场超越现实的思维游戏，我们从入梦、知梦、观梦、筑梦、控梦、造梦、化梦、融梦，一直到最后来到歧梦世界，所有的一切都在游戏的过程中不断得到巩固和提升。

梦隐希望所有梦友都能从本书中找到自己想要的部分，都能成为一名合格的控梦师，也都能因此让自己的梦境世界和现实生活都变得生动且有趣。

在最后，期望所有喜欢睡觉、爱做梦的梦友们，都能找到属于自己的初始地，并且通过对梦境的不断探索，达到自己最初设定的目标，完成所有最初的愿望。

人生有歧，释然入梦。

各位加油！我们梦里见！

附录

梦里梦外的乐趣！

第一章　控梦的九个境界

控梦，这项看似神秘又离奇的技能，其本质繁复而有趣，就像打游戏一样，从入门菜鸟到顶级大神，需要一步步地努力攀登。

在歧梦谷打造的"清明梦"这款思维游戏中，控梦师的练习分为：一入、二知、三随、四导、五控、六造、七化、八融、九共等九个境界，而几乎每个境界都又被分为：初、中、后三个不同的小境界。

分别对应：入梦期、知梦期、观梦期、筑梦期、控梦期、造梦期、化梦期、融梦期和歧梦期九个不同阶段。

第一级：入梦期

入梦期，又被戏称为入梦三境，看起来似乎离许多梦友很近，但其实却不是那么容易达到的。初、中、后三期分别对应：入梦、忆梦和记梦。

这一个阶段几乎是所有人、所有梦友在日常生活中，刚刚接触清明梦之后，必定会经历的一个过程。

简单点说，入梦期就是那个常常梦见奇幻世界的阶段。处于入梦期，我们能够随意且频繁地进入梦境，每夜都能做三到五个美妙的梦境，而当我们醒来时，还能清晰地记得梦中发生的一切。

在入梦期，控梦师们根据自身能力和情况，会经历从无梦、黑白梦，到彩色梦的过程；然后逐渐进入更加清晰的梦境，甚至能够记住更多细节；最后慢慢过渡到灵光一闪，偶尔能够在梦里清晰地意识到自己正在做梦。

注：入梦期重在一个'入'字，虽然人人都会做梦，却也不是想做就能做的。因此，想要开始学习控梦，首要条件就是随时随地可以进入梦境，这

点是非常重要的。

忆梦，既是回忆，也是记忆，重在一个'忆'字，只有在醒来后，还能够清晰地回忆起梦境中发生的事情，才能够尝试去进入知梦、控梦的阶段。否则，醒来后就把梦中的经历全部遗忘，那一切也就失去了意义。

记梦，就是记录梦境，好记性不如烂笔头，我们回忆再多梦境，都远不如实实在在地写下属于自己的忆梦日记。

第二级：知梦期

知梦，就是在梦里清楚明白地知道自己正在做梦，又称清明梦。这里的知梦大多属于控梦中的显控部分，分别由清醒入梦和梦中知梦两大类组成。

这个阶段是控梦师完成筑基以后的第一道关卡，重在一个'醒'字，只有能够从普通梦的迷雾中苏醒，成功走进清明梦境，才算得上真正开始了控梦之旅，否则仍旧只是在做梦而已。

注：知梦期的表现为偶尔会在梦中醒来，可以清清楚楚地知道自己正在做梦，但是却无法长期身处那个美妙的梦境之中，强行去尝试改变梦境走向，很容易就会被梦境踢掉，从而导致梦主从梦中苏醒过来。

在这个阶段，控梦师根据自身能力和相关情况，会遇到所谓的"秒踢"，还会经历灵光一闪、初觅清明、偶尔知梦，再到稳定的知梦频率，最后慢慢过渡到可以在知梦后，不为外物所动的情况下，长时间身处梦境之中。

第三级：观梦期

观梦，又称为随梦，是控梦旅途中一个特殊的存在。

这个阶段的关键词，重在一个'定'字，控梦师在知晓身处梦境后，就可以不为梦中任何景物所动摇，始终能够保持冷静的定身梦境、观察梦境、跟随梦境和明晰梦境；

注：身处观梦期，控梦师可以完全自由地进入清明梦境，能够做到随心

所欲地跟随梦境、观察梦境，可以长时间保持在这个状态里，甚至偶尔也会微弱地干预、控制和改变梦境，但却不会因此导致在现实中苏醒。

在这个阶段，控梦师们已经能够初步驾驭自己的梦境，如同一位高手熟练地驾驭骏马一样。能够在梦境中游刃有余，能够与梦中的一切场景互动，观察梦境的美好与神奇，却不会被迷惑所困扰，始终保持着自我觉醒的状态。

第四级：筑梦期

筑梦，就是引导梦境，又称导梦。

这个阶段的关键词，重在一个'引'字，控梦师一旦知道自己身处梦境，在不为梦境动摇的情况下，可以主动引导梦境、影响梦境，并且在小范围内改变梦境的走向；

注：在这个阶段，控梦师会开始注意和重视初始地的规划，他们会在现实中确认初始地的存在，同时也会开始在梦境中创建属于自己的初始地。

此时的控梦师，就像是梦境中的建筑师，开始注重观察梦境中的细节，并能够有意识地影响梦中的场景、塑造梦境中的事物。梦境会如同一幅空白画卷，初始地的最初模型，会随着控梦师的意念和创造力来自动塑形。

第五级：控梦期

控梦，就是控制梦境。

它是控梦师进阶路上的另一道关卡，重在一个'控'字，只有真正踏入此境，才能称得上是真正的控梦师。

达到此境的控梦师，可以随意控制和改变梦境的走向，可以在梦中修行和练习各种神通，例如，悬空飞行、穿墙而过、瞬间移动等，此时，控梦师会成为梦境的主宰，真正实现'我的梦境，我做主！'。

注：在这个阶段，控梦师们在梦境中自主性很高，可以随心所动，向左向右、想走就走。

梦境已经成为一个舞台，而控梦师就是那位自由挥舞权杖的导演，可以随心塑造任何想象中的场景，拥有各种超凡脱俗的能力，尽情展现控梦的魅力。

第六级：造梦期

造梦，控梦的进化版本，属于创世之神的神通。

在这个阶段，重在一个'生'字，达到这个境界的控梦师，可以无中生有从虚无中创造出天地万物，并且还能主动创造和稳定梦境。

此时的控梦师，在梦中就是神、就是仙，只要身处梦境随着心念转动，梦中的一切便会因为他的意志而发生改变。

注：在造梦期内，最主要的任务除了控制梦境和改变梦境外，就是练习和尝试梦中的各种神通，这也是许多梦友学习之初所憧憬的事物。

七十二变、飞天遁地、遨游星空、游历人间、操控时空、创造世界……

在这个境界，控梦师需要完成的内容多种多样，可以说这是作为一个控梦师，最'嗨'的一个阶段。

第七级：化梦期

化梦，就是化去一切梦境，让梦境重新归于虚无。

这个阶段，所有的重心都在一个'灭'字，有创造便有毁灭，能无中生有，便能有中生无，达到此境的控梦师，可以将梦境化为无形，让内心洁净无尘，空明而不生一梦。

注：化梦也被称为无梦，这个阶段所表现的状态，就是当控梦师躺下之后，能够让自己的梦境全部归零，保持清醒的意识，却毫不生发一梦。

在这个阶段中，控梦师们已经超越梦境的束缚，仿佛涅槃重生，放下世俗的幻象，达到了另外一种超凡脱俗的境界。

第八级：融梦期

融梦重在一个"融"字，融合的融、融洽的融，是内外交融，合二为一之境。

注：在这个等级里，控梦师可以将自己的潜意识和显意识融为一体，让梦境中的自己和现实中的自己合二为一，实现知行合一的境界。

此时，无论是身处梦中，还是立身于现实世界，控梦师为人处世的态度、性情和生活习惯全都始终如一，他们能够随时随地保持着清明的意识状态。

可以说，无论何时何地，他们都清楚的知道自己是谁，在做什么，他们的思维、行为和情感都完全一致，如同神奇石头一般恒定不变。

这个境界中的控梦师已经融入梦境和现实的合流之中。他们不再被梦境所限制，也不会被现实所束缚，他们拥有无穷的智慧和自由，能够自如地舞动在梦与醒的边缘，并开启一种全新的感知方式。

第九级：歧梦期

歧梦这个阶段重在一个"共"字，它是超越个体，摆脱孤岛的关键因素；也是超脱在外，脱离单机的关键点，是真正走出新手村的契机，也是控梦师们梦寐以求的境界。

注：在这个阶段，控梦师们不仅可以探索自己的梦境，还能脱离单机游戏，开始尝试联网的可能性。他们会寻找属于自己的连接通道，并在一个名为'歧梦谷'的神奇梦境世界中，创建属于自己的落脚之地。

在歧梦谷这个共同的游戏世界里，控梦师们可以相互交流、互相影响，还能共同打造和创建出一个个奇幻而又独特的场景。

控梦的九个境界，每一个都有其独特的特点和挑战，只有经历过了每个境界的练习和实践，才能逐渐提升自己的控梦能力，去追求更高层次的控梦体验。

因此，无论是在梦境还是在现实世界，做一个有趣的控梦师，让我们一起踏上神奇的探索梦境的旅程，体验控梦的魅力与乐趣。也让我们在歧梦谷这个共同的梦境世界里展开创造与交流的舞台，共同拥抱控梦的无限可能。

最后，把一首写于 2003 年初的歌诀分享给梦友们，这是梦隐在最初探索梦境世界时，经过长期的观察和分析，总结出来给自己的修梦顺序和在每个控梦阶段需要做的事情，梦友们可以作为一个参考，希望能有所启发。

歧梦决

日月交替醒忆梦，

随波逐流观梦境；

无悲无喜梦中定，

向左向右随心性；

孜孜不倦练神通，

生灭幻化皆成空；

你中有我融合成，

歧梦世界任我行。

第二章 现实覆盖和眼睛科学

· 现实覆盖

现实覆盖是一种类似于增强现实（AR）和虚拟现实（VR）的结合体，它是在现实生活或梦境世界中，主动创造下产生的一种可控的幻觉，是一种特殊的控梦技术。通过现实覆盖，我们可以在现实世界和梦境中获得视域、视觉的增强，甚至是彻底改变视觉状态和感知的能力。

但它又并非一种单纯的现实增强或视觉增强技术，因为它的适用范围是无限大的，在当前和未来很长一段时间内，现实覆盖的存在，将会重塑我们体验现实世界和认知梦境世界的方式，甚至会完全颠覆我们的日常生活。

想象一下，当彻底掌握现实覆盖技术时，无须穿戴任何设备，我们的现实世界就会被丰富多彩的虚拟元素所覆盖，我们可以在熙熙攘攘的街道上，看到神秘的生物在我们身边穿梭；我们可以在空无一人的荒原中，体验宏伟的虚拟景色。现实覆盖将为我们提供一个全新的感知体验，让我们的生活充满奇迹与想象。

· 眼睛科学

眼睛科学是独属于歧梦宇宙的一个名词，目前尚不存在于现实世界，但是很可能会出现在未来社会的一门学科。

随着科学技术的不断发展和对梦境世界的不断探索，人们会逐渐开始关注到眼睛存在的重要性，以及它作为产生视域和视野的主要器官，真正存在的意义。

人们会发现，无论是现实世界，还是梦境之中，其最根本的本质就是视觉的应用，无论是认知现实，还是认知梦境，这一切都与眼睛的存在息息相关。

如果缺少视觉这个感官，比如先天盲人对这个世界和梦境的认知，就完全是另外一个样子。

而随着增强现实（AR）和虚拟现实（VR）技术的不断迭代，人们对视觉存在的重要性会意识得更为迅速。眼睛拥有超过 1.2 亿个感光细胞，可以识别 1000 万种颜色，同时也拥有着全身最活跃的肌肉，包含 200 多万个可活动部分，可以说，眼睛的复杂程度仅次于大脑。

人眼是一种神奇的器官，对眼睛科学的探索有助于我们从根本上理解一维、二维、三维、四维，甚至更高维度的存在方式。

无论你是寻找商机的企业家，还是敢于创新的创业者；无论你是在校学生，还是从事最前沿科学的研究者，适当配合 AR 和 VR 等相关设备一起使用，现实覆盖的概念和现实覆盖术的存在，在未来都会是一个相当重要的突破点，甚至会完全颠覆我们人类对周遭世界的体验和认知。

现实增强、虚拟现实、全息影像的发展，在未来不可阻挡，现实覆盖更是如此。在这个全新视觉模式的世界里，我们可以想象到现实与虚拟的交错，让我们的感官和思维得到前所未有的发展。

最早一版的现实覆盖术，源自 2005 年左右，梦隐看过的一部小成本且小众的电影《圣殿》。在这部电影中，梦境和现实之间的边界被模糊，这激发了梦隐探索梦境的想法。在一次根据电影里的故事和情节，在尝试让某些画面作为控梦技术被还原时，在光团法的配合下，梦隐意外发现了这种超越常人认知的视觉技术。

简单来说，我们可以把现实覆盖理解成一种可以人为控制的幻视，通过特定的方法和训练后，我们能够在现实世界、在没有任何设备辅助的情况下，产生一种类似飞蚊症一样的幻觉，而这种幻视技术的发现开启了一个全新的领域，也彻底改变了我们对梦境和现实世界的认知。

飞蚊症，又称飞蝇症，是指眼前有飘动的小黑影，或点状、条状、条索状的飘浮物，就像蚊蝇在眼前飞舞一样。这些影像通常在白色明亮的背景时更加明显，并且有时还可能伴随着闪光感。

正常视野　　　　　　飞蚊症视野

长期以来，我们只能在一些科幻电影中，看到增强现实和虚拟现实技术的存在，类似《机器战警》《钢铁侠》《刀剑神域序列之争》等。

但是，现实覆盖的存在，让我们可以在不受任何设备影响的情况下，对现实中的视觉进行一定程度上的扭曲和改变。

可以说这样做的好处在于，相比 AR 和 VR 技术，现实覆盖技术会更加安全。因为现实覆盖不需要长时间使用辅助设备，从而避免导致人类本身功能的退化；它更不会因为联网机制的存在，而被科技公司时刻监视和监控；更重要的是，它不会像大数据时代那样，个人隐私泄露后，被用于非法用途。

想象一下，在一个阴沉昏暗的早晨，漫步走在街上，看着路边的行人，我们只要把现实覆盖的幻觉调整出来，眼前就会出现一个神奇的遮挡层，并覆盖叠加在真实的视觉上。（这个遮挡层，在 PS 里面又被称为蒙版。）

这种新颖的视觉和全新观察世界的方式，就像我们讲过的梦眼看世界一样，是为我们控梦师量身打造的，而旁边的行人看到的则是完全不同的场景。

此时，我们眼前的世界会变得更加丰富多彩，抬头向上看去，原本阴沉昏暗的天空会变成湛蓝的颜色；远处看到的建筑会变成半透明的，其中一些建筑还会在遮挡层的存在下，改变外观或是显示出另外一种形象；我们看到的行人，也会在我们的视野中，被改变服饰和发色，变成另外一番全新的景象……

举个简单的例子，不知道你们有没有经历过这样一个时代。

那时候还没有微信、钉钉等这些聊天软件的存在，大部分上网的人都还在使用QQ。为了丰富自己的功能，留住更多的用户，腾讯公司创造出很多周边产品，QQ空间就是其中之一。

在我们那个年代，拥有一个漂亮的QQ空间，是一件非常值得炫耀的事情。

然而，由于用户群体年龄偏小，消费能力等问题存在，同学们愿意花钱充钻的人只是凤毛麟角。

因此，在网络上慢慢兴起一种用代码装修QQ空间的方法。

简单来说，就是登录你的QQ空间，点击"装扮空间"，然后把网络上搜索找到的一些免费皮肤对应的代码粘贴在浏览器的地址栏，最后在地址栏里按下回车键，就会跳出一个确认框，点击"确认"，你的QQ空间就会变成另外一个样子，点"保存装扮方案"，我们就能获得一个免费且漂亮的QQ空间。

现实覆盖的概念可以简单理解成在一个独属于你的'QQ空间'，就像替换原有的某段底层代码一样，它会使我们的视觉系统产生微弱的变化，眼前的一切与现实世界之间会出现部分误差，但是这种转变只有你自己能够看到，别人眼中的世界仍旧是原来那个样子。

虽然，AR和VR技术的存在，会让未来的可穿戴设备不断变化，而这种变化足以改变人们的生活。

但是，对外接设备的过度依赖，会慢慢使我们原有的一些功能，不可避免地出现退化现象。

只有依靠自己原有的功能和能力，来实现超越现有科技的非凡体验，才会使我们未来的世界，变得更加丰富多彩。

而想要完成这一切的改变，对梦境的探索和研究就成了必不可少的先决条件。

　　几乎每个人都幻想过拥有超能力，像拥有透视墙壁般的透视力，能像 X 光扫描仪一样看透一切；拥有掌控全局，改变周围一切的掌控力，或者拥有类似上帝视角无所不知的全知力，甚至预见未来的洞察力和探索过去的追溯力。而梦境视角在现实中的应用和现实覆盖技术的存在，将会使"眼睛科学"成为未来的主流科学之一，也会使我们拥有真正的"超视能力"。

第三章　清明梦可能存在的危害

在过去和未来很长一段时间内，人们对清明梦的认知和兴趣都会急剧上升。

随着关注人群越来越多，参与学习和训练的梦友也会逐渐增加，清明梦潜在的好处和功能性会不断地被提及，甚至会被夸大后用于各种宣传。

在主流的推广与介绍中，大部分人都在谈论清明梦将会如何改变我们的生活，清明梦将会给我们带来什么样的好处，等等。几乎没有任何人会谈论清明梦有什么危险或是值得注意的地方，什么样的人群适合清明梦，什么样的人群不太适合清明梦。

然而，我们需要深入思考的是任何事物都有正反两面，几乎没有哪样事物是只有好的一面，没有坏的部分。

清明梦和控梦真的对我们只有好处吗？如果梦做得多了，是否对身体有什么不利的地方？控制梦境这件事物的存在和练习过程，是否会有什么负面的影响？学习清明梦是否存在什么潜在危害？……

这些疑惑和问题，在某个阶段会成为一部分梦友最关心的内容。

关于这些问题的答案，也许并不单一，但在某些方面是肯定的。

说实话，这个世界上的所有事物都具有两面性，就像一把菜刀一样，有些人用它来切菜、做饭，还有一些人则拿它来做出一些伤人的举动。

你说，这件事情的存在，究竟是菜刀的问题，还是拿刀那个人的问题呢？

清明梦也是如此，在某些人身上，它或许会呈现出好的一面，而在另外一些特定的人群身上，它则可能也会表现出不好的部分。

因此，对于清明梦这一现象，我们需要持续不断地研究和探索，以便更加全面地认识它的优势和劣势，以及适合和不适合的人群，只有这样，我们才能更好地利用清明梦，发挥其积极正向的一面，并规避其潜在的负面影响。

那么，清明梦究竟有哪些负面影响，又有哪些人是不太适合练习清明梦的？接下来，我们将深入探讨这些问题。

·清明梦的好处

清明梦的好处是不容忽视的，人们往往会关注清明梦的潜在好处和能给我们带来的帮助。毕竟，梦境确实在很多领域扮演着举足轻重的角色，也起到了至关重要的作用，同时还为我们提供了无尽的可能性。

例如，

清明梦有助于改变噩梦，许多人可能深受噩梦的困扰，而清明梦则可以帮助他们改善这种状况，让他们在梦中寻找到安宁和解脱；

清明梦对于治疗严重的心理障碍也有很大的帮助。有研究表明，清明梦可以成为一种心理治疗方法，帮助患有心理障碍的人们摆脱困扰，找回健康的心态；

清明梦可以改善做梦者的睡眠质量。有时候，人们会因为梦境的干扰而难以入睡或者产生睡眠质量不佳的问题，而通过清明梦的练习，可以调节梦境的内容和质量，从而实现更加安宁和高质量的睡眠；

清明梦还能帮助做梦者释放心理压力，获得更多的经验，并且改善在日常生活中的适应能力。在清明梦中，人们可以尝试去解决问题、探索未知领域，从而在梦境中获得实践经验和提高自身能力；

清明梦可以帮助提高日常生活中的某项技能，在清明梦中，人们可以通过在梦中的实践来磨炼某种特定技能，如钢琴、计算机、书法、绘画、武术和瑜伽等，从而提高现实中该项能力的熟练度和自身的动手能力；

清明梦还能帮助解除人们面临压床时恐怖的心理负担，改进梦境中的内容以及心理状况。清明梦更可以帮助残疾人士实现自由行走与对话交流的能力，减轻他们心境上的压力，治愈他们内心所承受的创伤……

·清明梦的风险

事实上，清明梦并非适合每个人。根据一些研究数据和案例分析，我们同样可以得出结论，在一些特定的情况下，清明梦可能会对某些心理健康状态不佳的人群造成负面影响。

例如，患有精神病、双向情感障碍、精神分裂症、神经官能症、焦虑症或是狂躁症和躁郁症等心理疾病的患者，应该避免尝试练习和进入清明梦境。

最主要的原因是清明梦很可能会增强这些患者的妄念和幻觉，导致他们更加分不清现实和梦境，从而加剧这些心理疾病的症状和相关反应。

当然，除了心理疾病之外，长期的清明梦体验，在梦里无拘无束的自由感受，会让部分梦友逐渐沉迷其中，很可能会使他们像沉迷于玩网络游戏一样，对清明梦产生依赖甚至上瘾，从而荒废自己的现实生活，这也是我们要极力避免出现的情况。

因此，我们在练习清明梦时必须时刻警惕，避免出现这种状况，确保清明梦能够为我们带来的是好处而非风险。

·为什么会产生这样的风险

在大部分情况下，几乎所有的负面影响，都跟练习清明梦的相关技巧和方法有关，而不是清明梦本身。

1. 界限模糊

随着对清明梦境探索的不断深入，开始思考现实世界和梦境的相似与区别、开始质疑现实世界的存在等问题，会成为梦友们主要探讨的方向之一。

然而，这样的探讨，可能会导致梦友们淡化清醒和睡眠之间的界限，脱离现实，甚至分不清现实和梦境，从而可能产生恶性后果。

避免出现这类情况最好的选择，就是善于使用最初学习的疑梦、验梦。

无论接触清明梦有多久，做过多少清明梦，有过多少相关的体验，又有多么相信自己的直觉，无论在任何时候只要我们闭眼、再睁眼，都要习惯性地验证一下，自己是否身处梦中，从而来确保自己不会因为分不清现实和梦境，而做出过激行为。

2. 睡眠中断

回笼觉、睡眠中断和主动唤醒等技巧，是绝大部分清明梦练习方法和技术的核心基础，类似睡眠 4~6 个小时之后，使用闹钟把自己闹醒，再去做相关的练习，从而诱发清明梦的技术，是所有技巧中最有效的方法之一。

然而，对于一些本来就已经有睡眠问题的人群来说，睡眠过程被打断可能会使他们的情况进一步恶化，变得更为严重。

毕竟，对于绝大部分人来说，睡个好觉才是最重要的。

解决这类问题最好的选择，就是在保证睡眠时长和质量的基础上，选择或自主创造适合自己的方法和技巧，尽量避免睡眠中断等问题的出现。

3. 求而不得

清明梦境可以随心所欲地控制梦境和改变噩梦等优点的存在，这是很多梦友最初愿意接触和练习清明梦的最大原因。

但是，随着反复尝试却从未能如愿获得一次清明梦，这是一种会令人沮丧的情况，甚至有些人会产生求而不得的情绪。

睡眠中断试了、忆梦和记梦试了、潜控试了、显控也试了，无论怎么努力，最终都一无所获。长年累月在期望和失望之间徘徊，可能会导致练习者的精神状态进入负面循环，从而影响到他们的现实生活。

毕竟，练习失败的人，睡眠质量可能会变得更差。

解决这类问题最好的方法，就是短暂放下练习，让自己先睡个好觉，等身心状态恢复后，可以再次慢慢进行尝试。

4. 清醒状态下的噩梦

尽管这种情况的存在非常罕见，是很小很小的概率，但还是有部分梦友会在某些特定的情况下，失去对清明梦的掌控，从而致使原本的美梦反向进入噩梦状态。

在保持清醒的状态下经历一场清明噩梦，无疑就像回归没有练习之前的压床状态，尤其是伴随着周围清晰的场景和幻象，会加剧和放大我们内心的恐惧，这样的经历很可能会导致做梦者在苏醒之后，对重新进入梦境产生抗拒或害怕的情绪，从而影响自己的睡眠和第二天的精神状态。（毕竟，看着事物在自己清醒的状态下失去掌控，那会是一种极其恐怖的经历。）

解决这类情况的方法，我们需要重新认知梦境、审视梦境，意识到梦境是独属于自己的一个特殊空间，里面发生的任何事物都不会对现实世界产生实质性的影响，然后再重新学习解除压床的方法，让一切从头开始再来一遍。

5. 成瘾性

清明梦里无拘无束的感觉，可以自由创造和改变一切的能力，会令一些梦友逐渐陷入其中无法自拔，就像沉迷网络游戏一样。他们对清明梦产生了强烈的依赖，甚至会演变成一种上瘾状态，这也会导致他们慢慢荒废自己的现实生活，逐渐开始分不清梦境与现实，仿佛这两个世界交织在一起，混淆不清。

解决这一类情况的方法，需要梦友们时刻保持警惕，随时保持对梦境的怀疑，养成疑梦和验梦习惯的同时，还要有意识地观察现实和梦境之间的差异，减少两者之间互通的感觉。

只有在梦幻与现实之间找到平衡，清明梦才能发挥出最优秀的状态，任何重心的偏移，都会导致这一结果的丧失。

·睡个好觉的重要性

事实上，真正的心理健康应该与积极的梦境内容密切相关。

练习清明梦并且会做清明梦的人，精神状态应该是更为健康的，成功获得清明梦和美梦将带来美好的心情，从而改变现实生活中的状态，带来积极向上的影响，这才是清明梦本身存在的意义所在。

总结：

综上所述，清明梦具有诸多好处和能够给我们带来超常的体验，能够改善我们的日常生活并改变我们对待周围事物的态度，而这一切都是积极而正面的。

清明梦可能存在和带来一些潜在的影响与危害，大多是来自控梦方法和技巧的影响，练习这些方法可能对睡眠健康和睡眠卫生产生阻碍和威胁，这些风险也是客观存在的事实，我们必须提高警惕。

因此，在练习之初，我们需要权衡和认识到可能会出现的状况，并评估个人的接受能力，然后才能决定是否踏入清明梦和控梦这个领域，这是新手梦友必须学会独立面对的问题。

第四章　常见问题答疑

问：清明梦是否真实存在？

答：清明梦的存在是毋庸置疑的。

清明梦作为一种非常个人的特殊体验，确实存在而且被许多梦友所确认。

不过，对于那些对清明梦感兴趣的人来说，最好的方式应该是亲自进行探索，亲身体验才能了解其真实性。在没有尝试过之前，我们无法准确回答清明梦是否真实存在这一类的疑问。

毕竟，只有通过自己的实践和体验，才能真正了解和确认清明梦的存在与真实性。

问：潜控和显控哪个更好一点？

答：潜控和显控只是最初阶段对控梦能力的划分，而当我们进入清明梦的后期，潜、显之间的区别几乎可以被忽略不计。我们会逐渐意识到，清明梦的追求本身就是潜显合一的状态。

因此，不存在哪个更好的问题，而是哪个更适合你而已。每个人的控梦方式和目标都不尽相同，有的人可能更注重对梦境的探索，而有的人则更倾向于对梦境的控制和创造。选择潜控或显控，并没有绝对的优劣之分，而是应该根据个人的兴趣、能力和控梦目的来判断，并寻找适合自己的方式。

问：清明梦做多了会不会影响睡眠？

答：不会。

对于那些很少做清明梦或者从未经历过清明梦的普通人来说，他们所做的大部分梦境都并非清明梦，但这并不意味着他们不做梦。

实际上，我们花在尝试做清明梦的时间，只占整个睡眠的很小的一部分，而且通过清明梦的体验，我们的精神状态会得到充分恢复，心情也会变得愉悦。

因此，一旦真正掌握了清明梦的技巧，再多地进行清明梦实践和训练，也不会对我们的睡眠状态产生任何负面影响。相反，清明梦能够提高我们对睡眠的充分利用，创造出更丰富、更有意义的梦境体验，让我们能够在睡眠中获得更多的快乐和启发。

可以说，清明梦是我们丰富内在世界、提升个人成长的宝贵工具，是我们天生自带的唯一一个金手指。

问：是不是做梦多了对身体不好，不做梦才是最好的？

答：不是的，事实上，每个正常人每晚都会做梦。

这个问题几乎是所有人固有的认知，但实际上做梦是身体在我们休眠时，进行自我解压和释放的一个过程。

一个身体真正健康的人，每晚都会经历 4~6 个完整的睡眠周期，并且会经历 4~6 个以上的梦境，这才是身体正常运作的表现。

只有身体出了问题或是罹患某种重大疾病的情况下，人才会完全不做梦，因此，如果十分确定自己从不做梦，那么，就要尽快抽个时间去医院进行一番检查。

不做梦并不代表身体更健康，反而可能意味着潜在的健康问题。梦境是大脑进行整理、归类和解决问题的一种方式，它有助于促进记忆力、情绪平衡和创造力的发展。因此，不要将做梦视为不好的事情，而是要理解它对身体和心理的积极作用。

问：梦醒了，怎么在下次睡觉时接着做？

答：续梦是个老生常谈的问题。

最简单的续梦方法，就是寻找上个梦境的冲突点，然后抱有目的性，并且在维持原有睡姿的情况下重新入梦。

例如，半夜从梦中醒来，我们首先可以回忆一下刚刚经历的梦境，并试着寻找上一个梦境中的关键情节和冲突点，一旦掌握这些信息，我们就可以带着明确的意图和目标，对梦境进行一些干预和引导，从而获得我们想要的续梦能力。

问：清明梦会不会引起神经衰弱？

答：清明梦本身是不会引起神经衰弱的。

事实上，清明梦本身并没有对神经系统造成直接的负面影响。

相反，通过清明梦的实践，我们可以提升对梦境和现实的觉知能力，加深对自我和内心世界的认知，这对于身心健康的促进都是有益的。

不过，对于那些已经存在神经系统或精神方面疾病的梦友来说，我们是不太建议他们尝试进入清明梦境的。

问：清明梦和压床的关系，究竟是什么样的？

答：实际上，压床本身就是最初版本的清明梦。

清明梦和压床在某种程度上是重叠的，具有一定的共同性，它们都涉及睡眠时意识的苏醒状态。

压床是一种常见的现象，通常发生在睡眠过程中，当我们意识醒来，但身体仍处在一种麻痹状态。

清明梦可以被看作是压床的一种进化和升级版本，在清明梦中，我们同样是意识保持清醒和有了思维能力，但身体仍处在一种睡眠或麻痹的状态。

压床时，我们常常感到束手无策，无法自由行动，而在清明梦中，我们具有一定的主动权，可以自由地探索和创造梦境，这种主动性是清明梦与压床的一个重要区别。

问：如果想学清明梦，在哪里能找到好的老师呢？

答：有些知识只适合面授，有些问题只适合面谈。

想要学习清明梦，确实需要一位经验丰富且擅长探索梦境的老师指导。

不过，咱们前文曾经讲过，真正的控梦师不是教出来而是带出来的，这个世界上从来都不存在最好的老师，适合自己才是最重要的。

问：我从不做梦或者记不住自己曾经做过梦，怎么办？

答：这个世界上，几乎没有人是不做梦的。

梦境是每个人每天都会经历的一部分，只是有些人无法记住自己的梦境或者主观认为自己从不做梦而已。

实际上，有这种从不做梦的错觉，这可能是因为你每次苏醒的时间点都恰好处于进入快速眼动期（REM）之前或者在快速眼动期（REM）结束之后。

要想测试自己是否做过梦，可以尝试一些简单的方法。

例如，可以试着改变早晨的闹钟时间，在原有时间点的基础上提前或者延迟 15 分钟起床，这样，我们的苏醒时间可能刚好会与 REM 期相吻合，从而使我们能够记起刚刚正在经历的梦境。

问：清明梦真的可以 100% 还原现实，甚至超越现实吗？

答：100% 还原，甚至超越现实清晰度的场景是存在的。而且清明梦境的还原能力，只有亲身体验过，才能体会那种超常体验所带来的震撼。

问：学习清明梦和控梦，开始进行相关的练习后，多久能够走出新手村呢？

答：每个人的个体差异和面对的情况不太一样，但是按部就班地练习，一般最快会在一周内初次体验到清明梦所带来的乐趣，最晚也不会超过 3 个月。

学习清明梦和控梦是一门需要刻苦练习和耐心等待的艺术，毕竟每个人的情况和进程都会有所不同。

至于多久能够走出新手村，时间长短就不一定了。

不过，在书中梦隐曾经提过建议，在新手村多待一段时间，充分体会和练习基础操作，这样做不仅可以巩固基础知识和技巧，还有助于我们将来在广袤的梦境世界中自由探索和实现自己的梦想。

问：为什么清明梦结束后，会感觉很累呢？

答：清明梦是一种身心放松和愉悦的梦境体验，正常情况下，清明梦结束后应该伴随的是神清气爽，第二天的精神状态也会非常饱满。

只有一些质量较差的清明梦体验，才会耗费我们的心理和生理能量，使我们在梦境结束后感到疲惫不堪。

此时，梦友们可以回看观梦期的部分内容，知梦后可以尝试使用梦境停顿术，在梦中停下来，调整自己的心态和稳定梦境，等熟练掌握各项基础之后，再去梦境世界中闯荡。

问：梦里的时间和现实的时间有区别吗？

答：在普通梦境里面，我们感官上的感受是梦境的时间会比现实中度过的时间快很多，例如，经常会出现五分钟的睡眠，我们却会生出在里面度过一生的错觉。

在清明梦境里面，情况可能截然不同，此时我们的清醒程度越高，时间流速就越接近于现实。

问：知梦后，很快又会重新回到普通梦境，这是怎么回事？

答：这是大部分梦友会忽略的一个问题，也是梦境的一种运行模式。当潜意识发觉有其他意识入侵自己所创建的世界，会习惯性地驱赶，或者重新创造一个新的情节来诱导控梦师，让梦境重新回到自己的掌控之中。

例如，知梦后我们在天空自由翱翔时，突然遇到两三个人从对面飞来，此时我们的意识中，就会自然产生飞行是一种常态的感觉，觉得除了自己原来其他人也会飞行这个技能，从而放松警惕性。

当对面的人停止飞行，打招呼跟我们说："你也在这儿玩呀，我知道前面有个城市，那里有很多好玩的，要不你跟我们一起去看看吧。"

在点头答应的那一刻，我们就已经被潜意识创造的新剧情牵引，重新回到了普通梦境的轨道上。

问：网络上有很多国内外的科技公司，开发的各种辅助设备，说是可以帮助我们知梦，这些设备真的可行吗？

答：设备的可行性肯定是有的，就像最初问世的知梦眼罩，只要佩戴并正确的使用，就能帮助梦友们快速获得清明梦体验。

然而，大部分人会忽略一个事实，那就是我们（显意识）在不断学习、提升和进化的过程中，潜意识也并非会一直保持恒定不变。同样的，它也会随着我们的提升而不断进行自我进化。

最初的知梦眼罩会失败的原因，大多都是来源于此。

例如，知梦眼罩在检测到我们处于 REM 期，正在经历做梦阶段时，它就会自动发出红色或者其他颜色的闪光，希望通过感光效应来透过眼睑，实现提醒做梦者，他正在经历梦境。

在最初几次的提醒中，当做梦者在梦境中看到红色的闪光时，会突然意识到自己正在做梦，从而获得清明梦的体验。

只是随着设备的使用，在之后的梦境中，这些红色或者其他颜色的闪光，会被潜意识合理化，并融合成梦中场景的一部分，像是闪烁的红绿灯、汽车尾部的刹车灯、意外出现的闪电，等等。

当一切被合理化，做梦者从中获得提醒，从而进入清明梦境的概率就会无限降低，而这正是各种辅助设备在研发过程中，会面临瓶颈或失败的最主要因素。

因此，正确的使用方法和一本可靠的说明书，或许才是挽救这些设备的最佳途径。

问：为什么《控梦师》这本书中，并不是每个阶段都有相应的练习方法，而且相关的技巧也被提及得很少？

答：《控梦师》这本书是控梦三部曲中的启蒙部分，也是控梦师体系中最基础内容。它的主要目的在于向梦友们传达整个体系内的基础和概念，因此在书中并未涉及针对每个阶段的具体练习方法的详细介绍，而相关的技巧也被提及得相对较少。

很多时候，大部分梦友缺少的并不是关于控梦的方法和技巧，他们更需要的是一个正确的理念和探索梦境的方向。

就像搭建一座大厦，基础是一切成功的关键。在梦境探索的过程中，确立正确的梦境理念和探索方向至关重要，它们才是建立控梦能力的根基。

对于那些渴望了解更多练习方法和技巧的梦友来说，可以在控梦三部曲的另外两部中，找到更多、更为全面和详细的介绍，也可以在"歧梦谷"和"控梦师"的官方网站看到一些相关信息。

问：歧梦谷是否会开发属于自己的辅助设备？

答：实际上，歧梦谷更倾向于梦友自身相关功能和潜力的开发，在尽量少使用辅助设备的情况下，通过训练来完成各项任务的同时，对梦境进行深度的体验和探索。

不过，相关设备的开发和研究歧梦谷也一直有所涉猎，而且早就有了一定的研究成果，相信在不久的将来，就会跟梦友们见面。

问：书中介绍歧梦谷内的那些场景，是否真实存在？

答：梦隐在本书的最后两章描述了歧梦谷内的一些场景，它们确实存在于梦境世界，或者说存在于清明梦这款游戏之中，而且它们也只是歧梦宇宙现有的地图中很小的一部分。

另外，告诉梦友们一个小秘密，这几个场景的来源，都出自同一本梦隐非常喜欢的小说，当年看到这个章节，当天晚上梦隐就在梦中把场景搭建完成。

这些年歧梦谷也一直在努力完善和扩展更多的场景和功能，以满足梦友们的好奇心和探索梦境的欲望。

不过，这些场景也仅限于梦境世界的范畴，至于更多的内容我们还在内测和开发中，有兴趣的梦友也可以自行探索一下。

问：怎么验证自己是否真正进入了歧梦谷的传送通道？

答：进入歧梦谷传送通道的梦友，会发现自己虽然意识仍旧保持清醒，但是对梦境可控的范围却被明显地限制下来，一些在平时随心所欲可以掌控的元素，也会像叛逆期的小孩一样无法正常使用。

例如，在通往水之源的传送通道内，梦友们就无法让天空一直在下的雨水停止……

结束语：写在最后

《控梦师》这本书是控梦师系列中最基础的部分，也是奠定基础的启蒙读物，旨在帮助梦友们快速了解清明梦和熟悉练习过程中的步骤、方法、好处和潜在危害。

最初有计划写这本书是在 2003 年年底和 2004 年年初的时候，不过后来整体的大纲成型，却是在 2007 年的 4 月，接下来的几年时间里，也会偶尔填充和修改部分内容。

然而，随着稿子内容的不断增加，梦隐发现一个非常奇怪的现象，也正是这个问题的存在，导致这个系列的内容迟迟没有正式发表。

很多次有梦友问梦隐："感觉你对梦的了解超过了绝大多数的人，为什么不自己出一本书呢？"

梦隐总是回答说："其实，书早就写好了，只是写完之后才发现，这样的书可能没办法出版。"

梦友们也总是会好奇地问："为什么呢？"

梦隐的回答，会让他们略显无奈："因为，整本书的内容是前后矛盾的。"

是的，前后矛盾是许多技能或者实际应用中经常会出现的问题，这也是古法教学在传统文化中存在的意义。

就像玄幻小说中才有的情节一样，主角意外获得一份强大的传承，但是这种传承往往会有一个特殊的限制，那就是主角只能查看当前所处境界的练习部分，超出的内容需要通过修炼成功晋级以后才能获得。

现代人的成长环境、教育体系和信息获取的方式决定，当我们拿到一本书时，就会迫不及待地开始阅读和学习，期望全面了解，并学到有用的知识，以便在实践中帮助和推动自己的练习。

然而，《控梦师》这一系列书籍中所写的内容，却是一种很奇怪的状态，在第一遍阅读的时候，你会发现每一章都有新鲜的观点，好像很有收获的样子。但是等你翻到最后一章，阅读结束的时候，认真回想你又会发现自己好像什么也没学到，什么也没看到。

导致这种现象出现最主要的原因，就是刚刚前面提到过的"前后矛盾"。

清明梦的练习过程就是这样，很多在前期让你努力练习的技巧和方法，到后期又会告诉你千万不要这样做。

例如，前期让你少读书、少看报、少吃东西、多睡觉，而后期又会鼓励你通过大量阅读来丰富自己的梦境；前期告诉你人最擅长的是自己骗自己，后期又说人更擅长的是遗忘……

真正的高手为了进入梦境去创造各种方法，而新手却依赖寻找各种方法进入梦境。

就像我们在幼儿园学数学时，老师让我们扳着指头数数，还告诉我们这样做是正确的。

然而等上了小学，老师又教我们用算数棒算数，同时还会告诉我们这样做才是对的。当你继续用手指计算的时候，老师会轻轻拍打你的小手，告诉你这样是错的，要用算数棒才行。

后来我们又开始学习乘法口诀，老师告诉我们要学会用乘法口诀来进行心算，这时再用算数棒又变成了错误的方式……

并不是说用手指、算数棒或乘法口诀是错误的，只能说在某个阶段使用某种方法是正确的。

大部分的学习都是这样，后面的学习内容，会不断在否定前面学习的部分。

这也是梦隐在书中曾经提到过的："什么是修行？修行就是不断在打破我们原有的三观，并重建的过程。"

而这一系列的现象，也正是《控梦师》这个系列存在的问题，刚开始教你控梦，然后又告诉你尽量知梦而不控梦，再后来又会告诉你另一个全新的概念，来推翻之前的这些设定……

这次，是因为偶然的一个机会，有几个朋友来家里吃饭，提起书籍和清明梦的教学，前后聊了很多内容，在朋友的劝说下，梦隐才下定决心把所掌握的几个控梦体系中，一个很有意思的系列，重新整理和简化后发布出来给梦友们做个参考。

不过，为了防止梦友们遇到上述前后矛盾的现象，又或是一口气读完全书后发现自己不仅什么都没有学到，反而越读越迷茫的情况出现。梦隐把这个体系的内容分成几个系列来写，尽量让每个阶段的梦友，都可以找到一个相对应的部分来学习。

另外，给梦友们一个建议，在快速阅读完第一遍，准备开始第二遍认真学习的时候，尽量按照书中划分的部分，每一篇章用 3~6 个月的时间来进行阅读和训练，在确定自己完全掌握相应的境界之后，再进行下一步的练习。

例如，在入梦期停留 3 个月，坚持记梦、忆梦、疑梦和验梦的相关练习。这时候不必急于寻找和追求知梦或控梦的体验，就沉浸在基础里，对自己的普通梦或意外获得的清明梦做详细的分析和研究，让自己对梦境越来越熟悉。等基础牢固以后，再进入知梦期的练习。如此循序渐进地学习可能需要花费大量的时间，但是后期能够获得的体验，将比匆忙进入清明梦来得更舒适和震撼。

虽说有各种各样的原因延误，但是最终这本书能正式跟梦友们见面，梦隐还是很开心的。

最后，希望梦友们可以借此在控梦这个领域、清明梦这条道路上越走越远！

也祝愿所有的梦友，可以美梦成真，生活和梦境都能越来越好！

感谢各位梦友一路的陪伴和支持，谢谢！

梦隐者

2023 年 6 月

人生有歧·释然入梦

致 谢

感谢以下梦友在歧梦谷的建设和控梦师书院的日常维护中的参与和帮助。

耘一、燕子、刺猬、毛毛、天明朗、神尾叶子、梦入仙机、神马尊者、修梦者、一九八零、心道木木、一夕一夏、天影（lansky）、夢行者Dream、懒兔浩然、PSWY、张家旗、无能的力量。